FANUC 数控机床维修案例集锦

牛志斌　主编

刘德伟　周小军　副主编

化学工业出版社

·北京·

图书在版编目（CIP）数据

FANUC数控机床维修案例集锦/牛志斌主编 . —北京：化
学工业出版社，2014.10
ISBN 978-7-122-21561-1

Ⅰ.①F…　Ⅱ.①牛…　Ⅲ.①数控机床-维修　Ⅳ.①TG659

中国版本图书馆 CIP 数据核字（2014）第 181140 号

责任编辑：王　烨　　　　　　　　　　　　　　文字编辑：谢蓉蓉
责任校对：吴　静　　　　　　　　　　　　　　装帧设计：刘丽华

出版发行：化学工业出版社（北京市东城区青年湖南街 13 号　邮政编码 100011）
印　　装：大厂聚鑫印刷有限责任公司
787mm×1092mm　1/16　印张 14¾　字数 402 千字　2014 年 11 月北京第 1 版第 1 次印刷

购书咨询：010-64518888（传真：010-64519686）　售后服务：010-64518899
网　　址：http://www.cip.com.cn
凡购买本书，如有缺损质量问题，本社销售中心负责调换。

前言

随着国民经济的快速发展，数控机床的应用越来越广泛。数控机床具有自动化程度高、加工柔性好、精度高等诸多优点，是现代制造业不可或缺的机械加工设备。

数控机床由于采用了数控系统作为机床的控制核心，可以实现自动化操作，降低了机床操作人员的劳动强度，同时也可以加工形状非常复杂和精度非常高的机械零件。数控系统采用的是先进的计算机技术、微电子技术、伺服控制技术、自动控制技术，使数控机床实现了机电液一体化，技术先进、构成复杂，具有很强的功能，但也使数控机床的故障率比普通机床的故障率要高得多，维修难度也加大很多。

随着数控机床的应用的普及，对数控机床的利用率要求越来越高，这一方面要求数控机床的可靠性要高，另一方面对数控机床维修人员技能的要求也越来越高。这种维修需求要求数控机床维修人员不但要有丰厚的理论基础，而且还要有快速发现问题、解决问题的能力和实践经验。

本书以日本 FANUC 数控系统为主，介绍了大量采用 FANUC 数控系统数控机床故障的实际维修案例，通过维修过程的介绍，使数控机床故障维修一线的技术人员能够理解数控机床的工作原理，故障维修思路、方法和技巧。

本书是以 FANUC0C 系列和 0iC 系列数控系统为主，伺服系统是以 FANUC α 系列和 αi 系列伺服和主轴装置为主，对数控系统、PMC、加工程序与机床数据、伺服系统、主轴系统以及机械结构各个部分的常见故障、排除方法、排除技巧通过实际维修案例进行了详细介绍。

本书是作者 20 多年数控机床维修经验的系统总结，一些故障的维修方法和维修技巧是在维修实践中摸索出来的，具有很强的实际借鉴价值。

本书由牛志斌主编，刘德伟、周小军副主编,潘波、赵春洋、韦刚、林飞龙、关伟时、滕儒文、杨春生、杨秋晓、李晓峰、王延春、王雪梅、赵长伟、王宇、杨守贵、周福林、吴云峰、王洪海、刘辉、吴国刚等同志参加了本书的编写。在本书的编写过程中也参考了很多数控机床维修方面的书籍，在此也向这些书籍的作者表示感谢。

由于作者水平、经验和掌握的资料有限，书中难免有不尽人意的地方，欢迎数控机床维修行业的朋友批评指正，以求共同提高。

编者

目录

第 7 章　数控机床机械装置故障维修案例

参考文献

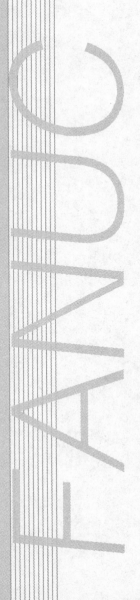

FANUC 第❶章

数控机床故障维修基础

1.1 数控机床的基本概念

1.1.1 数字控制和数控机床的概念

数字控制是近几十年发展起来的自动控制技术，是用数字化信号对机床运动及其加工过程进行控制的一种方法，简称数控 NC（numerical control）。

国家标准 GB/T 8129—1997 对数字控制的定义如下：用数字数据的装置（简称数控装置），在运行过程中，不断地引入数字数据，从而对某一生产过程实现自动控制，称为数字控制，简称数控。

现在的数控都是由计算机控制的，也就是说数控装置是一种专用计算机控制装置，所以也称为计算机数控，简称 CNC（computer numerical control）。

知道了什么是数控，数控机床当然就容易理解了。所谓数控机床就是采用数控装置控制的机床。

国际信息处理联盟（International Federation of Information Processing）第五委员会，对数控机床做了如下标准定义：数控机床是一种装有程序控制系统的机床，该系统能够逻辑地处理具有使用号码或其他符号编码指令规定的程序。这里所说的程序控制系统，就是数控系统。

1.1.2 数控机床的基本构成

数控机床的构成从字面上看主要由数控装置和机床构成，但还要配备必要的辅助装置，如刀塔、分度装置以及机械手等。数控机床的基本构成见图 1-1。

下面介绍数控机床的组成部分。

（1）机床主机

机床主机是数控机床的主体，包括床身、导轨、滑台、主轴、立柱、滚珠丝杠传动机构等机械部件。另外，还包含一些辅助装置，辅助装置是数控机床一些必需的配套部件，以保证数控机床的运行，包括液压站、润滑装置、分度装置、气动液压装置、送料装置、出料器、机械手、排

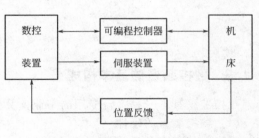

图 1-1 数控机床的基本构成

屑器等，不同种类的数控机床使用的辅助装置也不同。

（2）数控装置

数控装置是数控机床的控制核心，是数控机床的"大脑"，通常由输入装置、控制器、运算器和输出装置四大部分组成，另外还包含相应的控制软件。

（3）可编程控制器

可编程控制器是开关量逻辑控制器，是数控机床的第二"大脑"负责数控机床一些辅助装置的开、关控制，并负责在数控装置和机床之间传递信号。

（4）伺服装置

伺服装置是机床位置控制系统，控制数控机床坐标轴的运动，其本身是一个双闭环控制系统，根据数控装置的给定信号控制进给的稳定运行，是数控机床的数字控制的执行部分。

（5）位置反馈

位置反馈是数控机床的重要组成部分，由位置反馈元件将坐标轴位置信号反馈给数控装置，实现位置的闭环控制，并在系统屏幕上显示实际坐标数值。使用编码器作为位置环的位置控制系统被称为半闭环位置控制系统，因为是通过检测坐标轴丝杠的旋转角度间接反馈位置信号的。使用光栅尺作为反馈元件的被称为全闭环位置控制系统，因为是通过检测坐标轴进给滑台的实际位置直接反馈位置信号的。

图 1-2 是数控机床构成示意图。

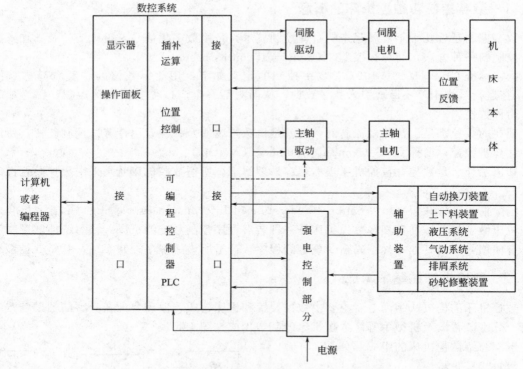

图 1-2　数控机床的基本构成

1.1.3　数控装置的基本构成

数控装置其本身是一台专用的工业计算机系统，它也是由软件和硬件两大部分组成的。

（1）数控装置的硬件

数控装置的硬件是由控制器（CPU）、存储器（EPROM 和 RAM）、输入/输出接口电路以及位控等部分组成，如图1-3所示。数控装置的作用是将输入装置输入的数据，通过内部的逻辑电路或者控制软件进行编译、运算和处理，并输出各种信息和指令，以控制机床的各个部分进行规定的动作。

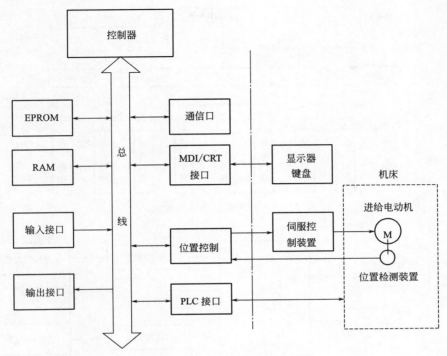

图 1-3　数控装置的硬件构成框图

控制器即 CPU 实施对整个系统的运算、控制和管理。存储器由 EPROM 和 RAM 组成，用于存储系统软件和工件加工程序，以及运算的中间结果等。输入、输出接口用来交换数控装置和外部的信息。MDI/CRT 接口完成手动数据输入和将信息显示在显示器 CRT 上。位置控制部分是数控装置的一个重要组成部分，它包括对主轴驱动的控制，以便完成速度控制，通过伺服系统提供功率、转矩的输出；还包括对进给坐标轴的控制，以便完成坐标轴的位置控制。硬件结构中还有许多与数控功能相关的硬件组成部分。

在数控装置中，一般将显示器和机床操作面板做在一起，以实现手动数据输入（MDI）；将控制器、存储器、位置控制器、输入/输出接口等做在一起，构成数控装置。

（2）数控装置的软件构成

数控装置除硬件外还有软件，软件决定了数控系统的"思维方式"，包括管理软件和控制软件两大类。管理软件由零件加工程序的输入、输出程序、显示程序和诊断程序等组成。控制软件由译码程序、刀具补偿计算程序、速度控制程序、插补运算程序和位置控制程序等组成。图1-4是数控装置的软件构成框图。

1.1.4　数控系统的基本构成

现代的数控系统是一种采用专用工业计算机通过执行其存储器内的程序来实现部分或者全部数控功能，并配有接口电路和伺服驱动装置的专用计算机控制系统。数控系统由数控程序、输入输出装置、数控装置、可编程控制器、进给驱动和主轴驱动（包括检测装置）等组成。其构成如图1-5所示。

数控系统的核心是数控装置，由于采用了计算机控制，许多过去难以实现的功能可以通过

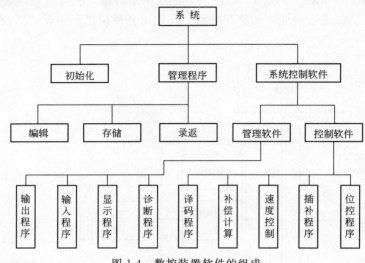

图 1-4 数控装置软件的组成

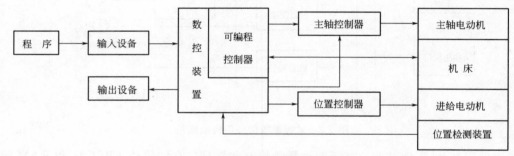

图 1-5 数控系统的构成

软件来实现。

1.1.5 数控机床的种类

随着数控技术的发展，数控系统的功能越来越强大，适用于各种机床控制，所以数控机床多种多样、种类繁多，功能各异。按用途分类可有如下三大类。

（1）金属切削类数控机床

金属切削类数控机床包括数控车床、数控铣床、数控磨床、数控钻床、数控镗床、加工中心等。

（2）金属成型类数控机床

金属成型类数控机床有数控折弯机、数控弯管机、数控冲床和数控压力机等。

（3）数控特种加工机床

数控特种加工机床包括数控线切割机、数控电火花加工机床、数控激光加工机床、数控淬火机床等。

1.1.6 常用数控系统

目前数控系统种类繁多，型号各异，性能不同。国内外很多公司都生产数控系统，下面介绍几个国外主要厂家生产的数控系统。

① 德国西门子公司自 20 世纪 80 年代以来相继推出了 3 系统、810T/M 系统、820 系统、

850 系统、880 系统、805 系统、840C 系统及全数字化的 840D 和 810D 系统。另外，还在中国市场推出了 802 系列数控系统。最近西门子公司又推出了 828D 数控系统。

② 日本发那科（FANUC）公司也是数控系统的主要生产厂家之一，自 1985 以来推出了 0 系统、15 系统、16 系统、18 系统。其中 0 系统自 1985 推出后不断发展新产品，现在 0C 系统及 0i 系统仍然是常用的数控系统。

③ 日本三菱公司生产 MELDAS 系列数控系统。

④ 法国 NUM 公司也是著名的数控系统生产厂家，它生产 1020/1040/1050/1060 系列数控系统。

⑤ 另外，以生产编码器和光栅尺而著名的德国海德汉公司，生产的 TNC 系列数控系统也是常用的数控系统。

国内外还有很多公司生产数控系统，在这里就不一一罗列了。

1.2 数控机床的故障维修

1.2.1 数控机床故障的含义和特点

数控机床故障用通俗的话来讲就是机床不好用了，也就是说机床"生病"了。

数控机床故障（fault）的标准定义是指数控机床丧失了达到自身应有功能的某种状态，它包含两层含义：一是数控机床功能降低，但没有完全丧失功能，产生故障的原因可能是自然寿命、工作环境的影响、性能参数的变化、误操作等因素；二是故障加剧，数控机床已不能保证其基本功能，这称之为失效（failure）。

在数控机床中，有些个别部件的失效不至于影响整机的功能，而关键部件失效会导致整机丧失功能。

数控机床通常由数控（NC）装置、输入/输出（I/O）装置、伺服驱动系统、主轴系统、机床电器逻辑控制装置、机床床身和辅助装置等部分等组成。数控机床的各部分之间有着密切的联系。

数控装置将数控加工程序分为两种控制量分别输出：一类是连续控制量，送往伺服驱动系统；另一类是离散的开关控制量，送往机床电器和逻辑控制装置。

伺服驱动系统位于数控装置与机床之间，它通过电信号与数控装置连接，通过伺服电机、检测元件与机床的传动部件连接。

机床电器、逻辑控制装置包括强电控制电路和可编程控制器（PLC）控制线路组成，它接收数控装置发出的开关命令，主要完成主轴启停、工件夹紧、工作台交换、换刀、冷却、液压、气动和润滑系统及其他机床辅助功能的控制。另外，要将主轴启停结束、工件夹紧、工作台交换结束、换刀到位等状态反馈信号送回数控装置。

由上所述数控机床具有复杂性，同样也使其故障具有复杂性、特殊性和多层性的特点。

数控机床的故障与现象一般没有一一对应关系，有些故障的现象疑似是机械方面问题，但是引起故障的原因却是电气方面的；有些故障的现象疑似是电气方面问题，然而引起故障的原因却是机械方面的；有些故障则是电气和机械方面共同问题引起的。

据统计资料分析，数控机床的故障率随时间的推移有明显变化，其故障率与时间的曲线如图 1-6 所示，这个典型的故障曲线与浴盆相似，故也称浴盆曲线或数控机床故障率曲线。

从曲线上可以看出，数控机床的故障率表现为三个阶段。数控机床的故障率在失效期和老化期比较高，而在稳定期可靠性比较高。失效期一般在设备投入使用的前十四个月左右，因此数控机床的保修期一般都定为一年，在保修期内虽然故障率较高，但机床厂家给予免费保修，

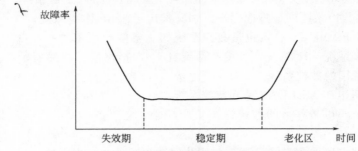

图 1-6　数控机床故障率随时间变化的曲线

可以降低用户的损失。所以，数控机床的使用者在保修期内应该尽量使设备满负荷工作。而过了保修期后，数控机床基本进入稳定期，稳定期一般在 6～8 年左右，机床可以可靠地工作。待到老化期时，故障率增高，机床利用率降低，这时应该考虑是否改造数控系统、对机床进行大修或者更新机床，否则机床的有效使用率将会大大降低。

1.2.2　数控机床的故障维修对维修人员的基本要求

数控机床采用的是计算机和自动化技术，技术先进，自动化程度高，并且为机、电、液一体化，结构复杂，这当然就造成了数控机床故障率比普通机床要高，而且维修起来也比较难。所以，对维修人员的要求就比较高，要求维修人员不但要有较深的理论基础，还要有丰富的实际经验和较高的分析问题和解决问题的能力。

对故障维修人员的一些基本要求如下。

① 要具有一定的理论基础，电气维修人员除了需要掌握必要的计算机技术、自动化技术、PLC 技术、电机拖动原理外还要掌握一些液压技术、气动技术、机械原理、机械加工工艺等，另外还要熟悉数控机床的机械加工的编程语言并能熟练使用计算机。机械维修人员除了掌握机械原理、机械加工工艺、液压技术、气动技术外，还要熟悉 PLC 技术，能够看懂 PLC 梯形图，也要了解数控机床的编程。所以作为数控机床的维修人员要不断学习，刻苦钻研，扩展知识面，提高理论水平。

② 要具有一定的英文基础，以便阅读原文技术资料。因为进口数控机床的操作面板、屏幕显示、报警信息、图纸、技术手册等大多都是英文的。而许多国产的数控机床也采用进口数控系统，屏幕显示、报警信息也都是英文的，系统手册很多也都是英文的，所以具有良好的英文科技英语阅读能力，也是维修数控机床的基本条件之一。

③ 要具有较强的逻辑分析能力，要细心，善于观察，并善于总结经验，这是快速发现问题的基本条件。因为数控机床的故障千奇百怪，各不相同，只有细心观察，认真分析，才能找到问题的根本原因。而且还要不断总结经验，做好故障档案记录，这样维修水平就会在经验积累的基础上逐渐提高。

④ 要具有较强的解决问题的能力，思路要开阔。应该了解数控系统及数控机床的操作，熟悉机床和数控系统的功能，能够充分利用数控系统的资源。当数控机床出现故障时，能够使用数控系统查看报警信息，检查、修改机床数据和参数，调用系统诊断功能，对 PLC 的输入、输出、标志位等信息进行检查等。还要善于解决问题，问题发现后，要尽快排除，提高解决问题的效率。

1.2.3　数控机床故障维修所需的技术资料

为了使用好、维护好、维修好数控机床，必须有足够的资料。具体资料要求如下。

① 全套的电气图纸、机械图纸、气动液压图纸及工装卡具图纸。

② 尽可能全的说明书，包括机床说明书、数控系统操作说明书、编程说明书、维修说明书、机床数据和参数说明书、伺服系统说明书、PLC系统说明书等。

③ 应有PLC用户程序清单，最好为梯形图方式，以及PLC输入输出的定义表及索引，定时器、计数器、保持继电器的定义及索引。

④ 应要求机床制造厂家提供机床的使用、维护、维修手册。

⑤ 应要求机床制造厂家提供易损件清单，电子类和气动、液压备件需提供型号、品牌。机械类外购备件应提供型号、生产厂家及图纸，自制件应有零件图及组装图。

⑥ 应有数据备份，包括机床数据、设定数据、PLC程序、报警文本、加工主程序及子程序、R参数、刀具补偿参数、零点补偿参数等，这些备份不但要求文字备份还要要求电子备份，以便在机床数据丢失时用编程器或计算机尽快下载到数控系统中。

1.2.4 数控机床故障维修常用仪器、仪表

维修数控机床时一些检测仪器、仪表是必不可少的，下面介绍一些常用的、必备的仪器、仪表。

(1) 万用表

数控机床的维修涉及弱电和强电领域，最好配备指针式万用表和数字式万用表各一块。

指针式万用表除了用于测量强电回路之外，还用于判断二极管、三极管、可控硅、电容器等元器件的好坏，测量集成电路引脚的静态电阻值等。指针式万用表的最大好处为反应速度快，可以很方便地用于监视电压和电流的瞬间变化及电容的充放电过程。

数字式万用表可以准确测量电压、电流、电阻值，还可以测量三极管的放大倍数和电容值；它的短路测量蜂鸣器，可方便地测量电路通断；也可以利用其进行精确的显示，测量电机三相绕组阻值的差异，从而判断电机的好坏。

(2) 示波器

数控系统修理通常使用频带为10～100MHz范围内的双通道示波器，它不仅可以测量信号电平、脉冲上下沿、脉宽、周期、频率等参数，还可以进行两信号的相位和电平幅度的比较，常用来观察主开关电源的振荡波形，直流电源的波动，测速发电机输出的波形，伺服系统的超调、振荡波形，编码器和光栅尺的脉冲等。

(3) PLC编程器

很多数控系统的PLC必须使用专用的机外编程器才能对其进行编程、调试、监控和动态状态监视。如西门子810T/M系统可以使用PG685、PG710、PG750等专用编程器，也可以使用西门子专用编程软件利用通用计算机作为编程器。使用编程器可以对PLC程序进行编辑和修改，可以跟踪梯形图的变化，以及在线监视定时器、计数器的数值变化。在运行状态下修改定时器和计数器的设置值，可强制内部输出，对定时器和计数器进行置位和复位等。西门子的编程器都可以显示PLC梯形图。

(4) 逻辑测试笔和脉冲信号笔

逻辑测试笔可测量电路是处于高电平还是低电平，或是不高不低的浮空电平，判断脉冲的极性是正脉冲还是负脉冲，输出的脉冲是连续的还是单个脉冲，还可以大概估计脉冲的占空比和频率范围。

脉冲信号笔可发出单脉冲和连续脉冲，可以发出正脉冲和负脉冲，它和逻辑测试笔配合起来使用，就能对电路的输入和输出的逻辑关系进行测试。

(5) 集成电路测试仪

集成电路测试仪可以离线快速测试集成电路的好坏，数控系统进行片级维修时是必要的

仪器。

（6）集成电路在线测试仪

集成电路在线测试仪是一种使用计算机技术的新型集成电路在线测试仪器。它的主要特点是能够对焊接在电路板上的集成电路进行功能、状态和外特性测试，确认其功能是否失效。它所针对的是每个器件的型号以及该型号器件应具备全部逻辑功能，而不管这个器件应用在何种电路中，因此它可以检查各种电路板，而且无需图纸资料或了解其工作原理，为缺乏图纸而使维修工作无从下手的数控机床维修人员提供一种有效的手段，目前在国内应用日益广泛。

（7）短路跟踪仪

短路是电气维修中经常遇到的问题，如果使用万用表寻找短路点往往费时费力。如果遇到电路中某个元器件击穿，由于在两条连线之间可能并接有多个元器件，用万用表测量出哪一个元器件短路是比较困难的。再如对于变压器绕组局部轻微短路的故障，用一般万用表测量也是无能为力的，而采用短路故障跟踪仪可以快速找出电路中任何短路点。

（8）逻辑分析仪

逻辑分析仪是专门用于测量和显示多路数字信号的测试仪器。它与测量连续波形的通用示波器不同，逻辑分析仪显示各被测试点的逻辑电平、二进制编码或存储器的内容。

维修时，逻辑分析仪可检查数字电路的逻辑关系是否正常，时序电路的各点信号的时序关系是否正确，信号传输中是否有竞争、毛刺和干扰。通过测试软件的支持，对电路板输入给定的数据进行监测，同时跟踪测试它的输出信息，显示和记录瞬间产生的错误信号，找到故障所在。

1.2.5　数控机床故障维修所需工具

维修数控机床除了需要一些常用的仪表、仪器外，一些维修工具也是必不可少的，主要有如下几种。

（1）螺丝刀

常用的是大中小一字口和十字口的螺丝刀各一套，特别是维修进口机床需要一个刚性好窄口的一字口螺丝刀。拆装西门子一些模块时需要一套外六角形的专用螺丝刀。

（2）钳类工具

常用的平口钳、尖嘴钳、斜口钳、剥线钳等。

（3）电烙铁

常用25～30W的内热式电烙铁，为了防止电烙铁漏电将集成电路击穿，电烙铁要良好接地，最好在焊接时拔掉电源。

（4）吸锡器

将集成电路从印刷电路板上焊下时，常使用吸锡器。另外，现在还有一种热风吹锡器，比较好用，高温风将焊锡吹化并且吹走，很容易将焊点脱开。

（5）扳手

大小活扳手，内六方扳手一套。

（6）其他

镊子、刷子、剪刀、带鳄鱼夹子的连线等。

1.2.6　数控机床故障维修对备品、备件的要求

为了提高数控机床的故障检修速度，备件是必不可少的。一方面发现问题后，如果没有备件，就无法恢复机床正常使用。另一方面在诊断故障时，如果有足够的备件也可以采用备件替换法尽快确诊故障。所以为保障数控机床的正常运行储存一定量的备件是十分必要的。

1.2.7 数控机床故障的种类

由于数控机床采用计算机技术、自动化技术、自动检测技术等先进技术，而且机、电、液、气一台化，结构复杂，所以，数控机床的故障多种多样，各不相同，下面从不同角度对数控机床的故障进行分类。

(1) 软故障和硬件故障

由于数控机床采用了计算机技术，使用软件配合硬件控制系统和机床的运行。所以数控机床的故障又可以分为软故障和硬件故障两大类。

① 软故障　软故障是系统软件、加工程序出现问题，或者机床数据丢失、系统死机。另外，误操作也会引起软故障，下面分类进行介绍。

a. 加工程序编制错误造成的软件故障。这类故障通常数控系统都会有报警显示，遇到这类故障应根据报警显示的内容，检查核对加工程序，发现问题修改程序后，即可排除故障。

【案例 1-1】　一台采用 FANUC 0TC 系统的数控车床，在执行加工程序时出现报警"057 NO SOLUTION OF BLOCK END"（块结束没有计算）。

这个报警的含义是某段程序的结束点与图纸不符，即计算的结果不对。但检查程序重新计算并没有发现问题，检查刀补也没有发现错误，重新对刀也没有解决问题。

单步执行程序发现程序总是在执行 G01 Z0.4 F18 时出现报警，这个语句是执行直线运动，本不会出现这个报警，下个语句是 A225 X59.03，执行的是切削倒角的功能，因此判断 NC 系统在执行这个语句之前进行计算，发现执行倒角功能后，结束点与程序给出的结束点 X59.03 差距太大，所以出现报警，而对这几个数据进行计算，没有误差。

在出现报警时，使用软键功能"下一语句（NEXT）"功能发现屏幕上显示下一个语句的结果为 A.225 X59.03，显然 A.225 的数据不对，重新检查程序，发现语句 A225 X59.03 中 A225 后没有加小数点，这时 NC 系统认为是 0.225，所以计算后的结果肯定不对，将小数点加上后，程序正常运行。

b. 机床数据设置不正确，或者由于多种原因（如后备电池没电、电磁干扰、人为错误修改）使一些机床数据发生变化，或者机床使用一段时间后一些数据需要更改但没有进行及时更改，从而引发了软件故障。

这类故障排除比较容易，只要认真检查、修改有问题的数据或者参数，即可排除故障。修改机床数据时要注意，一定要搞清机床数据的含义以及与其相关的其他机床数据的含义之后才能修改，否则可能会引起不必要的麻烦。

【案例 1-2】　一台采用西门子 810T 系统的数控淬火机床，长假过后，重新开机，系统没有进入正常页面，而是进入初始化页面，并且系统屏幕显示的语言是德文。观察屏幕显示 1 号报警，指示后备电池没电。因此判断故障原因是系统后备电池电量不足，致使系统断电时使机床数据丢失，造成无法进入正常页面。更换后备电池，对系统进行初始化，然后重新下载机床数据与程序，使机床恢复正常工作。

【案例 1-3】　一台采用西门子 840C 系统的数控车床，在使用几年后，X 轴运动时噪声和振动变大。

对 X 轴丝杠和滑台进行检查没有发现问题，更换伺服控制系统的电源、伺服放大器和伺服电机没有解决问题。为此认为可能机床数据有问题，但对机床数据进行检查，没有发现有改变的，还是原来的数据，是不是伺服系统数据需要调整呢？找到 X 轴的加速度数据 2760 和 Kv 数据 2520 后，对设定的数据进行调整，当数据变小时，振动有所减小，看样还是有效果的，继续调整直到没有振动为止。

【案例1-4】 一台采用西门子810T系统的数控外圆磨床，在磨削加工时发现有时输入的刀具补偿的数据，在工件上反映的尺寸变化太大。有时补偿值输入0.005mm，但在尺寸变化上却是0.03mm的变化，而输入0.01mm补偿值，在工件的尺寸变化上也是0.03mm的变化。在测量机床的往返精度时发现，Z轴运动在从正向到反向转换时，让其走0.01mm，而从千分表上显示却是0.03mm，Z轴运动在从反向到正向转换时，亦是如此。因此怀疑滚珠丝杠的反向间隙有问题，研究系统说明书发现，数控系统本身对滚珠丝杠的反向间隙具有补偿功能，为此认为补偿可能设置过大，将Z轴反向间隙补偿数据MD2201调出检查，发现原来设置为80，怀疑可能数值过大，过补偿了。将这个数值向下调整，当设定到22时，反向间隙正好被补偿，这时机床的补偿功能恢复正常。

c. 机床参数设置不合理。现在的数控机床在编制加工程序时，使用了很多参数，如R参数、刀具补偿参数、零点补偿参数等。这些参数没有设置或者设置不好，也会引起机床故障。这类故障只要找到设置错了的参数，修改后，即可排除故障。

【案例1-5】 一台采用西门子810G数控内圆磨床，在更换砂轮后，修整新砂轮时出现报警"6055 Part parameters change too great"（工件参数变化过大），指示工件参数设置有问题，对设置的R参数进行检查，发现输入的新砂轮直径R642设置过大，按实际输入后，机床恢复正常工作。

【案例1-6】 一台采用西门子3TT系统的数控铣床在自动加工时出现F105报警，程序执行中断。F105报警指示NC2有问题。仔细观察程序的执行过程，当程序执行完语句N20 G00 X25 F20000后，就出现F105报警，同时还可以看到在屏幕的最下行有一316号报警信息一闪而过。查阅说明书316号报警的含义是"在程序中F功能没有编入"（NO F WORD IS PROGRAMMED），但检查程序没有发现问题，N20语句之后是N30 G01 X 165 Z 22 F R30，该程序段表面看是没有问题的，而且以前这个程序也正常执行没有出现过问题。那么会不会是R参数R30的数值设定有问题呢？将R参数打开进行检查，发现R30的内容为0.1320，R30是进给速度设定值，0.1320的设定值确实太低了，实际上应该设成1320，是将切削速度设置过小所致，将R30更改成1320后，机床恢复了正常使用。这个故障是机床操作人将R30的数值设定不合理造成的。

d. 操作失误引起的软故障。这些故障并不是硬件损坏引起的，而是因为操作、调整、处理不当引起的。这类故障一般多发生在机床投入使用初期或者新换机床操作人时，由于对机床不太熟悉出现操作失误的故障。

【案例1-7】 一台采用西门子3TT系统的数控铣床，在刚投入使用的时候，一次出现工作台不旋转的问题，并有F22报警，将该报警信息调出，显示信息为，"Index required to start groove"（分度需要到起始沟）。分析机床的工作原理，发现这个问题与分度装置有关，这台机床为了安全起见，只有分度装置在起始位置时，工作台才能旋转。为此对分度装置进行分度操作，使其停在起始位置，这时工作台旋转正常进行。这就是因为操作人员对机床操作不熟悉所致。

还有些机床问题，如有几台数控机床在刚投入使用的时候，有时出现意外情况时，操作人员按下急停按钮，之后又将系统电源关闭。在重新加电启动机床时，这时机床回不了参考点，必须经过一番调整，有时必须手工转动丝杠使相应坐标轴到达非干涉区。后来吸取教训，按下急停按钮后，将机床操作方式变为手动方式，松开急停按钮，把机床坐标轴及辅助装置恢复到正常位置，这时再进行其他操作或将机床断电，就不会出现问题了。

② 硬件故障 硬件故障指数控机床的硬件发生损坏，必须更换已损坏的器件才能排除的

故障。硬件故障除了包括 CPU 主板、存储器板、测量板、显示驱动板、显示器、电源模块，以及输入输出模块外，还包括各种检测开关、执行机构、强电控制元件等。当出现硬件故障时，有时可能会出现软件报警或者硬件报警，这时可以根据报警信息查找故障原因。如果没有报警，就要根据故障现象以及所用数控系统的工作原理来检查。使用互换法可以提高故障诊断的效率和准确性。

【案例 1-8】 一台使用西门子 810G 系统的数控磨床，工作时出现报警"3 PLC STOP（PLC 停止）"，不能进行任何操作，数控系统停止工作。在 DIAGNOSIS 菜单下查看 PLC 报警信息，发现有"6138 No Response From EU"（EU 没有响应）报警。6138 号报警是 PLC 系统的报警，查看西门子手册关于 6138 报警的解释，故障原因可能是与 CPU 模块连接的 EU 模块或者连接 EU 模块的电缆有问题。故首先检查连接电缆，但没有发现问题，又仔细观察故障现象，在出现故障时，接口板 EU 上的红色报警灯亮，所以怀疑 EU 板有问题，将这块控制板与另一台机床的对换，这时另一台机床出现这个报警，从而确认为接口模块 EU 出现故障。更换新 EU 板，系统恢复正常工作。

【案例 1-9】 一台采用西门子 810G 系统的数控沟槽磨床，一次出现故障，在自动磨削完工件修整砂轮时，带动砂轮的 Z 轴向上运动，停下后砂轮修整器并没有修整砂轮，而是停止了自动循环，但屏幕上没有报警指示。根据机床的工作原理，在修整砂轮时，应该喷射冷却液，冷却砂轮修整器，但多次观察发生故障的过程，却发现实际并没有冷却液喷射，在出现故障时利用数控系统的 PLC 状态显示功能，观察控制冷却液喷射电磁阀的输出 Q4.5，其状态为"1"，没有问题，根据电气原理图，PLC 输出的 Q4.5 是通过一个直流继电器 K4.5 来控制电磁阀的，检查直流继电器 K4.5 也没有问题，电磁阀线圈上也有电压，说明问题是出在电磁阀上，更换电磁阀后，机床故障消除。

（2）控制系统故障和机床侧故障

按照故障发生的部位可以把故障分为控制系统故障和机床侧故障。

① 控制系统故障 控制系统故障是指数控装置、伺服系统或者主轴控制系统的故障。

控制系统的故障是指由于数控系统、伺服系统、PLC 等控制系统的软、硬件出现问题而引起的机床故障。由于现在的控制系统的可靠性越来越高，所以这类故障越来越少，但是这类故障诊断难度比较大，维修这类故障首先必须掌握各个系统的工作原理，然后才能根据故障现象进行检查。

【案例 1-10】 一台采用西门子 3TT 系统的数控铣床，其 PLC 采用 S5 130W/B，一次这台机床发生故障，通过 NC 系统 PC 功能输入的 R 参数在加工中不起作用，虽然在屏幕上显示参数已被改变，但不能更改加工程序中所用的 R 参数数值。通过对 NC 系统工作原理及故障现象的分析，PC 功能输入的数据首先存入 PLC，然后传入 NC，因此怀疑 PLC 主板可能有问题，采用互换法与另一台机床的 PLC 主板对换后，故障转移到另一台机床上，说明确实是 PLC 主板有问题。经专业厂家维修后，机床故障被排除。

【案例 1-11】 一台采用西门子 810T 系统的数控淬火机床，一次出现故障，系统启动后，直接进入自动状态，不能进行任何操作。因此怀疑因为某种原因使系统进入死机状态，强行启动系统后，系统进入初始化画面，检查机床数据和加工程序都没有丢失，说明系统是因为偶然原因进入了死循环，为了恢复系统，不进行初始化操作，直接退出初始化状态，这时系统恢复正常工作。

② 机床侧故障 机床侧故障是指在机床上出现的非控制系统的故障，包括机械问题、检测开关问题、强电问题、液压问题等。机床侧故障还可以分为主机故障和辅助装置故障。机床

侧故障是数控机床的常见故障,对这类故障的诊断、维修要熟练掌握 PLC 系统的应用和系统诊断功能。

【案例 1-12】 一台采用西门子 3M 系统的数控磨床一次出现故障,负载门关不上,不能进行自动加工,而且没有故障报警。根据机床工作原理负载门的开关是由气缸来驱动的。关闭负载门是 PLC 输出 Q2.0 通过中间继电器 K2.0 控制电磁阀 2.0 来完成的。利用系统的 PC 功能检查 PLC 输出 Q2.0 的状态为"1"没有问题,电磁阀上也有电压,说明电磁阀损坏,更换新的电磁阀,机床恢复正常工作。这就是一个机床侧的故障。

【案例 1-13】 一台采用西门子 810T 系统的数控淬火机床,一次出现故障,出现报警"6014 Fault level hardening liquid"(淬火液液位故障),机床无法工作,对淬火液的液位进行检查,发现液位远远高于液位下限,实际液位没有问题。根据机床工作原理,PLC 输入 I2.1 连接液位检测开关 SL21,利用系统 DIAGNOSIS 功能检测 PLC 输入 I2.1 的状态为"1",确实是检测液位有问题,因此怀疑液位检测开关有问题,检查液位开关果然损坏,更换后故障被排除。

(3) 电气故障和机械故障

数控机床的故障根据性质可分为电气故障和机械故障。数控机床由于控制技术越来越先进和复杂,机械部分变得越来越简单,所以数控机床的大部分故障都是电气故障。

① 电气故障 数控机床的大部分故障是电气故障,包括数控装置、PLC 控制器、CRT 显示器以及伺服单元、输入输出装置的弱电故障和继电器、接触器、开关、熔断器、电源变压器、电磁铁、接近开关、限位开关、压力流量开关等强电元器件及其所组成的电路的强电故障。

【案例 1-14】 一台采用 FANUC 0iC 系统的数控车床在工作时出现报警"1008 TURRENT NOT CLAMP"(刀塔没有卡紧),但观察刀塔在转位时有卡紧动作,因此怀疑卡紧检测开关可能有问题,刀塔的卡紧检测开关接入 PMC 输入 X6.5,检查 PMC 输入 X6.5 的状态,发现一直为"0",没有变化,拆下卡紧检测开关进行检查发现确实损坏,更换卡紧检测开关,机床故障消除。这个故障就是电气故障。

【案例 1-15】 一台采用西门子 840D 系统的数控磨床在机床启动后,出现报警"700010 TECHNOLUBE LUBE. NOT OK"(润滑系统有问题),这个故障是在机床启动后 1min 左右出现的,指示润滑压力不够。观察润滑泵,机床启动后并未工作。分析机床的工作原理,PLC 输出 Q44.1 连接直流继电器 K44.1,K44.1 控制润滑泵工作。利用数控系统 DIAGNOSIS 功能检查 PLC 输出 Q44.1 的状态,在机床启动时为"1"没有问题,可能是直流继电器损坏。把该继电器拆下检查,发现其触点损坏,更换继电器,机床故障消除。这也是一例电气故障。

【案例 1-16】 一台采用西门子 3M 系统的数控球道铣床,开机屏幕没有显示。观察数控系统的启动过程,正常没有问题,因此怀疑显示器故障。为此在机床启动后,按照正常的操作顺序回参考点,机床正常运行,只是屏幕没有显示,证明确实是显示器损坏。对显示器进行检查发现一个电阻已经烧坏,对显示器进行维修使屏幕恢复正常显示。这也是一例电气故障。

② 机械故障 现在的数控机床由于采用了先进的数控技术,机械部分相对变得简单一些,但由于自动化程度的提高,数控机床的机械辅助装置越来越多,所以数控机床的机械故障率比普通机床还是高得多。通常机械故障是一些机械部件经过长时间运行,磨损后精度变差、劣化或者失灵。

【案例 1-17】 一台采用西门子 3TT 系统数控铣床,工作台不旋转,数控系统没有故障显示。根据机床工作原理,工作台旋转的第一步应将工作台气动浮起,气动浮起是 PLC 输出

Q0.4控制的，利用系统的PC功能检查PLC输出Q0.4的状态为"0"，说明第一步就没有完成，以Q0.4为线索，利用机外编程器跟踪梯形图的运行，发现PLC的输入I9.7和I10.6的状态变化不同步，使工作台不能旋转。PLC输入I9.7和I10.6连接的是二、三工位分度位置检测开关B9.7和B10.6，对这两个开关进行检查没有问题，而是这两个工位的分度装置工作不同步，原来是因为机械部件失灵使两个工位的分度产生了错位，对三工位机械装置进行调整，使之与二工位同步，这时机床恢复正常工作。

【案例1-18】 一台采用西门子810T系统的数控淬火机床，在开机X轴回参考点时，出现报警"1680 Servo enable trav. axis X"（X轴伺服使能），指示X轴伺服使能信号被撤消，手动走X轴也出现这个报警，这台机床的伺服控制器采用西门子的SIMODRIVE 611A系统，检测伺服装置发现X轴伺服放大器有过载报警。本着先机械后电气的原则，首先检查X轴滑台，手动盘动X轴滑台，发现非常沉，盘不动，肯定是机械部分出现了问题。将X轴滚珠丝杠拆下检查，发现滚珠丝杠锈蚀严重，原来是滚珠丝杠密封不好，淬火液进入滚珠丝杠，造成滚珠丝杠锈蚀。更换滚珠丝杠，并采取防护措施，这时重新开机，机床正常运行。

(4) 系统性故障和随机故障

根据故障出现的必然性和偶然性可将数控机床的故障分为系统性故障和随机故障。

① 系统性故障 系统性故障是指只要满足一定的条件，机床或者数控系统就必然出现的故障。例如电网电压过高或过低，系统就会产生电压过高报警或电压过低报警；工件冷却、主轴冷却系统压力不够，就会产生冷却压力不足报警；数控系统后备电池电压低就会产生电池报警；切削量安排得不合适，就会产生过载报警。

【案例1-19】 一台采用西门子810T系统的数控机床，有时在自动加工过程中，系统突然掉电。观察故障现象，在机床不加工时，从来不出现这个故障。只是在切削加工时出现这个故障，并且每次停止的位置也不尽相同。因此怀疑切削时，由于负载变大，使系统电压降低，给系统供电的电压也降低，当降低到一定程度时，系统采取保护措施，使系统断电。为此监视系统的24V供电电源，发现只有22V左右，在切削加工时，这个电压还要向下波动，系统断电后又恢复到22V左右。因此认为为系统供电的交流变压器有问题，使供电电压过低，更换变压器后，这个故障再也没有出现过。

【案例1-20】 一台采用西门子810T系统的数控淬火机床，一次出现故障经常自动关闭系统的问题，重新启动后，还可以工作一段时间。因为系统自动关机，无法显示故障报警。为此，根据经验首先检查数控系统的供电电源，其电压稳定没有问题。在检查数控系统的冷却装置时发现，系统的冷却风扇的入口堵塞，操作人为了防止灰尘进入系统，在风扇的入口加了过滤网，但长时间没有清洗，使风扇入口堵塞，影响了系统的冷却效果，恰好出故障时又是在夏季，系统检测到超温后，采取保护措施迅速自动关机。更换新的过滤网后，系统恢复稳定运行。

② 随机故障 随机故障是指偶然条件下出现的故障。要想人为地再现同样的故障是不容易的，有时很长时间也难再遇到一次，因此这类故障诊断起来是很困难的。一般来说，这类故障往往与机械结构的局部松动、错位，数控系统中部分元件工作特性的漂移、机床电气元件可靠性下降有关。因此诊断排除这类故障要经过反复试验，然后进行综合判断、检查，最终找到故障根本原因。

【案例1-21】 一台采用西门子805系统的数控沟槽磨床，在加工过程中偶尔出现问题，磨沟槽的位置发生变化，造成废品。分析这台机床的工作原理，在磨削加工时，首先携带

MARPOSS探头的测量臂向下摆动到工件附近，然后工件开始移动，当工件的基准端面接触到测量探头时，数控装置记录下此时的位置的坐标数据，然后测量臂抬起，加工程序继续运行。数控装置根据端面的位置数据，在距端面一定距离的位置磨削沟槽。所以沟槽位置不准，与测量的准确与否有非常大的关系。因为不经常发生，所以很难观察到故障现象。为此根据机床工作原理，对测量头进行检查，但没有发现问题；对测量臂的转动进行检查时发现旋转轴有些紧，观察测量臂向下摆动时，有时没有精确到位，使探头有时接触工件的其他位置，有时根本接触不到工件，使测量产生误差。将旋转轴拆开检查发现已严重磨损，为此制作了新部件，更换上后，这台机床再也没有发生这个故障。

【案例1-22】 一台采用西门子810G系统的外圆磨床，有时在自动磨削过程中出现报警"6023 PUSHER FORWARD TIMEOUT"（退料器向前超时），指示机械手向前超时，并停止自动循环。观察现象，每次出现故障都是在工件磨削完之后，机械手插入工件时出现这个报警。根据机床工作原理，此时机床的机械手应该带动工件上滑，即返回，这时不应该出现这个故障报警。根据系统PLC梯形图进行分析、检查，发现有时在工件磨削完，机械手插入工件出现故障报警时，PLC的输入I5.1的状态瞬间变为"0"，PLC输入I5.1连接的是机械手向前位置检测接近开关5PX1，检查这个接近开关，没有问题。仔细观察机械手的动作，在机械手插入工件时，机械手臂晃动，有时晃动较大，使接近开关发出错误信息，从而产生误报警。检查机械手的旋转轴，发现由于磨损造成间隙较大，使机械手插入时产生晃动。制作加工新的旋转轴，安装上后，机床恢复稳定运行。

(5) 有报警显示故障和无报警显示的故障

数控机床的故障根据有无报警显示分为有报警显示故障和无报警显示故障。

① 有报警显示故障 现代的数控系统自诊断功能非常强，大部分故障系统都能检测出来，并且在系统屏幕上显示报警信息或者在硬件模块上用发光二极管显示故障。有很多故障根据报警信息就可以发现故障原因，但也有一些故障的报警信息只是说明故障的一种状态或结果，并没有指出故障原因，这时就要根据故障报警信息、故障现象和机床工作原理来诊断故障原因。

【案例1-23】 一台采用FANUC 0TC系统的数控车床，在开机回参考点时出现报警"520 OVER TRAVEL：＋Z AXIS"（Z轴正向超限位），指示Z轴运动超出了正向软件限位。在开机回参考点时就出现这个报警，说明系统工作在不正常状态，因为只有机床返回参考点后，软件限位才起作用。根据系统手册关于这个报警的解除方法，在开机时，同时按住数控系统面板上的CAN键和P键，过一会松开，这时再回参考点，机床就可以正常返回参考点，不再产生报警。

【案例1-24】 一台采用德国西门子3M系统的数控磨床，一次出现故障，数控系统启动后，显示器没有显示，对系统进行检查发现系统耦合模块左边的发光二极管闪亮，指示故障。对PLC进行热启动后，系统恢复正常工作。但过几天又出现此故障，经对发光二极管闪动频率的分析，确定是后备电池电压不足，更换后备电池后，故障消除。

② 无报警显示故障 数控机床还有一些故障没有报警显示，只是机床某个动作不执行。这类故障有时诊断起来比较困难，要仔细观察故障信息，分析机床工作原理和动作程序。

【案例1-25】 一台采用西门子810M系统的数控淬火机床，一次机床开机后，启动淬火液泵时，泵启动不了，但没有报警信息。分析机床的工作原理，其中淬火液泵接触器的控制原理如图1-7所示，共中淬火液泵是受接触器K1控制的，SL9是淬火液液位开关，液面没有问题。而KA73是受PLC输出Q7.3控制的，首先检查Q7.3的状态，当淬火液泵启动按钮按下时，为"1"没有问题，继电器触点 KA73 也闭合，说明 PLC 部分没有问题，那么肯定是液位开关 SL9 的问题了，接着检查 SL9 的闭合状态，发现已断开，说明液位开关损坏了，更换新的开关后故障消除。

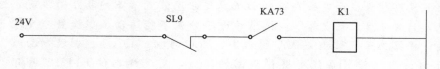

图 1-7　淬火液泵接触器的控制原理

【案例 1-26】　一台采用西门子 810M 系统的数控磨床 X、Y、Z 轴都不运动。这台机床开机回参考点的过程不执行，手动移动 X、Y、Z 轴也不动，除了"没有找到参考点"的故障显示外，没有其他报警，检查伺服使能条件也都满足，仔细观察发现，伺服轴的进给速率是 0，但按进给速率增大键，屏幕上的速率数值并不变化，一直为 0。关机再开也无济于事。为了清除这种类似死机的状态，强行启动系统，使系统进入初始化状态，但不进行初始化操作，直接退出初始化画面。这时操作速率进给键，恢复正常，将进给速率增加到 100%，各轴操作正常进行。

(6) 破坏性故障和非破坏性故障

以故障发生时有无破坏性将数控机床故障分为有破坏性故障和非破坏性故障。

① 破坏性故障　数控机床的破坏性故障会对机床或者操作者造成侵害，导致机床损坏或人身伤害，如飞车、超程、短路烧保险丝、部件碰撞等。有些破坏性故障是人为造成的，是由于操作不当引起的，例如机床通电后不回参考点就手动快进，不注意滑台位置，就容易撞车；另外，在调试加工程序时，有时程序中的坐标轴数值设置过大，在运行时容易超行程或者刀具与工件相撞。

破坏性故障发生后，维修人员在检查机床故障时，不允许简单再现故障，如果能够采取一些防范措施，保证不会再出现破坏性的结果时，可以再现故障，如果不能保证不再发生破坏性的事故，不可再现故障。

在诊断这类故障时，要根据现场操作人员的介绍，经过仔细的分析、检查来确定故障原因。这类故障的排除技术难度较大且有一定风险，所以维修人员应该慎重对待这类故障。

【案例 1-27】　一台采用 FANUC 0TC 系统的数控车床，出现报警"950 Fuse break (+24VE：FX14)"（熔断器断开），此报警指示数控单元电源模块的 F14 保险丝烧断，属于破坏性故障。检查这个保险丝确实已经烧断，根据系统工作原理，F14 的烧断可能是+24V 电源有短路问题。测量电源+24E 发现确实与地短接，而撤掉外接电缆插头后，+24E 对地没有问题，说明问题出在外电路上。根据电气图纸进行检查，最后发现刀塔一检测开关的电源线对地短接，处理后，+24E 对地没有问题了，安装上新的保险丝，系统恢复正常工作。

【案例 1-28】　一台采用西门子 810G 系统的数控内圆磨床，开机回参考点时，X 轴回参考点正常没有问题。Z 轴回参考点时，以极快的速度运动，还没等操作人员反应过来，已经撞到工件的送料机构，将主轴砂轮撞碎，这也是破坏性故障。首先对限位开关进行检查，发现已经串位，没有起到保护作用，使 Z 轴飞车时直接撞到上料装置。因为飞车可能是位置反馈有问题，这台机床 Z 轴位置反馈采用旋转编码器，将编码器从伺服电机上拆下，旋转编码器的轴，屏幕上没有数值变化，而连接新编码器时，旋转其轴，屏幕上的 Z 坐标数值开始变化，说明是编码器损坏，更换编码器后，机床恢复正常工作。

② 非破坏性故障　数控机床的大多数故障属于非破坏性故障，维修人员应该重视这类故

障。诊断这类故障可以通过再现故障，仔细观察故障现象，通过对故障现象和机床的工作原理的分析，从而确定故障点并排除故障。

【案例 1-29】 一台采用西门子 810G 系统的数控磨床，一次出现故障，开机后机床不回参考点并且没有故障显示，检查控制面板发现分度装置落下的指示灯没亮，这台机床为了安全起见，只要分度装置没落下，机床的进给轴就不能运动。但检查分度装置，已经落下没有问题。根据机床厂家提供 PLC 梯形图，PLC 的输出 Q7.3 控制控制面板上的分度装置落下指示灯。用编程器在线观察梯形图的运行，发现标志位 F143.4 没有闭合，致使 Q7.3 的状态为 "0"。F143.4 指示工件分度台在落下位置，继续检查发现由于输入 I13.2 没有闭合导致 F143.4 的状态为 "0"。根据电气原理图，PLC 输入 I13.2 接的是检测工件分度装置落下的接近开关 36PS13，将分度装置拆开，发现机械装置有问题，不能带动驱动接近开关的机械装置运动，所以 I13.2 始终不能闭合。将机械装置维修好后，机床恢复了正常使用。

【案例 1-30】 一台采用 FANUC 0TC 系统的数控车床，一次出现故障，刀塔旋转启动后，刀塔旋转不停，并出现报警 "2007 TURRET INDEXING TIME UP"（刀塔分度时间超），指示刀塔旋转超时。机床复位后，刀塔旋转停止，但出现报警 "2031 TURRET NOT CLAMP"（刀塔没有卡紧），指示刀塔没有卡紧。观察故障现象，发现刀塔根本没有回落的动作，根据刀塔的工作原理和电气原理图，对故障进行分析检查，首先怀疑数控系统没有发出刀塔回落命令，但利用系统 DGNOS PARAM 功能观察 PMC 输出 Y48.2（该输出控制刀塔浮起），在刀塔旋转找到第一把刀后，Y48.2 的状态变成 "0"，说明刀塔回落的命令已发出，检查刀塔推出的电磁阀的电源也已断开，但刀塔并没有回落，说明电磁阀有问题，更换新的电磁阀故障消除。

1.2.8 数控机床出现故障时要了解的基本情况

当数控机床出现故障报警时，维修人员不要急于动手处理，首先要调查事故现场，情况了解清楚后再进行检修。这是维修人员取得第一手资料的一个重要手段。一方面要向操作人员调查，详细询问出现故障的全过程，查看故障记录单，了解故障的现象，曾采取过什么措施等。另一方面要对故障现场进行仔细检查，查看是否有软件或者硬件报警，然后进行分析诊断。概括地说，出现故障时，维修人员需要了解下列内容，并做相应的记录。

(1) 故障的种类

① 了解故障现象，区分故障种类。

② 了解数控机床出现故障时，机床处于什么工作方式，是手动方式还是自动方式等。

③ 查看系统状态显示，显示器有无报警，如果有报警，报警内容是什么。

④ 检查系统硬件是否有报警灯闪亮，并分析闪亮原因。

(2) 故障发生的时刻和频次

① 了解故障发生的具体时间。

② 了解故障发生的频次，是经常发生还是偶然发生。

③ 了解故障发生的时刻，是运行在什么状态下发生的。

(3) 外界状态

① 了解环境温度情况，系统周围温度是否超出允许范围，系统制冷装置工作的状况。

② 了解机床附近是否有振动源。

③ 了解机床附近是否有干扰源。

④ 查看切削液、润滑油是否飞溅到了系统控制柜，控制柜是否进水，受到水的浸渍。

⑤ 了解机床供电的电源是否正常。

（4）操作状态

① 了解是在进行什么操作时出现的故障。

② 确认操作是否正确，是否有误操作。

（5）操作情况

① 了解是否修改了工件程序。

② 了解是否修改了各种补偿参数。

③ 了解是否修改了机床数据。

④ 了解是否调整了机床硬件，或是否进行了工件调线操作。

（6）机床情况

① 了解机床的调整状态。

② 了解机床在运行时是否有振动。

③ 了解换刀时是否设置了偏移量。

④ 了解刀具的刀尖是否正常。

⑤ 了解丝杠是否有间隙。

（7）运行情况

① 了解机床在运行时是否改变过或调整过运转方式。

② 了解机床是否处于其他报警状态。

③ 了解机床是否做好运行准备。

④ 检查机床是否处于锁定状态。

⑤ 检查机床是否处于急停状态。

⑥ 检查系统的保险丝是否烧断。

⑦ 检查机床操作面板的方式选择开关设定是否正确。

⑧ 检查进给保持按钮是否被按下。

1.2.9 数控机床故障发生的诱因

由于数控机床的故障千奇百怪，所以故障原因也是形形色色。根据多年的维修经验，下面介绍一些常见的数控机床故障的原因。

① 机械磨损　由于机床是加工机械零件的，所以机械磨损是不可避免的，对于使用者来讲，为了降低机械磨损程度，延长使用寿命，首先要保证机床的润滑质量。通常数控机床都是采用自动润滑的，润滑压力和润滑油油位都有监测的。但润滑油油路是否堵塞，各机械部件是否润滑到位，还要定期进行检查的。其次，还要定期检查机械部件是否松动，如果发现松动要及时进行紧固。另外，还要保证机床各部件的清洁，定期进行清洁工作，及时清除铁屑等杂物。

② 电气元件损坏　电气元件损坏通常有电源电压过高、过载、自然老化。所以要保证机床供电电源的稳定，不要让机床重载运行。为了减缓电气元件的老化进程，一要保持电气元件的清洁，定期进行必要的清洗，电气柜要保持关闭并密封良好；二要保证电气柜冷却系统工作正常，电气清洁更换过滤网。

③ 液压元件故障　包括液压泵、液压阀、液压缸、压力和流量检测元件等。为了减少液压元件的故障，要保证液压油的纯净度，不能使用过脏的液压油；还要保证液压密封的良好，及时更换损坏的密封；另外，还要保证液压油的温度不要过高，以防止液压油变质，减缓密封的损坏。

④ 人为故障　这类故障是操作失误造成的，为了避免这类故障的发生，要加强对操作人

员的培训工作，维修人员在维修机床时不要轻易操作机床。

1.2.10 数控机床故障维修的原则

数控机床的控制先进、技术复杂，出现故障后诊断排除起来都比较难。为了事半功倍的解决问题，下面介绍一些数控机床故障维修的原则。

(1) 先外部后内部

数控机床是机械、液压、电气一体化的机床，故其故障的发生必然要从机械、液压、电气这三者综合反映出来。数控机床的故障维修要求维修人员应掌握先外部后内部的原则。即当数控机床发生故障后，维修人员应先采用望、闻、听、问、摸等方法，由外向内逐一进行检查。例如，在数控机床中，外部的行程开关、按钮开关、液压气动元件以及印制线路板插头座、边缘接插件与外部或相互之间的连接部分、电控柜插座或端子排这些机电设备之间的连接部分，因其接触不良造成信号传递失灵，是产生数控机床故障的重要因素。此外，由于工业环境中，温度、湿度变化较大，油污或粉尘对元件及线路板的污染，机械的振动等，对于信号传送通道的接插件都将产生严重影响。在维修中随意地启封、拆卸，不适当地大拆大卸，往往会扩大故障，使机床大伤元气，丧失精度，降低性能。

(2) 先机械后电气

由于数控机床是一种自动化程度高、技术复杂的先进机械加工设备。一般来讲，机械故障较易察觉，而数控系统故障的诊断则难度要大些。先机械后电气就是在数控机床的维修中。首先检查机械部分是否正常，行程开关是否灵活，气动、液压部分是否正常等。从维修实践中可以得知，数控机床的故障中有很大部分是机械动作失灵引起的。所以，在故障维修时，首先注意排除机械性的故障，往往可以达到事半功倍的效果。

(3) 先静后动

维修人员本身要做到先静后动，不可盲目动手，应先询问机床操作人员故障发生的过程及状态，阅读机床说明书、图样资料后，方可动手查找和处理故障。其次，对有故障的机床也要本着先静后动的原则，先在机床断电的静止状态，通过观察测试、分析、确认为非恶性循环性故障，或非破坏性故障后，方可给机床通电，在运行工况下，进行动态的观察、检验和测试，查找故障。然而对恶性的破坏性故障，则必须先排除危险后，方可通电，在运行工况下进行动态诊断。

(4) 先公用后专用

公用性的问题往往影响全局，而专用性的问题只影响局部。如机床的几个进给轴都不能运动，这时应先检查和排除各轴公用的 NC、PLC、电源、液压等公用部分的故障，然后再设法排除某轴的局部问题。又如电网或主电源故障是全局性的，因此一般应首先检查电源部分，查看熔断器是否正常，直流电压输出是否正常。总之，只有先解决影响一大片的主要矛盾，局部的、次要的矛盾才有可能迎刃而解。

(5) 先简单后复杂

当出现多种故障互相交织掩盖、一时无从下手，应先解决容易的问题，后解决难度较大的问题。常常在解决简单故障的过程中，难度大的问题也可能变得容易，或者在排除简易故障时受到启发，对复杂故障的认识更为清晰，从而也有了解决办法。

(6) 先一般后特殊

在排除某一故障时，要先考虑最常见的可能原因，然后再分析很少发生的特殊原因。例如，数控机床不回参考点故障，常常是由于参考点减速开关或者参考点减速开关碰块位置窜动所造成。一旦出现这一故障，应先检查参考点减速开关或者碰块位置，在排除这一常见的可能性之后，再检查脉冲编码器、位置控制等环节。

1.2.11 常用数控机床故障维修的方法

数控设机床采用了先进的控制技术，是机、电、液相结合的产物，技术先进、结构复杂。所以，出现故障后，诊断起来也比较困难。下面介绍一些行之有效的数控机床故障诊断方法。

(1) 了解故障发生的过程、观察故障的现象

当数控机床出现故障时，首先要搞清故障现象，要向操作人员询问故障是在什么情况下发生的、怎样发生的及发生过程。如果故障可以再现，应该观察故障发生的过程，观察故障是在什么情况下发生的，怎么发生的，引起怎样的后果，只有了解到第一手情况，才有利于故障的排除。常言说，把故障现象搞清楚，问题也就解决一半了。搞清了故障现象，然后根据机床和数控系统的工作原理，就可以很快地确诊问题所在并将故障排除，使设备恢复正常使用。

【案例 1-31】 一台采用美国 BRYANT 公司 TEACHABLE Ⅲ 系统的数控外圆磨床在自动加工时，砂轮将修整器磨掉一块。为了观察故障现象并防止意外再次发生，将砂轮拆下运行机床，这时再观察故障现象，发现在自动磨削加工时，磨削正常没有问题，工件磨削完之后，修整砂轮时，砂轮正常进给，而砂轮修整器旋转非常快，很快就压上限位开关，如果这时砂轮没拆，肯定砂轮又要撞到修整器上。根据机床的工作原理，砂轮修整器由 E 轴伺服电机带动，用旋转编码器作为位置反馈元件。正常情况下修整器修整砂轮时，Z 轴滑台带动 E 轴修整器移动到修整位置，修整器做 $30°\sim120°$ 的摆动来修整砂轮。

仔细观察故障现象发现：E 轴滑台在压上限位开关时，在屏幕上 E 轴的坐标值只有 $60°$ 左右，而实际位置大概在 $180°$ 左右，显然是位置反馈出现问题，但更换了位控板和编码器都没有解决问题。又经过反复的观察和试验，发现 E 轴修整器在 Z 轴的边缘时，回参考点和旋转摆动都没有问题，当修整器移动到 Z 轴滑台中间时，手动旋转就出现故障。

根据这个现象断定可能是由于 E 轴的编码器经常随修整器在 Z 轴滑台上往返移动，而使编码器电缆中的某些线折断，导致电缆随修整器的位置不同，在 Z 轴边缘时，接触良好，不出现故障，而在 Z 轴的中间时，有的信号线断开，将反馈脉冲丢失。基于这种判断，开始校对编码器反馈电缆，发现确实有几根线接触不良，找到断线部位后，对断线进行焊接并采取防折措施，重新开机测试，故障消除，机床恢复了正常使用。

(2) 直观观察法

就是利用人的手、眼、耳、鼻等感觉器官来查找故障原因。这种方法在数控机床故障维修时是非常实用的，下面介绍几种常用的方法。

① 目测方法 目测故障板，仔细检查有无保险丝烧断，元器件烧焦，烟熏，开裂现象，有无异物、断路现象。以此可判断板内有无过流、过压、短路等问题。

② 手摸方法 用手摸并轻摇元器件，尤其是阻容、半导体器件有无松动之感，以此可检查出一些断脚、虚焊等问题。

③ 通电观察 首先用万用表检查各种电源之间有无短路现象，如无即可接入相应的电源，目测有无冒烟、打火等现象，手摸元器件有无异常发热，以此可发现一些较为明显的故障，而缩小维修范围。

【案例 1-32】 一台采用西门子 810M 的数控沟道磨床开机后有时出现 11 号报警，指示UMS 标志符错误，指示机床制造厂家储存在 UMS 中的程序不可用，或在调用的过程中出现了问题。出现故障的原因可能是存储器模板或者 UMS 子模板出现问题。为此，首先将存储器模板拆下检查，发现电路板上 A、B 间的连接线已腐蚀，接触不良。将这两点焊接上后，开机测试，再也没有出现这个报警。

【案例 1-33】 一台采用西门子 810M 系统的淬火机床一次出现故障，在开机回参考点时，Y 轴不走，观察故障现象，发现在让 Y 轴运动时，Y 轴不走，但屏幕上 Y 轴的坐标值却正常变化，并且观察 Y 轴伺服电机也正常旋转，因此怀疑伺服电机与丝杠间的联轴器损坏，拆开检查确实损坏，更换新的联轴器故障消除。

（3）根据报警信息诊断故障

现在数控系统的自诊断能力越来越强，数控机床的大部分故障数控系统都能够诊断出来，并采取相应的措施，如停机等，一般都能产生报警显示。当数控机床出现故障时，有时在显示器上显示报警信息，有时在数控装置、PLC 装置和驱动装置上还会有报警指示。

另外，机床厂家设计的 PLC 程序越来越完善，可以检测机床出现的故障并产生报警信息。

在数控机床出现报警时，要注意对报警信息的研究和分析，有些故障根据报警信息即可判断出故障的原因。

【案例 1-34】 一台采用日本 FANUC 0TC 系统的数控车床，出现 2043 号报警，显示报警信息 "HYD. PRESSURE DOWN（液压压力低）"，指示机床液压系统压力过低。根据报警信息对液压系统进行检查，发现液压压力确实很低，对液压压力进行调整后，机床恢复了正常使用。

【案例 1-35】 一台采用西门子 810T 系统的淬火机床，一次出现故障，出现报警 "1121 Clamping monitoring"（卡紧监视）。按系统复位按键，伺服系统启动不了，Z 轴下滑一段距离，又出现这个报警。检查伺服系统没有发现故障，在调用系统报警故障信息时，发现有 PLC 报警 "6000 AXES X＋LIMIT SWITCH"（X 轴正向超限位），原来是因为 X 轴压上限位开关，使系统伺服条件取消，复位时 Z 轴抱闸打开，但伺服使能没有加上，所以下滑。在系统复位时使 X 轴脱离限位，这时系统恢复正常。

【案例 1-36】 一台采用西门子 810G 系统的数控沟道磨床，开机后就产生 1 号报警显示 "BATTERY ALARM POWER SUPPLY"（电池电源报警），很明显是指示数控系统断电保护的后备电池没电，更换新的电池后（注意：一定要在系统带电的情况下更换电池），将故障复位，机床恢复使用。另一台采用 SIEMENS 3G 系统的数控磨床，开机后屏幕没有显示，检查数控装置，发现 CPU 板上一个发光二极管闪烁，根据说明书，分析其闪烁频率，确认为断电后备电池电压低，更换电池后，重新启动系统故障消失。

而另一些故障的报警信息并不能反映故障的根本原因，而是反映故障的结果或者由此引起的其他问题，这时要经过仔细的分析和检查才能确定故障原因，下面的方法对这类故障及没有报警的一些故障的检测是行之有效的。

（4）利用 PLC 的状态信息诊断故障

很多数控系统都有 PLC 输入、输出状态显示功能，如西门子 810T/M 和 810D/840D 系统 DIAGNOSIS 菜单下的 PLC STATUS 功能，FANUC 0C 系统 DGNOS PARAM 软件菜单下的 PMC 状态显示功能，日本 MITSUBISHI 公司 MELDAS L3 系统 DIAGN 菜单下的 PLC-I/F 功能，日本 OKUMA 系统的 CHECK DATA 功能等。利用这些功能，可以直接在线观察 PLC 的输入和输出的瞬时状态，这些状态的在线监视对诊断数控设备的很多故障是非常有用的。

数控机床的有些故障可以直接根据故障现象和机床的电气原理图，查看 PLC 相关的输入、输出状态即可确诊故障。

【案例 1-37】 一台采用 FANUC 0TC 的数控车床，一次出现故障，开机就出现 2041 号报警，指示 X 轴超限位，但观察 X 轴并没有超限位，并且 X 轴的限位开关也没有压下，但利用 NC 系统的 PMC 状态显示功能，检查 X 轴限位开关的 PMC 输入 X0.0 的状态为 "1"，开关触点确实已经断开，说明开关出现了问题，更换新的开关后，机床故障消除。

【案例 1-38】　一台采用日本 MITSUBISHI 公司的 MELDAS L3 系统的数控车床，一次出现故障，刀架不旋转。根据刀架的工作原理，刀架旋转时，首先靠液压缸将刀架浮起，然后才能旋转。观察故障现象，当手动按下刀架旋转的按钮时，刀架根本没有反应，也就是说，刀架没有浮起，根据机床电气原理图，PLC 的输出 Y4.4 控制继电器 K44 来控制浮起电磁阀，电磁阀控制液压缸使刀架浮起，首先通过 NC 系统的 PLC 状态显示功能，观察 Y4.4 的状态，当按下手动刀架旋转按钮时，其状态变为 "1"，没有问题，继续检查发现，Y4.4 控制的直流继电器 K44 的触点损坏，更换新的继电器后，刀架恢复了正常工作。

（5）利用 PLC 梯图跟踪法确诊故障

　　数控机床出现的机床侧故障是通过 PLC 程序检查出来的，PLC 检测故障的原理就是通过运行机床厂家为特定机床编制的 PLC 梯形图（即用户程序），根据各种输入、输出状态进行逻辑判断，如果发现问题，产生报警并在显示器上产生报警信息。有些故障可在屏幕上直接显示出报警原因，有些虽然在屏幕上有报警信息，但并没有直接反映出报警的原因，还有些故障不产生报警信息，只是有些动作不执行，遇到后两种情况，跟踪 PLC 梯形图的运行是确认故障很有效的办法。FANUC 数控系统和 MITSUBISHI 系统本身就有梯形图显示功能，可直接监视梯形图的运行。而西门子 3 系统、810T/M 系统、850 系统、805 系统、840C 系统等因为没有梯图显示功能，对于简单的故障可根据纸版梯形图，通过 PLC 的状态显示信息，监视相关的输入、输出及标志位的状态，跟踪程序的运行，而复杂的故障必须使用编程器来跟踪梯形图的运行，以提高诊断故障的速度和准确性。

【案例 1-39】　一台采用西门子 3TT 系统的数控铣床，PLC 采用西门子 S5 130W/B。这台机床一次出现故障，分度头不分度，但没有故障报警。根据机床的工作原理，分度时首先将分度的齿板与齿条啮合，这个动作是靠液压装置来完成的，是由 PLC 输出 Q1.4 控制液压电磁阀 Y1.4 来执行的。连接机外编程器 PG685 跟踪梯形图的实时变化，有关 PLC 输出 Q1.4 的梯形图见图 1-8，利用编程器观察这个梯形图，发现标志位 F123.0 触点没有闭合是 PLC 输出 Q1.4 没有得电。

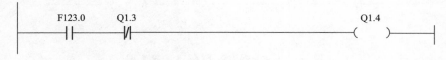

图 1-8　关于 Q1.4 的梯形图

　　继续观察如图 1-9 所示的关于 F123.0 的梯形图，发现标志位 F105.2 的触点没有闭合。接着观察如图 1-10 所示的关于 F105.2 的梯形图，发现 PLC 输入 I10.2 没有闭合是故障的根本原

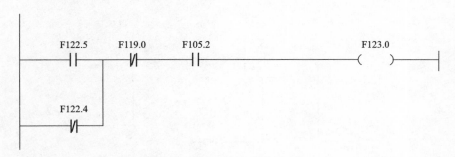

图 1-9　关于标志位 F123.0 的梯形图

因。PLC 输入 I9.3、I9.4、I10.2、I10.3 连接四个接近开关，检测分度齿板和齿轮是否啮合，不分度时，由于齿板和齿轮不啮合，这四个接近开关都应该闭合。现在 I10.2 没有闭合，可能是机械部分或检测开关有问题，检查机械部分正常没有问题，检查检测开关，发现接近开关已损坏，更换新的开关后机床恢复正常工作。

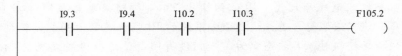

图 1-10 关于标志位 F105.2 的梯形图

【**案例 1-40**】　一台采用西门子 810G 系统的数控磨床，一次出现故障，开机后机床不回参考点并且没有故障显示，观察机床控制面板发现分度装置落下的指示灯没亮，原来这台机床为了安全起见，只要分度装置没落下，机床的进给轴就不能运动。但检查分度装置，已经落下没有问题。根据机床厂家提供 PLC 梯形图，PLC 的输出 Q7.3 控制面板上的分度装置落下指示灯。用编程器在线观察梯形图的运行，关于 Q7.3 的梯形图见图 1-11，发现 F143.4 没有闭合，致使 Q7.3 的状态为"0"。F143.4 指示工件分度台在落下位置，继续检查图 1-12 所示的关于 F143.4 的梯形图，发现由于输入 I13.2 没有闭合导致 F143.4 的状态为"0"。

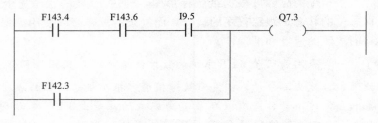

图 1-11 关于 PLC 输出 Q7.3 的梯形图

图 1-12 关于标志位 F143.4 的梯形图

根据如图 1-13 所示的电气原理图，PLC 输入 I13.2 连接的是检测工件分度装置落下的接近开关 36PS13，将分度装置拆开，发现机械装置有问题，不能带动驱动接近开关的机械装置运动，所以 I13.2 始终不能闭合。将机械装置维修好后，机床恢复了正常使用。

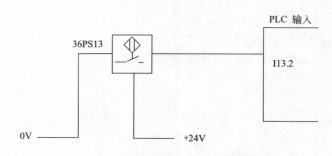

图 1-13 PLC 输入 I13.2 的连接图

以上两种方法对机床侧故障的检测是非常有效的，因为这些故障无非是检测开关、继电器、电磁阀的损坏或者机械执行机构出现问题，这些问题基本都可以根据 PLC 程序，通过检测其相应的状态来确认故障点。

(6) 机床参数检查法

数控机床有些故障是由于机床参数设置不合理或者机床使用一段时间后需要调整，遇到这类故障将相应的机床参数进行适当的修改，即可排除故障。

【案例 1-41】 一台采用 FANUC 0TC 系统的数控车床在加工时，加工完工件的尺寸不稳。这台机床是在批量加工盘类工件的外圆，加工时发现有的工件外径尺寸超差。

对机床的刀塔、车刀进行检查没有发现问题，检查工装卡具也没有发现问题，工件的卡紧也正常。在检测 X 轴滑台精度时发现 X 轴有 0.04mm（直径尺寸）的反向间隙。

FANUC 数控系统具有发现丝杠反向间隙补偿功能，机床数据 PRM535 为 X 轴反向间隙补偿参数，将该参数从 0 改为 20 后，X 轴反向间隙消除，这时工件加工尺寸基本不变。

【案例 1-42】 一台采用西门子 840C 系统的数控车床在调试加工新工件程序时出现报警 "2281 1ST SOFTWARE LIMIT SWITCH MINUS"（第一轴超负向软件限位），报警指示机床的第一轴——X 轴超负向软件限位，为此首先检查屏幕上 X 轴的坐标数值显示为 110mm，然后将机床数据调出进行检查发现 X 轴负向软件限位 MD2280 设置为 110mm，所以当 X 轴运动到 110mm 时，系统就产生了超限位报警。

对加工程序进行检查，加工该工件的程序设定 X 轴需要运动到 108mm 的位置，显然已超出软件负向限位，对机床的行程进行检查，发现向负向运动还有一定的余地，为此将机床数据 MD2280 从 110mm 修改到 105mm，这时手动慢速移动 X 轴到 106mm 处，没有出现任何报警，重新运行新编制的加工程序，正常运行不再出现 2281 报警了。

(7) 单步执行程序确定故障点

很多数控系统都具有程序单步执行功能，这个功能是在调试加工程序时使用的。当执行加工程序出现故障时，采用单步执行程序可快速确认故障点，从而排除故障。

【案例 1-43】 一台采用西门子 810G 系统的数控磨床，在机床调试期间，外方技术人员将数控装置的数据清除，重新输入机床数据和程序后，进行调试，在加工工件时，一执行加工程序数控系统就死机，不能执行任何操作，关机重新启动后，还可以工作，但一执行程序又死机。首先怀疑加工程序有问题，但没有检查出问题，并且这个程序以前也运行过。当用单步功能执行程序时，发现每次死机都是执行到子程序 L110 的 N220 时发生的，程序 N220 语句的内容为 G18 D1，是调用刀具补偿，检查刀具补偿数据发现是 0，没有进行设置。根据机床要求将刀具补偿值 P1 赋值 10 后，机床加工程序正常执行，再也没有发生死机的现象。

【案例 1-44】 一台采用 FANUC 0TC 系统的数控车床出现报警 "041 INTERFERENCE IN CRC"（CRC 干涉），程序执行中断。根据系统维护说明书关于这个报警的解释为，在刀尖半径补偿中，将出现过切削现象，采取的措施是修改程序。为进一步确认故障点，用单步功能执行程序，当执行到语句 Z-65 R1 时，机床出现报警，程序停止。因为这个程序已经运行很长时间，程序本身不会有什么问题，核对程序也没有发现错误。因此怀疑刀具补偿有问题，根据加工程序，在执行上述语句时，使用的是四号刀二号补偿。重新校对刀具补偿，输入后重新运行程序，再也没有发生故障，说明故障的原因确实是刀具补偿有问题。

(8) 测量法

测量法是诊断设备故障的基本方法，当然对于诊断数控设备故障时也是常用方法。测量法就是使用万用表、示波器、逻辑测试仪等仪器对电子线路进行测量。

【案例 1-45】 一台采用西门子 805 系统的外圆磨床，在启动磨轮旋转时，出现报警 "7021 GRINDING WHEEL SPEED"（磨轮速度），指示磨轮速度不正常，观察磨轮发现速度确实很慢。分析机床的工作原理，磨轮主轴是通过西门子伺服模块 6SN1123-1AA00 控制的，而速度给定是通过一滑动变阻器 R_4 来调节的，这个变阻器的滑动触点随金刚石滚轮修整器的位置变化而变化，从而用模拟的办法保证磨轮直径变小后转速给定电压提高，磨轮转速加快，使磨轮的线速度保持不变。电气线路连接如图 1-14 所示，测量伺服模块的模拟给定输入 56 号和 14 号端子间的电压，发现只有 2.6V 左右，因为给定电压低，所以磨轮转速低。根据机床控制原理分析，R_4 在磨床内部，其滑动触头跟随砂轮直径的大小变化，因为机床内工作环境恶劣，容易损坏，并且测量 R_1 和 R_2 没有问题，电源电压也正常。为此将 R_4 拆下检查，发现电缆插头里有许多磨削液，清洁后，测量其阻值变化正常，重新安装，机床故障消除。

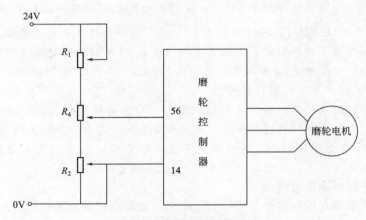

图 1-14　磨轮电机控制原理

【案例 1-46】 一台采用西门子 3G 系统的数控磨床 Z 轴找不到参考点，这台机床在机床回参考点时 X、Y 轴回参考点时没有问题，但 Z 轴回参考点时，出现压限位报警，这时通过手动操作还可以将 Z 轴走回。

观察 Z 轴回参考点的过程，在压上参考点减速开关后，Z 轴减速运行，但不停，一直运动直到硬件限位开关才停止。

根据原理分析认为，可能编码器参考点脉冲有问题，没有发出脉冲或者脉冲幅值过低，用示波器检测编码器的参考点脉冲，一直没有捕捉到，怀疑编码器有问题，为此更换新的编码器，这时机床恢复正常工作。

(9) 采用互换法确定故障点

对于一些涉及控制系统的故障，有时不容易确认是哪一部分有问题，在确保没有进一步损坏的情况下，用备用控制板替换被怀疑有问题的控制板，是准确定位故障点的有效办法，有时与其他机床上同类型控制系统的控制板互换会更快速诊断故障（这时要保证不会把好的板子损坏）。

【案例 1-47】 一台采用美国 BRYANT 公司 TEACHABLE Ⅲ 系统的数控内圆磨床，一次出现故障，在 E 轴运动时，出现报警："E AXIS EXCESS FOLLOWING ERROR"（E 轴跟随误差超出），这个报警的含义指示 E 轴位移的跟随误差超出设定范围。由于 E 轴一动就产生这个报警，E 轴无法回参考点。手动移动 E 轴，观察故障现象，当 E 轴运动时，屏幕

上显示 E 轴位移的变化，当从 0 走到 14 时，屏幕上的数值突然跳变到 471。反向运动时也是如此，当达到 -14 时，也跳变到 471。这时出现上述报警，进给停止。经分析可能是 E 轴位置反馈系统的问题，这包括 E 轴编码器、连接电缆、数控系统的位控板以及数控系统 CPU 板等，为了尽快发现问题，本着先简单后复杂的原则，首先更换位控板，这时故障消除。这台机床另一次 X 轴出现这个报警，首先更换位控板，故障没有排除，因此怀疑编码器的损坏可能性比较大，当拆下编码器时发现，其联轴器已断裂，更换新的联轴器，故障消除。

【案例 1-48】 一台采用西门子 3M 系统的数控球道磨床，经常出现报警"104 Control loop hardware"（控制环硬件），指示 X 轴伺服控制环有问题。根据故障手册中关于 104 报警的解释，该报警是 X 轴伺服环的故障。根据经验该报警通常为反馈回路有问题。分析机床的工作原理，为保证机床的精度，该机床采用光栅尺作为位置反馈元件，为此在系统测量板上加装 EXE 信号处理板对光栅尺反馈信号进行处理。对故障现象进行观察，无论 X 轴是否运动，都出现报警，有时开机就出现报警。因此怀疑光栅尺或者系统的测量板有问题，因为检查测量板比较容易，所以首先检查测量板，由于 X 轴和 Y 轴各采用一块 EXE 信号处理板，所以采用互换法将 X 轴的 EXE 测量板与 Y 轴的 EXE 板对换，这时机床再出现故障时，显示 114 号报警，这回报警指示的是 Y 轴伺服环有问题，故障转移到 Y 轴上，说明是原 X 轴的 EXE 信号处理板有问题，更换该信号处理板后，机床恢复正常运行。

(10) 原理分析法

原理分析法是维修数控机床故障的最基本方法，当其他维修方法难以奏效时，可以从机床和数控系统的工作原理出发，一步一步地进行检查，最终查出故障原因。

【案例 1-49】 一台采用西门子 810N 系统的数控冲床，在长期停用后再启用时，通电后发现系统，出现 1 号报警，指示后备电池没电，但更换电池后，1 号电池报警仍消除不掉。根据西门子 810N 系统的工作原理，电池的电压信号接入电源模块，电源模块对电池电压进行比较判断，电压不足时产生报警信号，并传到 CPU 模块，从而产生报警。为此对电源模块进行检查，发现电池的电压信号在电源模块上的印刷电路板的印刷电路连线腐蚀断路，所以不管电池电压如何，数控装置得到的信息都是电压不足，将线路板上腐蚀的连线用导线连接上后，机床恢复了正常工作。

以上介绍了维修数控机床故障的十种方法，在维修数控机床出现的故障时这些方法往往要综合使用，有时单纯地使用某一方法很难奏效，这就要求维修人员具有一定的维修经验，合理地、综合地使用这些维修方法，使数控机床能尽快地恢复正常使用。

1.2.12 数控机床故障维修注意事项

数控机床的维修工作会涉及各种危险，维修工作必须遵守与机床有关的安全防范措施。只能由专业的维修人员来进行数控机床的故障维修，在检查机床操作之前要熟悉机床厂家和系统的说明书。另外，在诊断、维修数控机床故障时，要避免故障扩大化，以及维修后一定要确保不留隐患。

下面介绍一些数控机床故障维修时要注意的问题。

(1) 维修时的安全注意事项

① 在拆开防护罩的情况下开动机床时，衣服可能会卷到主轴或其他部件中，在检查操作时应站在离机床远一点的地方，以确保衣物不会被卷到主轴或其他部件中。在检查机床运转时，要先进行不装工件的空运转操作。开始就进行实物加工，如果机床误动作，可能会引起工件掉落或刀尖破碎飞出，还可能造成切屑飞溅，伤及人身。因此要站在安全的地方进行检查

操作。

② 打开电气柜门进行检查维修时，需注意电柜中高电压部分，切勿触碰高压部分。

③ 在采用自动方式加工工件时，要首先采用单程序段运行，进给速度倍率要调低，或采用机床锁定功能，并且应在不装刀具和工件的情况下运行自动循环加工程序，以确认机床动作是否正确。否则机床动作不正常，可能引起工件和机床本身的损伤或伤及操作者。

④ 在机床运行之前要认真检查所输入的数据，防止数据输入错误，自动运行操作中由于子程序或数据错误，可能引起机床动作失控，从而造成事故。

⑤ 给定的进给速度应该适合于预订的操作，一般来说对于每一台机床有一个可允许的最大进给速度，不同的操作所适用的最佳进给速度不同，应参考机床说明书中确定最合适的进给速度，否则会加速机床磨损，甚至造成事故。

⑥ 当采用刀具补偿时，要检查补偿方向和补偿量，如果输入的数据不正确，机床可能会动作异常，从而可能引起对工件、机床本身的损害或伤及人员。

⑦ 在更换控制元件或者模块时，要关闭系统电源和机床总电源。

⑧ 至少要在关闭电源 20min 后，才可以更换伺服驱动单元。关闭电源后，伺服驱动和主轴驱动的电压会保留一段时间，因为即使驱动模块关闭电源后也有被电击的危险，至少要在关闭电源 20min 后，残余的电压才能消失。

(2) 更换电子元器件时的注意事项

① 从系统上拆下控制模块时，应注意记录其安装位置，连接的电缆号，对于固定安装的控制模块，还应按前后取下相应的压接部件及螺钉做记录。拆卸下的压件及螺钉应放在专门的盒子里，以免丢失，重新安装时，要将盒内的所有器件都安装上，否则安装是有缺陷的，有可能制造新的隐患。

② 测量线路间的电阻阻值时，应切断电源，测量阻值时应红黑表笔互换测量两次，如果两个数值不同都要做好记录。

③ 模块的线路板大多附有阻焊膜，因此测量时应找到相应的焊点作为测量点，不要铲除阻焊膜，有的线路板全部涂有绝缘层，此时可以在焊点处刮开绝缘层，以便进行测量。

④ 不应随意切断印刷线路。因为数控系统的线路板大多采用双面或多层金属孔化板，印刷线路细而密，一旦切断不易重新焊接，且切线时容易切断相邻的线路，而且有的点在切断某一根线时，并不能使其线路脱离，需要同时切断几根线才行。

⑤ 不应随意拆换元器件，防止由于误判，将拆下的元器件人为损坏。

⑥ 拆卸线路板上的元器件时应使用吸锡器或吸锡绳，切忌硬取。同一焊盘不应加热时间过长和重复拆卸，以免损坏焊盘。

⑦ 电烙铁应放在顺手的前方，远离维修的线路板。烙铁头应做适当的修整，以适应集成电路的焊接，并避免焊接时碰伤其他元器件。

⑧ 线路板更换新的元器件，其引脚应先做适当处理，焊接中不应使用酸性焊油。

⑨ 记录线路板上的开关、跳线的位置，不应随便改变。在进行两板以上的对照检查时，或换元器件时注意标记各板的元件，以免错乱，致使好板损坏。

⑩ 要搞清线路板的电源配置和种类，根据检查需要，可分别供电或全部供电。应注意高压，有的线路板直接接入高压，或板内有高压发生器，需适当绝缘，操作时应特别注意，以免触电。

1.2.13 提高数控机床故障维修水平的方法

数控机床是机电一体化的产物，由于自动化程度高，控制复杂，元器件多，所以产生故障的可能性很高，并且故障大多都很复杂，维修起来很困难。另外数控机床在生产线上通常承担重要加工任务，所以，机床出现故障后，为了不影响生产任务的正常进行，需要尽快恢复，这样就要求数控机床维修人员具有较高的维修水平。

下面介绍几种提高数控机床维修水平的行之有效的方法。

(1) 多问

① 要多问专家　如果有机会到机床厂家验收数控机床或者厂家技术人员来调试、维修数控机床，应该珍惜这样的机会，因为能够获得大量的资料和一些数控机床维修和调试的方法和技巧。要多问，不懂的要搞清楚。有这样的机会，通过努力，一定能学到很多知识。

② 要多问操作人员　数控机床出现故障后，要多向操作人员询问，要了解故障是什么时候发生的、怎样发生的、故障现象是什么、造成的损害或者效果是什么。为了尽可能多地了解故障情况，维修人员必须多向操作人员询问。

③ 要多问其他维修人员　数控机床出现故障后，很多故障因为诊断排除起来很困难，遇到这样的难题，要多向其他维修人员请教，从中可以得到很多经验教训，对维修水平和排除故障的能力提高大有好处。出现难以排除的故障时，可以及时询问机床制造厂家的技术人员或者数控系统方面的专业人员，有时经过请教讨论，很快就会排除故障，并在此过程中受益匪浅。

当其他人员维修机床，自己没有机会参加时，可以在故障处理后，向他们询问，询问故障现象，以及怎样排除的、有何经验教训，从而提高自己的维修水平。

(2) 多阅读

① 要多看数控技术资料　要多看数控系统方面的资料，了解掌握数控系统的工作原理、PLC 控制系统的工作原理以及伺服系统的工作原理。通过多看数控系统方面的资料，可以了解掌握 NC 和 PLC 的机床数据含义和使用方法、数控系统的操作和各个菜单的含义和功能，以及如何通过机床自诊断功能诊断故障。要了解掌握 PLC 系统的编程语言。现在关于数控机床原理与维修的理论书籍也很多，要多看这方面的书籍，以提高理论水平。有了这些积累，在排除数控机床的故障时，才能得心应手。

② 要多看数控机床的梯形图　理解数控机床的梯形图是掌握数控机床工作原理的方法之一，掌握了数控机床的 PLC 梯形图的流程对数控机床的故障维修大有好处，特别是一些没有故障显示的故障，通过对 PLC 梯形图的监测，大部分故障都会迎刃而解。

③ 要多看数控机床的电气图　多看数控机床的电气图，可以掌握每个电气元件的功能和作用，掌握机床的电气工作原理，并可以熟悉电气图的内容和各元器件之间的关系，在出现故障时，能顺利地从电气图中找到相关信息，为快速排除机床故障打好基础。

④ 要多阅读外文资料　我们使用的很多数控机床都是进口的，并且许多国产的数控机床都使用进口数控系统，所以能够多阅读原文资料对了解数控机床和数控系统的工作原理是非常必要的。

(3) 多观察

善于观察对于数控机床的故障维修是非常重要的，因为许多故障都很复杂，只有仔细观察、善于观察，找到问题的切入点，才有利于故障的诊断和排除。

① 多观察机床工作过程　多观察机床的工作过程，可以了解掌握机床的工作顺序，熟悉机床的运行，在机床出现故障时，可以很快地发现不正常因素，提高数控机床的故障排除速度。

【案例 1-50】　一台采用西门子 810G 系统的自动上、下料的数控外圆磨床在工件磨削结束后，机械手把工件带到进料口，而没有在出料口把工件释放。根据平常对机床的观察，工件磨削结束后，工作过程是这样的：首先机械手插入环形工件，然后机械手在圆弧轨道上带动工件向上滑动，到达出料口时，机械手退出工件，磨削完的工件进入出料口，而机械手继续向上滑动直至进料口。因为了解机床的工作过程，通过故障现象判断，分析可能系统没有得到机械手到达出料口的到位信号，检测机械手到达出料口到位信号是通过接近开关 12PX6 检测的，接入 PLC 输入 I12.6。而检查该接近开关正常没有问题，那么可能是碰块与接近开关的距离有问题，检查这个距离确实有些偏大，原来是接近开关有些松动，将接近开关的位置调整好并紧固后，这时机床恢复正常工作。

② 多观察机床结构　多观察机床结构，包括机械装置、液压装置、各种开关位置及机床电器柜的元件位置等，从而也了解掌握机床的结构以及各个结构的功能，在机床出现故障时，因为熟悉机床结构，很容易就会发现发生故障的部位，从而尽快排除故障。

③ 多观察故障现象　对于复杂的故障，反复观察故障现象是非常必要的，只有把故障现象搞清除了，才有利于故障的排除。所以数控机床出现故障时，要注重故障现象的观察。

【案例 1-51】　一台采用西门子 3G 系统的数控磨床经常出现报警 "114 Control loop hardware"（控制环硬件），指示 Y 轴伺服控制环有问题，关机再开，机床还可以工作。反复观察故障现象，发现每次出现故障报警时，Y 轴都是运动到 210mm 左右。为了进一步确认故障，开机后不做轴向运动，在静态时几个小时也不出故障报警，因此怀疑这个故障与运动有关。根据机床工作原理，这台机床的位置反馈元件采用光栅尺，光栅尺的电缆随滑台一起运动，每班都要往复运动上千次，因此怀疑连接电缆可能经常运动使个别导线折断，导致接触不良，对电缆进行仔细检查，发现有一处确实有部分导线折断，将电缆折断部分拆开，焊接处理后，机床运行再也没有出现此报警。

(4) 多思考

① 多思考，开阔视野　维修数控机床时要冷静，要进行多方面的分析，不要不经仔细思考就贸然下手。

【案例 1-52】　一台采用 FANUC 0TC 系统的数控车床，工作中突然出现故障，系统断电关机，重新启动，系统启动不了，检查发现 24V 电源自动开关断开，对负载回路进行检查发现对地短路，短路故障是非常难于发现故障点的，如果逐段检查则非常繁琐。所以当时没有贸然下手，对图样进行分析后，向操作人员询问，故障是在什么情况下发生的，据操作人反映是在踩完脚踏开关之后，机床就出现故障了，根据这一线索，首先检查脚踏开关，发现确实是脚踏开关对地短路，处理后，机床恢复了正常工作。

② 多思考，知其所以然　一些数控机床出现故障后，有时在检查过程中会发现一些问题，如果把发现的问题搞清楚，有助于对机床原理的理解，也有助于故障的维修。要知其然，还要知其所以然。

【案例 1-53】　一台采用 FANUC 0TC 系统的数控机床出现自动开关跳闸报警，打开电器柜发现 110V 电源的自动开关跳闸，检查负载没有发现电源短路和对地短路，但在接通电源开关的时候，电源总开关直接跳闸，因此怀疑 110V 电源负载有问题。为了进一步检查故障，将 110V 电源自动开关下面连接的两根电源线拆下一根，这时开总电源，电源可以加上，但在数控系统准备好后，按机床准备按钮时，这个自动开关又自动跳闸，对 110V 电源负载进行逐个检查，发现卡盘卡紧电磁阀 43SOL1 线圈短路。如图 1-15 所示，当机床准备时，PMC 输出 Y43.1 输出高电平，继电器 K431 得电，K431 触点闭合，110V 电源为电磁阀 43SOL1 供电，因为线圈短路电流过大，所以 110V 电源的自动开关跳闸。更换电磁阀后机床恢复正常工作。

但为什么另一个电源线一接上，总电源开关接通后就跳闸呢？顺着这根连线进行检查，发现此线连接到电器柜的门开关上，接着顺藤摸瓜发现经过门开关后又连接到电源总开关的脱

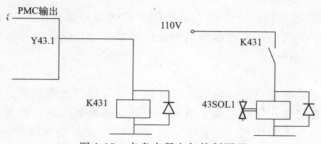

图 1-15　卡盘卡紧电气控制原理

扣线圈上，如图 1-16 所示，原来是起保护作用，当电器柜打开时，不允许非专业人员合上总电源。知道这样的功能，对维修其他机床也有参考作用，避免走弯路。

③ 多思考，防患未然　数控机床出现故障后，在维修过程中，发现问题后，不但要解决问题，还要研究发生故障的原因，并采取措施防止故障再次发生，或者延长使用时间。

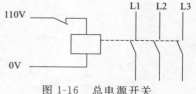

图 1-16　总电源开关

【案例 1-54】　一台采用西门子 810G 系统的数控磨床出现报警 "1321 Control loop hardware"（控制环硬件），指示 Z 轴反馈回路有问题，经检查为编码器损坏，更换编码器故障消除。研究故障产生的原因，原来是机床磨削液排出不畅，致使编码器和电缆插头浸泡在磨削液中。为此采取措施，在编码器附近加装排水装置和溢流装置，使编码器不会浸入磨削液中，防止故障再次发生。

(5) 多实践

① 多实践，积累维修经验　多处理数控机床的故障，可以积累维修经验，提高维修水平和处理问题的能力，并能更多的掌握维修技巧。

② 多实践，在实践中学习　在维修中学习维修，排除机床故障的过程也是学习的过程。机床出现故障时，分析故障的过程，也是对机床和数控系统工作原理熟悉的过程。并且通过对故障疑点的逐步排查，可以掌握机床工作程序和引起故障的各种因素，也可以发现一些规律。通过在实践中的学习，可以积累经验，如果再出现相同的故障，虽然不一定是同一原因，但根据以往的处理经验，很快就可以排除故障。另外还可以举一反三，虽然有许多故障是第一次发生，但通过实践中积累的经验可以触类旁通，提高维修机床的能力和效率。

【案例 1-55】　一台使用西门子 810T 系统的数控内圆磨床在排除找不到参考点的故障时，发现 Y 轴编码器有问题，更换编码器时，系统出现报警 "1321 Control loop hardware"（控制环硬件），指示 Y 轴伺服控制环出现问题，经检查发现编码器电缆插头没有连接好，有了这样的经验后，当采用西门子数控系统的机床以后再出现 132 * 类似报警时，从检查伺服反馈回路入手，很快就确诊了故障。

(6) 多讨论、多交流

① 讨论怎样排除故障　当数控机床出现故障难于排除时，可以成立小组，取长补短，使用鱼骨图，采用头脑风暴的方法，群策群力，从故障现象出发，尽可能多地列出可能的故障原因，然后逐一排查，最终找出故障的真正原因，从而排除故障。通过这样的过程，小组成员的维修水平都会得到相应的提高。

② 讨论结果、交流经验　故障维修后进行讨论，交流经验，可以起到成果共享、共同提

高的作用。

③ 多交流　多与其他单位同行交流，采用的方式可以是交流论文，或者参加技术交流会或者参加一些有关的学会活动，或者遇到问题进行交流探讨，这样既可以广交同行朋友又可以开阔眼界，增长知识。

(7) 多总结

机床故障排除后，要善于总结，做好记录。这个记录包括故障现象、分析过程、检查过程及排除过程，并且还要记录在这些过程中遇到的问题，如何解决的，以及一些经验教训和心得体会，以便于起到举一反三的作用。经常进行总结可以发现一些规律和一些常用的维修方法，从而实现实践到理论的升华。

FANUC

第②章

FANUC数控系统故障维修案例

2.1 FANUC 数控系统硬件故障维修案例

数控系统是数控机床的控制核心，现代的数控系统都是专用的计算机控制系统，是由硬件和软件两大部分组成的。

数控系统的硬件出现问题直接影响数控机床的运行，一旦出现硬件故障，必须将损坏的硬件修复或者更换备件机床才能恢复工作。数控系统的硬件包括 CPU 模块、存储器模块、显示模块、伺服轴控制模块、PLC 接口模块、电源模块、显示器等。数控系统硬件出现故障时，只有在找到有问题的模块后，对其进行修复或者更换备件，才能排除故障。下面介绍一些 FANUC 数控系统硬件故障的实际维修案例。

【案例 2-1】 一台数控车床开机出现报警"920 WATCH DOG TIMER"（看门狗超时）。

数控系统： FANUC 0TC 系统。

故障现象： 这台机床开机出现 920 报警，指示系统出现报警。

故障分析与检查： 分析报警信息，FANUC 0TC 系统的 920 报警是系统监控报警，指示系统出现问题。

FANUC 0TC 系统是 FANUC 0C 系列数控系统的车床板，FANUC 0C 系统是由数控控制单元、主轴和进给伺服单元以及相应的主轴电机和进给电机、CRT 显示器、系统操作面板、机床操作面板、附加的 I/O 接口板、电池盒、手摇脉冲发生器等部件组成。

FANUC 0C 系统的数控单元为大板结构，基本配置有：主印刷电路板（CPU 底板）、存储器模块、图形显示模块、可编程机床控制器模块（PMC-M）、伺服轴控制模块、输入/输出接口模块、子 CPU 模块、扩展轴控制模块、数控单元和 DNC 控制模块。

各主要组成部件具体功能如下。

① 主印刷电路板（CPU 底板） 各功能板插接在主印刷电路板上，主 CPU（CPU 通常采用工业用 Intel486）在该板上，用于系统主控，这是数控机床"大脑"的核心，是执行程序的关键部件。

② 电源模块 电源模块（也称电源单元）主要提供 +5V、±15V、+24V、+24E 电源，为数控系统工作提供控制电源。

③ 图形显示模块 图形显示模块提供图形显示功能，以及第 2、第 3 手摇脉冲发生器接口

等。该模块是"人机交流"的重要控制部件，控制系统的"表达"功能。

④ PMC 控制模块 PMC 控制模块采用 PMC-M 型可编程控制器，也为 PMC 提供扩展的输入、输出板（B2）的接口。

⑤ 基本轴控制模块 基本轴控制模块是数控系统进行伺服控制的重要组成部分，是执行数字控制的关键部件，其功能如下：提供 X、Y、Z 轴和第四轴的进给控制指令；接收 X、Y、Z 轴和第四轴位置编码器反馈的位置信号。

⑥ PMC 输入输出接口模块 PMC 输入输出接口模块是数控系统与机床进行开关信号连接的接口，通过插座 M1、M18 和 M20 接口连接输入信号，通过插座 M2、M19 和 M20 接口连接输出信号，为 PMC 提供输入/输出信号。

⑦ 存储器模块 存储器模块是系统记忆装置，用于程序、数据存储，另外还有串行主轴接口、CRT/MDI 接口、Reader/Puncher 接口、模拟主轴接口、主轴位置编码器接口、手摇脉冲接口等。

上述的模块都插在主印刷电路板上，与 CPU 的总线相连。图 2-1 是 FANUC 0C 系统数控单元结构图，图 2-2 是 FANUC 0C 系统构成框图。

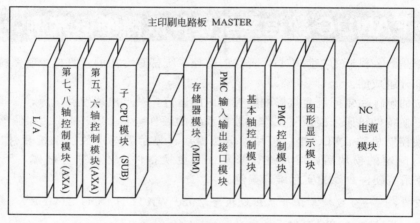

图 2-1　FANUC 0C 系统数控单元结构

了解了系统构成后，分析系统 920 报警的原因，怀疑系统硬件出现问题。为确定故障点，采用"互换法"，将系统上的模块逐个与另一台好的机床模块互换，结果还是这台机床出现 920 报警。为此怀疑系统主印刷电路板（CPU 底板）（A20B-2000-0170/06B）有问题，当互换系统底板后，故障转移到另一台机床上，说明是系统底板出现问题。

故障处理：更换系统底板后，机床恢复正常运行。

【案例 2-2】 一台数控车床开机出现报警"408 SERVO ALARM：（SERIAL NOT RDY）"（伺服报警：串行主轴没有准备好）及"409 SERVO ALARM：（SERIAL ERR）"（伺服报警：串行主轴错误）。

数控系统：FANUC 0TC 系统。

故障现象：这台机床开机就出现 408 和 409 报警，指示串行主轴故障。

故障分析与检查：这台机床采用 FANUC α 系列数字伺服系统，检查伺服模块显示器上有"24"号报警代码。根据主轴伺服系统报警手册说明，"24"号报警代码指示串行口数据传输出错，故障原因如下。

① 主轴驱动模块与 NC 数据传输不正常；

② CNC 没有接通；

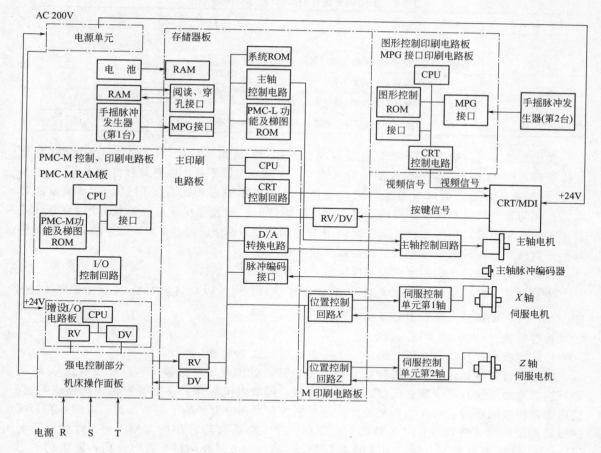

图 2-2　FANUC 0C 系统构成

③ 串行总线电缆连接有问题；

④ 串行总线接口电路有问题；

⑤ I/O 总线适配器有问题。

　　检查串行总线连接没有发现问题；与其他机床更换主轴驱动模块没有解决问题；串行主轴的信号是从系统的存储器模块输出的，互换系统存储器模块，故障依旧；当把另一台机床的系统 CPU 底板（A206-2002-065）更换上后，系统不再产生报警，说明系统 CPU 底板出现了问题。

　　故障处理：更换系统 CPU 底板后，机床恢复正常运行。

　　【**案例 2-3**】　一台数控车床工作时出现报警"930 CPU INTERRUPT"（CPU 中断）。

　　数控系统：FANUC 0TC 系统。

　　故障现象：这台机床通电开机工作 2～3h 后，出现 930 报警，关机一会儿再开还可以工作一段时间。

　　故障分析与检查：观察故障现象，系统除了出现 930 报警，有时还出现报警"920 WATCH DOG TIMER"（看门狗超时）。

　　根据系统工作原理，FANUC 0C 数控系统的主印刷电路板（CPU 底板）左侧有 5 个状态指示灯，NC 单元出现故障时，主印刷电路板上这些 LED 指示灯显示的状态如表 2-1 所列。

表 2-1　主印刷电路板的 LED 指示灯显示状态

LED 指示灯	颜 色	信 息 内 容
L1	绿	正常
L2	红	任何 NC 故障报警时都亮
L3	红	存储器板接触不良
L4	红	轴控制板故障（接触不良、脱落、软件版本不符），主印刷电路板故障
L5	红	子 CPU 板（SUB）或第 5、第 6 轴控制板故障

在出现故障时，检查系统 CPU 底板发现其上 L2 和 L4 报警灯亮，L2 报警灯亮指示 NC 有故障报警，L4 灯亮指示伺服轴控制模块（轴卡）故障（接触不良、脱落、软件版本不符）、系统 CPU 底板故障等。通过对报警灯进行分析，认为是系统硬件出现了问题，为了确定故障点，首先与其他机床互换电源模块，这台机床故障依旧；与其他机床互换系统 CPU 底板，还是原来的机床报警；与另一台机床互换伺服轴控制模块（A16B-2200-039）后，故障报警转移到另一台机床上，说明是系统伺服轴控制模块出现问题。

故障处理：更换系统伺服轴控制模块后，机床恢复稳定运行。

【案例 2-4】　一台数控车床开机出现报警"421 SERVO ALARM：X AXIS EXCESS ERROR"（伺服报警：X 轴超偏差错误）。

数控系统：FANUC 0TC 系统。

故障现象：这台机床开机就出现 421 报警，指示 X 轴超差。

故障分析与检查：根据报警信息分析，X 轴开机就出现超差报警，这时还没有让 X 轴运动，故障原因可能有机床数据问题、编码器问题、伺服电机问题、系统伺服轴控制模块问题、伺服驱动模块问题等。首先检查相关的机床数据没有发现异常，为了进一步确认故障，在系统伺服轴控制模块（轴卡）上将 X 轴指令电缆和反馈电缆插头与 Z 轴的互换，即指令输出插头 M184 与 M187 互换插接，编码器反馈插头 M185 与 M188 互换插接，这时开机，系统仍然出现 421 报警，指示的还是 X 轴故障，说明故障与编码器、伺服驱动模块和伺服电机没有关系，故障原因应该定位在系统的伺服轴控制模块（轴卡）（A16B-2200-039）上。

故障处理：更换系统的伺服轴控制模块后，通电开机，机床恢复正常运行。

【案例 2-5】　一台数控加工中心开机出现 912 和 913 报警。

数控系统：FANUC 0iMC 系统。

故障现象：这台机床开机就出现报警"912 Share RAM parity"（共享 RAM 奇偶错误）和"913 Share RAM parity"（共享 RAM 奇偶错误）。

故障分析与检查：查阅系统报警手册，912 号报警指示数字伺服的随机存储器（RAM）低字节出现奇偶性错误，913 号报警指示数字伺服的随机存储器（RAM）高字节出现奇偶性错误。都是指示与数字伺服有关，所以怀疑系统伺服轴控制模块损坏。

故障处理：更换系统伺服轴控制模块后，机床故障消除。

【案例 2-6】　一台曲轴数控立式铣床开机后屏幕无显示。

数控系统：FANUC 0MB 系统。

故障现象：这台机床开机后 CRT 屏幕无显示，有时敲击高压包侧板会显示，有时又不行。

故障分析与检查：通过故障现象分析应该是系统 CRT 显示器出现了问题，拆卸显示器电路板，在其 R4 和 S4 端子上接入 220V 市电，检测高压包各焊点对地电压，发现 H（即灯丝）对地无电压（该灯丝电压是从高压包引出的）。

静态测量灯丝对地电阻，为 16～17Ω 左右，应属正常；进一步检查发现行推动管未工作，顺线路检查，有一电容虚焊。

故障处理：将这只电容焊好后再试机，灯丝电压恢复正常。

装机时又出现一奇怪现象，将电路板临时放在机架内试机，显示正常，而全部安装到位后又不显示。再次拆卸，排查发现故障原因为高压包侧电路板上有一螺钉未装，导致与外壳未联通，即未正常接地，将螺钉拧上后，再通电开机，CRT 显示恢复正常。

【案例 2-7】 一台数控车床出现报警"424 SERVO ALARM：Z AXIS DETECT ERROR"（伺服报警：Z 轴检测错误）。

数控系统：FANUC 0TC 系统。

故障现象：这台机床开机就出现 424 报警，指示 Z 轴有问题。

故障分析与检查：根据 FANUC 0C 系统的工作原理，该系统具有独特的诊断数据，通过系统 DGNOS 功能可以调用这些数据。当机床出现故障时，检查这些数据，可以了解机床的一些运行状态，为确诊机床故障提供依据。

FANUC 0C 系统诊断数据如下。

（1）DGN700 号诊断数据

诊断号	7	6	5	4	3	2	1	0
DGN700		CSCT	CITL	COVZ	CINP	CDWL	CMTN	CFIN

当信号状态为"1"时，每位的含义如下。

CSCT：等待主轴速度到达信号。

CITL：内部锁定信号接通，进给暂停。

COVZ：进给倍率选择开关在"0"位，进给暂停。

CINP：（不用）。

CDWL：正在执行 G04 暂停指令，进给暂停。

CMTN：正在执行轴进给指令。

CFIN：正在执行 M、S、T 辅助功能指令。

（2）DGN701 号诊断数据

诊断号	7	6	5	4	3	2	1	0
DGN701			CRST				CTRD	CTPU

当信号状态为"1"时，每位的含义如下。

CRST：紧急停机按钮、外部复位按钮或 MDI 面板复位按钮生效。

CTRD：正在通过纸带读入机输入数据。

CTPU：正在通过纸带穿孔机输出数据。

（3）DGN712 号诊断数据

诊断号	7	6	5	4	3	2	1	0
DGN712	STP	REST	EMS		RSTB			CSU

当信号状态为"1"时，每位的含义如下。

STP：该信号是伺服停止信号，在下列情况下出现。

① 按下外部复位按钮时；

② 按下急停按钮时；

③ 按下进给保持按钮时；

④ 按下操作面板上的复位键时；

⑤ 选择手动方式（JOG、HANDLE/STEP）时；

⑥ 出现其他故障报警时。

REST：急停、外部复位，或者面板上复位按下。

EMS：急停按钮按下。

RSTB：复位按钮按下。

CSU：急停按钮按下或者出现伺服报警。

(4) 伺服系统的诊断数据

诊断号	7	6	5	4	3	2	1	0
DGN720～723	OVL	LV	OVC	HCAL	HVAL	DCAL	FBAL	OFAL

DGN720 是第一轴的诊断数据，DGN721 是第二轴的诊断数据，DGN722 是第三轴的诊断数据，DGN723 是第四轴的诊断数据。

OVL：出现过载故障。

LV：出现电压不足故障。

OVC：出现过电流故障。

HCAL：出现电流异常故障。

HVAL：出现过电压故障。

DCAL：放电单元故障。

FBAL：出现编码器断线故障。

OFAL：出现数据溢出故障。

在这台机床出现 424 报警时检查诊断数据，发现 DGN721.2（DCAL）为"1"，指示伺服系统放电单元故障。

这台机床的伺服系统采用 FANUC 的 α 系列数字伺服驱动装置，更换伺服驱动模块和电源模块都没有解决问题，而且观察伺服装置所有数码管显示"－"，指示伺服系统没有准备。因此，怀疑系统伺服轴控制模块（轴卡）有问题。

故障处理：更换系统伺服轴控制模块后，系统报警消除，机床恢复正常使用。

【案例 2-8】　一台数控加工中心开机在 A 轴回参考点时出现报警"90 REFERENCE RETURN INCOMPLETE"（参考点返回没有完成）。

数控系统：FANUC 0MC 系统。

故障现象：这台机床在 A 轴回参考点时出现 90 报警，指示 A 轴参考点没有找到。

故障分析与检查：查看系统报警手册，90 报警含义为"在返回参考点时，参考点返回的开始点与参考点太近或者速度太慢，使参考点返回不能完成"。

按系统复位按键，报警消除，移动 A 轴远离参考点，这时执行 A 轴回参考点操作，仍然出现 90 报警。

怀疑返回参考点低速设置过低，检查机床数据 PRM534 正常没有问题。

在 A 轴回参考点时，检查诊断数据 DGN803，发现回零减速后 A 轴的位置偏差量大于 128 个脉冲，怀疑数控系统的伺服轴控制模块（轴卡）没能接收或者识别零点脉冲，说明 A 轴编码器或者系统伺服轴控制模块有问题。首先与另一台机床互换伺服轴控制模块后，故障转移到另一台机床上，说明是系统伺服轴控制模块出现问题。

故障处理：系统伺服轴控制模块维修后，机床故障消除。

FANUC 数控系统比较容易出现的故障还有输入/输出（I/O）模块，特别是 PMC 的输出控制部分由于有驱动电路，比较容易损坏。这种故障相对来说容易判断，当机床有些开关没有动作，或者没有给出指令就有动作，这时通过诊断画面（第 4 章详细介绍）查看 PMC 的输出状态，如果动作没有，但诊断位有输出，或者诊断位没有置位，但实际有输出，就有可能是 I/O 模块出现问题，当然得先排除中间环节的问题。

【案例 2-9】　一台数控车床尾座套筒不能伸出。

数控系统： FANUC 0TC 系统。

故障现象： 这台机床在执行加工程序套筒伸出指令时，套筒没有动作。

故障分析与检查： 根据机床工作原理，这台机床的套筒伸出是由 PMC 输出 Y48.6 控制的，利用系统 PMC 状态显示信息检查 Y48.6 的状态为 "1"，说明系统已经发出了套筒伸出的命令，图 2-3 是 PMC 输出 Y48.6 的控制连接图，根据连接图进行检查发现在 PMC 输出插头 M2（6）就没有输出，说明 PMC 的输出接口板损坏，与其他机床互换接口模块也证明了这一点。

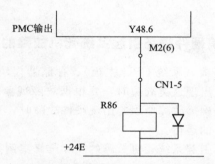

图 2-3　PMC 尾座套筒伸出控制输出 Y48.6 连接图

故障处理： PMC 接口模块维修后，机床恢复正常工作。

【案例 2-10】　一台数控车床顶尖不能向前移动。

数控系统： FANUC 0TC 系统。

故障现象： 这台机床在进行顶尖向前移动操作时，指令不能执行。

故障分析与检查： 根据机床工作原理，顶尖的动作是 PMC 控制的。查阅机床电气原理图，PMC 输出 Y50.3 控制顶尖向前的电磁阀，如图 2-4 所示，利用诊断画面检查 PMC 输出 Y50.3 的状态，发现为 "1" 没有问题，但检查控制顶尖向前电磁阀的继电器 BU2-2 线圈上却没有电压信号，检查 PMC 输出插头 M2 的 20 脚（Y50.3 的输出）就没有输出信号，因此确定为 PMC 输入/输出控制板出现问题。

故障处理： 维修接口板后机床恢复正常工作。

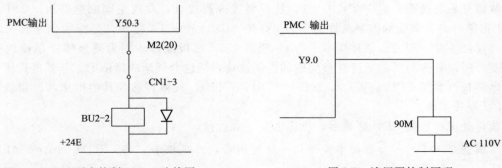

图 2-4　PMC 顶尖控制 Y50.3 连接图　　　　图 2-5　液压泵控制原理

【案例 2-11】 一台数控外圆磨床一次出现故障，系统启动后液压泵随即自动启动。

数控系统： FANUC 0iTC 系统。

故障现象： 这台机床系统启动后液压泵自行启动。

故障分析与检查： 查阅机床电气原理图，液压泵电机是由 PMC 输出 Y9.0 通过接触器 90M 控制的，如图 2-5 所示，开机后先不进行启动液压泵的操作，而是利用系统诊断功能检查 PMC 输出 Y9.0 的状态，发现其状态为 "0"，说明 PMC 工作正常，但检查接触器 90M，线圈两端有 AC 110V 电压，说明 PMC 的输出 Y9.0 出现了问题，从而造成液压泵失控开机就启动的故障。

故障处理： 维修输出模块后，液压泵恢复控制状态。

2.2 FANUC 数控系统死机故障维修案例

根据数控机床的工作原理和维修经验，数控系统死机通常有两种主要原因，一是软件原因，二是硬件原因。

2.2.1 FANUC 数控系统硬件损坏引起系统死机故障的维修案例

数控系统因为主印刷电路板（系统 CPU 主板）、存储器模块或者电源模块等的硬件问题使系统死机，这是硬件故障。出现这类故障时，要根据故障现象、系统构成原理来检修故障，有时用备件更换法，可以快速确诊故障原因。出现硬件故障时，只有将损坏的器件修复或更换已损坏的器件，才能恢复系统的运行。

下面是数控系统硬件损坏引起系统死机故障的实际维修案例。

【案例 2-12】 一台数控车床开机后屏幕没有显示。

数控系统： FANUC 0TC 系统。

故障现象： 这台机床一次发生故障，机床启动后，数控系统屏幕没有显示。

故障分析与检查： 在系统启动后，检查数控装置，发现所有的指示灯都不亮，包括数控装置电源模块上的指示灯 PIL。检查其上的所有保险丝，都正常没有损坏，检查其输入电源也正常没有问题。那么肯定是电源模块出现了问题，使用备件电源模块更换也证明是系统电源模块损坏。

故障处理： 维修系统电源模块后机床恢复了正常使用。

【案例 2-13】 一台数控车床开机后系统死机。

数控系统： FANUC 0TC 系统。

故障现象： 这台机床通电开机后，系统死机，不能进行任何操作

故障分析与检查： 对 FANUC 0TC 数控装置进行检查，发现主印刷电路板（CPU 底板）上 L4 报警灯亮，伺服轴控制模块的 WDA 灯亮。CPU 底板 L4 报警灯亮指示伺服轴控制模块故障（接触不良、脱落、软件版本不符），或者 CPU 底板故障。因为伺服轴控制模块的报警灯也亮，所以首先与其他机床互换伺服轴控制模块，但这台机床故障依旧。与其他机床更换主印刷电路板（系统 CPU 底板）（A20B-2000-0175/08B），故障转移到其他机床，说明确实是系统 CPU 底板损坏。

故障处理： 更换 CPU 底板后，机床恢复正常运行。

【案例 2-14】 一台数控车床运行一段时间后，出现报警 "998 ROM parity"（ROM 奇偶错误），出现故障后系统死机不能进行其他操作。

数控系统： FANUC 0TC 系统。

故障现象： 这台机床在开机工作一段时间后，有时出现 998 报警，这时不能进行任何操作，关机再开还可以工作一段时间。

故障分析与检查： 因为系统报警指示存储器出现问题，故首先更换系统存储器模块，但过一段时间仍然出现这个报警，说明故障原因不是存储器模块。

继续更换数控系统的硬件模块，当更换 PMC 的 I/O 接口模块后，机床恢复稳定工作。说明是 I/O 接口模块的损坏使系统工作不正常。

故障处理： 系统 I/O 接口模块维修后，机床恢复正常工作。

【案例 2-15】 一台数控车床开机启动时，屏幕没有显示，系统启动不了。

数控系统： FANUC 0TC 系统。

故障现象： 这台机床开机通电后，系统启动不了，屏幕不显示。

故障分析与检查： 根据故障现象分析，认为系统电源部分出现问题的可能性比较大，故首先检查电源模块，发现其上的 ALAM 红色报警灯亮，说明系统电源部分出现问题，进行逐步检查发现为系统 PMC 的 I/O 接口模块出现短路问题。

故障处理： I/O 接口模块维修后，机床恢复了正常工作。

【案例 2-16】 一台数控车床出现故障，显示器不能正常显示。

数控系统： FANUC 0iTC 系统。

故障现象： 这台机床通电开机后系统屏幕不显示。

故障分析与检查： FANUC 0iTC 系统为 FANUC 0iC 系列数控系统的车床版，这个系列的数控系统集成度较高，系统构成主要由主控制单元、LCD 显示器与系统键盘、I/O 接口单元以及 αi 或 βi 伺服进给单元和数字伺服主轴单元组成。图 2-6 是 FANUC 0iC 系统的基本配置示意图。FANUC 0iC 系统最大的特点是采用了 I/O Link 总线与 I/O 设备相连，使用 FSSB 总线与伺服驱动单元相连。

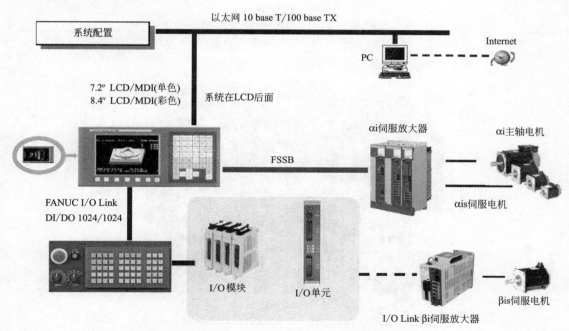

图 2-6 FANUC 0iC 系统的基本配置示意图

FANUC 0iC 系统主要构成单元如下。

(1) FANUC 0iC 主控单元

FANUC 0iC 主控单元是系统控制核心，是专用工业计算机控制系统，其功能强大，具有 NC 的 CPU 功能、PMC 的 CPU 功能、存储器功能、伺服控制功能以及电源功能等，图 2-7 是 FANUC 0iC 系统主控单元框图。电源接口直接插接直流 24V 电源，图 2-8 是 FANUC 0iC 系统主控单元的实物图片，从图片可以看到线路板采用的是主板插接小槽功能控制板的结构。

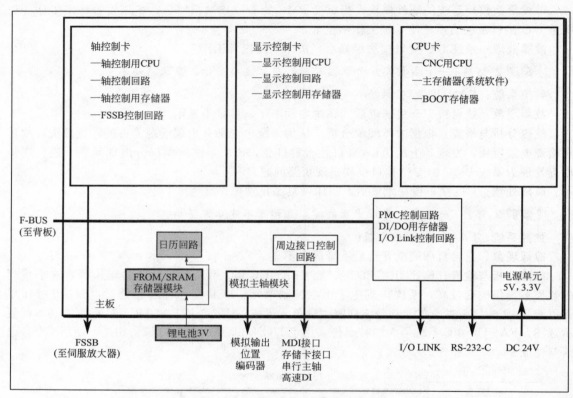

图 2-7　FANUC 0iC 系统主控单元

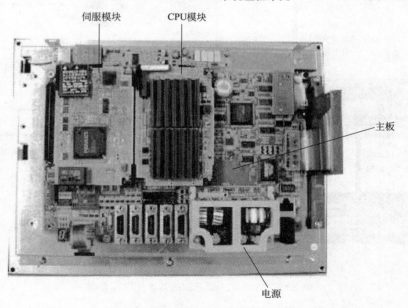

图 2-8　FANUC 0iC 主控单元图片

（2）LCD 显示器与操作键盘

FANUC 0iC 系统主控单元的正面是 LCD 液晶显示器、MDI 键盘与软键按键，如图 2-9 所示，用来对系统的状态进行显示和系统操作，这是人机交流的部件。另外，在面板的左侧有一个存储卡的卡槽，可以插接存储卡对系统数据、加工程序进行存取。

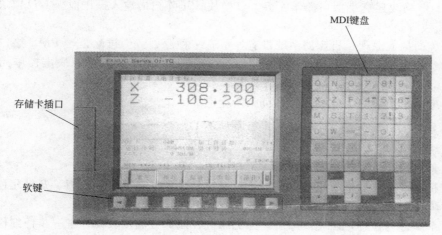

图 2-9　FANUC 0iC 系统显示器与键盘图片

（3）PMC 接口模块

FANUC 0iC 系统有多种 PMC 接口模块可供选择使用，下面分别加以介绍。

① FANUC 0iC 系统 I/O 接口模块　FANUC 0iC 系统 I/O 接口模块是一种通用型、标准的机床数字量 I/O 连接模块，数控系统 I/O 接口经常使用这个模块。这个模块有四个数字量接口，可以连接 96 个输入信号和 64 个输出信号；一个手轮发生器接口，可以连接 3 个手轮；另外，还有 8 个输入接口信号供报警检测用。

② 主操作面板 I/O 接口模块　主操作面板 I/O 接口模块直接安装在标准机床主操作面板的背面，不能单独使用。

主操作面板 I/O 接口模块具有 128 个输入点和 64 个输出点，其中：

a. 操作按钮和状态指示灯占用 64/64 点的 I/O 口；

b. 手轮脉冲输入信号占用 24 点输入口；

c. 连接外部通用 I/O 信号 32/8 点；

d. 8 点输入作为备用。

③ 通用操作面板 I/O 模块　通用操作面板 I/O 模块用于 PMC 连接用户自制的各种机床操作面板，还可以连接 3 个手轮，另外还有 48/32 点的 I/O 接口可以自由使用。通用操作面板 I/O 模块还有一种规格，区别只是不带手轮接口。

通用操作面板 I/O 模块总计具有 80 个输入点和 64 个输出点，其中：

a. 用于自由使用的 48/32 点 I/O 接口；

b. 手轮脉冲输入使用 24 点输入；

c. 8 点输入为报警检测用。

④ 分布式 I/O 单元　分布式 I/O 单元是 FANUC 公司一种通用的 PMC 的 I/O 接口设备，分布式 I/O 单元与其他 I/O 模块相比，具有 I/O 点数、I/O 规格可变，并具有模拟量输入/输出功能的优点。

分布式 I/O 单元是由带有 I/O Link 总线接口的基本模块与可选择的扩展模块组成，其结构和布置方式与模块化 PLC 类似，只是各扩展模块不是插接在总线板上，而是通过扁平电缆连接。控制模块最多可以连接 4 个，可以增加分布式 I/O 单元以增加 I/O 点的连接数量，一组分布式 I/O 单元与另一组分布式 I/O 单元也是通过 I/O Link 总线相连。

分布式 I/O 单元使用的模块有：开关量输入/输出信号模块、带手轮的开关量输入/输出信号模块以及模拟输入模块。

另外，I/O 模块还有小型主操作面板 I/O 模块、矩阵扫描输入操作面板 I/O 模块、模拟量输入/输出模块等。

根据系统的构成原理，机床的系统没有显示有多种原因，为排除是否 PMC 接口模块的故障，先将 I/O 接口模块与其他机床进行交换，故障依旧，又将同型号两块主控单元模块交换后，故障消除，可以判断为主控单元模块损坏。

故障处理： 更换新的主控单元后，机床恢复正常工作。

【案例 2-17】 一台数控外圆磨床系统启动不了。

数控系统： FANUC 0iTC 系统。

故障现象： 这台机床一次出现故障，按开机按钮后几秒就自动关机。

故障分析与检查： 分析故障现象，应该是系统某个硬件部分出现故障，开机几秒后，当系统检测到故障时，自动关机。

首先对系统进行检查，出现故障后，感觉系统控制部分温度较高，进一步仔细检查发现一存储器集成电路温度有点烫手，说明可能是存储器出现短路现象，导致开机后电流瞬间变大，系统检测到后采取保护措施自动关机。

故障处理： 这个存储器集成电路是插拔式安装的，将其拔下更换新的集成电路后，系统恢复正常启动。

2.2.2 FANUC 数控系统软故障引起系统死机故障的维修案例

有时数控系统因为干扰、参数设定有问题等原因导致死机，虽屏幕有显示但不能进行其他操作。如果是因为干扰问题使系统进入死机状态，只有通过强行启动才能恢复系统运行。如果是参数问题，必须将错误的参数修改正确之后，系统才能正常运行。这是软件原因造成的系统死机故障。

【案例 2-18】 一台数控车床开机屏幕没有显示。

数控系统： FANUC 0TC 系统。

故障现象： 这台机床在长期停用后重新使用时，通电开机系统屏幕没有显示。

故障分析与检查： 因为机床长期停用，所以怀疑系统后备电池电量不足使系统数据丢失，造成系统无法启动。

故障处理： 系统通电后，检查系统后备电池，发现后备电池电压确实低，首先更换三节 1 号碱性电池，然后关机。

重新通电开机，在系统通电的同时，按系统操作面板上 Reset + Delete 两个按键，系统强行启动，这时系统恢复正常显示，但系统数据被恢复成缺省数据，机床不能工作。为此，必须重新输入原机床数据，使机床恢复正常功能。

输入机床数据可采用两种方法。

① 手动输入法，通过键盘将原机床数据逐个输入。这种方法比较简单，但工作量比较大，并且容易出错。

② 使用计算机将备份数据文件传回系统，在数控系统和用于传输数据的计算机都断电的状态下，将通信电缆分别连接到数控系统和计算机的 RS-232C 串行通信接口上。计算机开机进入 PCIN 数据传输软件，设置通信协议参数，如所用计算机的通信口号、数据起始位、数据

位、传输速率、奇偶校验位等。通信协议参数的设置应与机床数控系统通信参数的设置保持一致，否则传输工作不能正常进行。

机床侧的操作顺序如下。

① 打开机床总电源。

② 按下机床急停按钮。

③ 打开机床程序保护锁。

④ 将机床操作状态设置为 EDIT 状态。

⑤ 按功能键 DGNOS/PARAM，出现参数设置画面，将 PWE 设定为"1"，并设定下列通信参数。

ISO＝0

I/O＝0

数据设置如下：

PRM2.0＝1

PRM2.7＝1

PRM552＝10

PRM553＝10

PRM250＝10

PRM251＝10

⑥ 手工输入机床数据 PRM900 及其后的保密数据。输入 PRM900 数据时，系统显示器上出现 000P/S 报警，这是正常的。输入 PRM901 数据时，系统显示器上出现下列信息。

WARNING（警示）：

YOU SET No. 901 ♯01，THIS PARAMETER DESTORY NEXT FILE IN MEMORY FROM 0001 TO 0015，NOW NECESSARY TO CLEAR THESE FILE，WHICH DO YOU WANT?（你设置 No. 901 ♯01 这个数据，将会损坏存储器后面 0001～0015 的文件，现在必须清除这些文件，你要做哪一项?）

"DELT（删除）"：CLEAR THESE FILE（清除这些文件）；

"CAN（取消）"：CANCEL（取消）；

PLEASE KEY- IN "DELT" OR "CAN"（请按按键 "DELT" 或 "CAN"）。

按显示器下方对应 "DELT" 的软键，重新显示机床数据画面；依次输入其后的保密数据后，关闭机床系统电源，数分钟后重新开机。

⑦ 按系统显示器下方的按键 PARAM。

（注：计算机一侧进入 PCIN 的 OUT 数据输出菜单，调入备份的机床数据文件作为待输出文件，按回车键后，等待机床侧数据输入操作。）

⑧ 按 NC 系统面板上的 INPUT 按键；这时，NC 数据开始输入。

⑨ NC 数据输入后，接着输入 PMC 数据，操作步骤重复⑦和⑧。（只是在计算机侧要将备份的 PMC 数据调到输出文件中。）

上述步骤完成后，将 PWE 参数设置为 "0"，关闭系统电源，数分钟后开机，机床数据恢复完毕。

（注：FANUC 0C 系统机床数据 0900～0939 为保密参数设置数据，是 FANUC 系统的一些选择功能的设定。在正常外部备份传输时，这些机床数据是不能传输到计算机进行备份的。在系统出现故障，机床数据丢失时，只能通过 MDI 方式手动输入，不能同其他机床数据一起用计算机传输输入。下面介绍的方法可以使这些保密数据与其他机床数据一起全部传出保存，输入数据传输时就可以与其他机床数据一起输入到系统中。方法如下。

① 将操作方式开关设定到 EDIT 状态。

② 按 PARAM 按键，选择显示机床数据的页面。

③ 将外部传输设备设定在准备接收数据状态。

④ 按 EOB 按键不放开，之后再按 OUTPUT 按键。

这时系统全部机床数据，包括保密机床数据即可全部传出。）

系统数据安装结束后，关机数分钟后开机，机床恢复正常工作。

【案例 2-19】 一台数控车床开机后死机。

数控系统：FANUC 0TD 系统。

故障现象：开机之后屏幕不显示。

故障分析与检查：根据系统故障原理，系统屏幕没有显示故障可能的原因有系统电源有问题、显示器问题或者系统死机。为了排除系统供电电源的问题，首先检查数控装置的电源，电压正常，各个控制模块上的显示灯正常没有问题，检查显示器也没有损坏，为此确认为系统死机。

故障处理：为了清除这种死机状态，强行启动系统，这时系统恢复正常工作，重新输入机床数据和程序后，该机床恢复了正常工作。

【案例 2-20】 一台数控车床系统无法启动。

数控系统：FANUC 0TC 系统。

故障现象：这台机床开机启动系统时，显示检测画面后不再往下运行。

故障分析与检查：这种现象似乎是受干扰系统死机，为此首先对电器柜进行检查，发现伺服系统主接触器 MCC 上一个触点的电源线电缆接头烧断，接触不良。系统通电后，MCC 吸合时可能由于接触问题产生电磁信号，使系统死机。

故障处理：将主接触器 MCC 的电源线重新连接好后，通电开机，机床恢复正常工作。

【案例 2-21】 一台数控车床出现报警 "941 MEMORY PC BOARD CONNECTION ER-ROR"（存储器模块连接错误）。

数控系统：FANUC 0TD 系统。

故障现象：这台机床在自动加工过程中，频繁出现 941 号报警，关机后重新启动又可以正常工作，但过几天后还会出现这个报警。

故障分析与检查：根据故障现象分析，应该没有硬件损坏的问题，故障原因应该为模块或者电缆插头接触不良的问题或者电磁干扰引起的。检查系统主板，发现 LED2、LED3 红灯亮。查阅系统维修手册，LED3 灯亮指示存储器模块接触不良，与软件 941 号报警类似。机床断电检查系统、电气控制柜以及面板操作的接地情况，发现接地螺钉锈蚀，接触电阻变大，处理后，开机还是报警时有发生。回想故障产生是在维修系统显示器之后出现的，会不会是显示器有问题引起的呢？拆开显示器控制箱，闻到淡淡的焦煳味，目视发现显示器高压帽处有高压放电的痕迹。

故障处理：对显示器高压放电部分进行处理，然后开机测试，机床没再出现这个故障。说明显示器电压过高，由于没有处理好对地放电，从而造成了对存储器模块的强烈干扰，有时干扰了数据的传输，从而产生了系统报警。

【案例 2-22】 一台数控车床出现报警 "NOT READY"（没有准备）。

数控系统：FANUC 0TC 系统。

故障现象：这台机床有时在开机后，有时在加工过程中出现 "NOT READY" 报警。出现报警后，有时关机过一会重开，故障又消失了。

故障分析与检查： 在出现故障时检查数控装置，发现 CPU 底板上 L4 灯和伺服轴控制模块上的报警灯亮，指示伺服轴控制模块有问题，当将这台机床的伺服轴控制模块与另一台机床的伺服轴控制模块对换后，这台机床的故障依旧，说明伺服轴控制模块没有问题。

因为故障指示与伺服系统有关，更换伺服驱动模块，也没能排除故障。最后根据故障现象进行分析，因为故障是时而发生，不是一开机就出现报警，所以此故障可能与系统控制模块接触有关。

故障处理： 逐个将系统控制模块拆下，清洗后重新插接安装。当拆下存储器模块清洗并重新安装上后，开机测试，故障再也没有发生，说明是存储器模块的插接出现问题。

【案例 2-23】 一台数控车床出现"NOT READY"（没有准备）报警。

数控系统： FANUC 0TC 系统。

故障现象： 这台机床开机就出现"NOT READY"报警，系统不能进行其他操作。

故障分析与检查： 检查数控系统，发现系统 CPU 底板上 L4 红色报警灯亮，伺服轴控制模块上的红色报警灯亮。因此，首先怀疑伺服轴控制模块有问题。将伺服轴控制模块拆下进行检查，发现沾满油污。

故障处理： 清洗伺服轴控制模块，重新安装并锁紧，这时通电开机，系统报警消除，恢复正常工作。

【案例 2-24】 一台数控立车开机出现报警"930 CPU Interrupt"（CPU 中断）。

数控系统： FANUC 0TD 系统。

故障现象： 这台机床开机后显示 930 报警，画面被锁定，面板按键操作失效，重新开机，故障现象依旧。

故障分析与检查： 查阅系统报警手册，930 报警为 CPU 中断报警。分析故障原因有如下可能：①电源干扰或异常；②各控制模块、信号通信电缆接口接触不良；③X/Z 伺服轴控制模块 AXE、存储器模块 MEM，主板 PCB 有问题。

检测主变压器输入电压 AC 380V，输出 AC 200V，NC 系统控制电源 AC 200V 均正常，测量电源模块 AI 输出直流电压 24V、24E、15V、5V 也均正常。检查各信号电缆连接插件，紧固各控制模块接口插座锁紧螺钉，保证在 X、Z 轴运动时，拉伸状况接触良好，但开机测试，故障现象依旧。与其他机床互换存储器模块 MEM，结果故障转移到另一台机床上，故确认为存储器模块有问题。

故障处理： 将存储器模块换回，强行启动系统，存储器模块存储的内容全部清除，重新输入机床数据和程序后，机床恢复正常工作。说明故障原因是存储器模块存储的内容被突发事件改变，必须清除内容，重新下载数据和程序，系统才能恢复正常。

2.2.3 FANUC 数控系统因为电源回路短路造成系统不能工作的维修案例

当系统负载回路出现短路问题时，系统为了防止损坏其他部件采取保护措施，停止系统工作。下面是几个这方面故障的实际维修案例。

【案例 2-25】 一台数控车床数控系统自动断电。

数控系统： FANUC 0TD 系统。

故障现象： 这台机床一次出现故障，机床 NC 给电后，屏幕正常显示，但一按下机床准备按钮时，机床的数控系统即自动断电。

故障分析与检查： 对数控系统进行检查，在自动断电后，电源模块上的红色报警灯亮。根据说明书关于这个报警的解释，该灯亮指示电源输出有故障。

系统电源模块为 NC 系统及 PMC 的输入和输出提供电源。但断电检查电源并没有发现问题。

　　根据故障现象分析，问题可能出在 PMC 输出的负载上，因为机床准备按钮按下后，PMC 要有输出，如果输出回路有短路问题，马上就会使控制系统电源电压下降，数控系统检查到后，自动关机。根据机床控制原理图对输出回路逐个进行检查，后发现 PMC 一输出 Y48.0 控制的继电器的续流二极管短路，如图 2-10 所示。

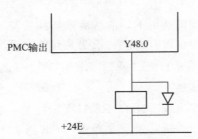

图 2-10　PMC 输出 Y48.0 的连接图

　　故障处理：将这个损坏的续流二极管更换后，机床恢复正常使用。

【案例 2-26】　一台数控车床系统启动不了。

　　数控系统：FANUC 0TC 系统。

　　故障现象：系统启动后，屏幕没有显示。

　　故障分析与检查：在系统启动时观察系统的启动过程，在系统启动按钮按下后，系统电源上的红色报警灯亮，指示电源故障。因此首先怀疑系统电源模块有问题，利用互换法与另一台机床的系统电源模块互换，证明电源模块没有问题。

　　该故障第二种可能是负载有问题，将系统 PMC 的输入输出电缆全部拔掉，这时启动系统，正常显示，说明确实是负载问题。将输入输出电缆逐个插上，当插上 M1 电缆时，系统就不能启动。检查 M1 电缆连接的 24V NC 电源线，确实对地短路。

　　根据机床电气原理图进行检查，发现一个铁屑将机床与刀塔锁紧开关的电源端子连接了，造成短路。系统启动时，当检测到负载有短路问题时，立即采取保护措施，关闭电源，防止电源模块或者其他模块进一步损坏。

　　故障处理：将铁屑清除掉，并采取防护措施，这时重新开机，机床恢复正常工作。

【案例 2-27】　一台数控车床经常出现死机故障。

　　数控系统：FANUC 0iTC 系统。

　　故障现象：这台机床出现故障，经常死机，马上开机启动不了，过一会儿还能启动。

　　故障分析与检查：因为这台机床已使用多年，怀疑线路老化、接触不良，导致系统死机。对电气控制线路进行检查，没有发现线路接触不良的问题。对系统构成模块进行检查，当查看系统主板时，发现主板上有个别的电解电容出现鼓起甚至破裂的问题。

　　故障处理：将主板上所有的电解电容都拆下进行更换，这时开机运行，系统恢复稳定工作。

【案例 2-28】　一台数控铣床出现系统不能启动的故障。

　　数控系统：FANUC 0TC 系统。

　　故障分析与检查：观察故障现象，在按下启动按钮后系统没有任何反应，检查电气柜内没有异常情况，通电试机，发现当按下系统启动按钮后，控制系统电源的继电器吸合正常，观察 24V 电源时，发现 24V 电源上的灯非常暗，原来是负载有短路的地方，系统检测到后立刻断电。

询问机床操作人得知，总是 Y 轴移动到一定位置时，系统就出现黑屏。因此初步判断是由于 Y 轴的移动，造成电源回路短路。拆开防护罩，检查发现果然是行程开关的电缆由于长期和润滑油路的分配器相摩擦，电线裸露对地短路，造成 24V 电源保护，所以系统黑屏。

故障处理： 对裸露的电线进行绝缘处理，并采取防护措施，防止电线与其他装置摩擦，这时通电启动系统，机床恢复正常工作。

【**案例 2-29**】 一台数控车床在自动加工时经常出现报警"911 Main RAM parity"（存储器校验错误）。

数控系统： FANUC 0TD 系统。

故障现象： 这台机床在自动加工过程中经常出现 911 报警，指示系统有问题。

故障分析与检查： 因为不经常发生，所以首先认为可能是干扰问题，检查供电电源，重新制作良好的接地系统，都没能解决问题。

反复观察故障现象，在机床不进行加工时，机床通电之后静止，从来不出现报警。

编制测试程序，X 轴和 Z 轴分别运动和插补运动都不出现故障。

那么是不是与主轴有关系呢？在测试程序中加入主轴旋转的指令，运行测试程序，这时故障出现了，而且故障都是发生在主轴旋转的过程中。

这台机床的主轴电机采用普通三相交流电动机，采用 Y/△ 方式启动，为了排除其接触器的电磁干扰问题，在接触器三相进线端接入阻容滤波，但故障依旧。

最后对主轴电动机进行检查，拆开主轴箱的防护罩，检查电动机的电源接线没有问题，但发现主轴制动电磁线圈的连接电线有一处磨破，当主轴旋转时，有时与床身短接，破损处恰好为系统 I/O 的 +24V 电源，从而造成电源短路，引起 911 报警。

故障处理： 对破损的电线进行绝缘处理，并采取防磨措施，这时开机测试，再也没有出现此报警，机床恢复正常工作。

【**案例 2-30**】 一台数控车床出现故障系统自动关机又自动开机。

数控系统： FANUC 0iTD 系统。

故障现象： 这台机床在使用 3 年后出现了系统自动关机又立刻开机的故障。

故障分析与检查： 首先为了排除外部直流电源模块的问题，更换了电源模块，但故障依旧。对故障现象进行分析认为出现故障的原因主要有两个。

一是外部电网的输入电压不稳定，可能存在电源电压的闪断现象，但是考虑到同一场地内其他机床工作正常，这种可能性基本可以排除。

二是为数控系统供电的直流开关电源连接到系统主板的途中出现问题，仔细对连接线路进行检查，发现主板上的电源插头连接处有氧化现象，其铜质插头已经变为绿色，并且接头处有油污，连接的电源线已分不清颜色。

故障处理： 使用小锉和细砂纸将插头上氧化的铜锈清除，更换电源线，这时开机运行系统，系统恢复稳定工作。

2.2.4 FANUC 数控系统 PMC 程序问题引起系统不能正常工作的维修案例

PMC 是数控系统的重要组成部分，PMC 程序即梯形图出现问题也影响数控系统的正常运行，下面是两个实际维修案例。

【**案例 2-31**】 一台曲轴数控无心磨床自动循环不能连续进行。

数控系统： FANUC 0-GCC 系统。

故障现象： 这台机床自动模式下程序只能执行一次循环，每次需按压"cycle stop"按钮后再按压"cycle start"按钮才能执行下一循环，系统无任何报警。

故障分析与检查：观察加工程序每次执行完后都能正常返回到程序开头，检查诊断数据DGN700每位的状态都为"0"，无任何提示信息，但有一个现象比较异常，即在程序执行过程中，操作面板上"cycle stop"灯自动会亮，在线监控PLC程序，发现M05（start信号）不能自锁，其原因为M88为"1"，再与纸版的原程序比较，如图2-11所示，发现实际程序中触点线圈M88的逻辑条件没有了B8A（启动按钮）常闭触点。

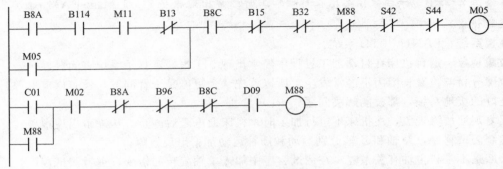

图 2-11 M05 信号梯形图原图

故障处理：修改PMC程序后再下载，机床恢复正常运行。

【案例 2-32】 一台双轴数控车床更换存储器模块后出现报警。

数控系统：FANUC 0-TDII系统。

故障现象：这台机床存储器模块损坏，更换并恢复NC系统后，开机时屏幕出现如下显示。

1>LOAD FROM I/O

3>RUN

4>RUN WITHOUT PMC

选择1或3后，系统提示"LADDER NOT EXIST"（梯形图不存在）。

故障分析与检查：分析故障现象，此故障的发生是由于某种原因导致PMC程序（梯形图）无法加载，本机使用的PMC类型是PMC-L，其程序被固化在两块EPROM芯片上，芯片应安装在存储板上标明为OE1和OE2的芯片槽内，但检查新更换的存储板上根本没有这两个芯片，而且原损坏的存储板上也没找到。

故障处理：按照纸版程序通过ANEX86E1软件手工录入，然后再利用FANUC专用EPROM写入器编译并烧录两块EPROM芯片后，将其装入存储板上，再试机，机床恢复正常运行。

2.3 FANUC 系统黑屏故障维修案例

数控系统黑屏故障就是机床通电后，系统屏幕没有任何显示，这种故障通常来说是比较难以维修的故障。根据多年的维修经验，黑屏故障的原因多种多样，包括显示器故障、其他硬件故障和外部短路故障、系统温度过高等，另外还有软件方面的故障。下面介绍数控系统黑屏故障的维修方法和实际维修案例。

（1）显示器故障的维修

有时系统启动后屏幕没有显示，原因是显示器有问题。诊断这类故障首先看系统启动后，系统面板和机床操作面板上各种指示灯是否正常，是否有硬件报警警示。如果指示灯都正常，硬件也没有报警，说明应该是显示器故障。如果对机床特别熟悉，可以在没有显示的情况下，执行一些简单的操作，进一步验证是否是显示器的故障。如果是显示器的故障，更换或者维修显示器后，机床就可以正常工作了。

【案例2-33】 一台数控车床通电系统启动后屏幕无显示。

数控系统：FANUC 0TC系统。

故障现象：这台机床开机后系统屏幕没有显示。

故障分析与检查：启动系统时观察面板指示灯显示正常，因此怀疑系统显示器有问题，检查发现显示器确实损坏。

故障处理：维修显示器后，系统恢复正常显示。

【案例2-34】 一台数控曲轴立式铣床开机后屏幕无显示。

数控系统：FANUC 0MB系统。

故障现象：这台机床开机后系统屏幕没有显示。

故障分析与检查：系统通电启动后，观察面板上有指示灯亮，怀疑显示器出现故障。敲击显示器高压包侧板有时会显示，有时又不行。

拆卸显示器的电路板，在其R4和S4端子上接入220V市电，检测高压包各焊点对地电压，发现H（即灯丝）对地无电压（该灯丝电压是从高压包引出的）。

静态测量灯丝对地电阻，为16~17Ω左右，应属正常；进一步检查发现行推动管未工作，顺线路检查，发现有一电容虚焊。

故障处理：将这只电容重新焊好后再试机，灯丝电压恢复正常。

（2）其他硬件故障引起黑屏的维修

数控系统的显示控制模块、电源模块或者外部电源等出现问题也会造成机床开机后屏幕没有显示。这时要注意观察故障现象，必要时采用互换法，这样可以准确定位故障。

【案例2-35】 一台数控车床开机启动系统时，屏幕没有显示。

数控系统：FANUC 0TC系统。

故障现象：这台机床通电开机后系统启动不了。

故障分析与检查：出现故障时，观察电源模块ALAM红色报警灯亮，说明是电源模块检测到故障禁止数控系统启动的，经检查确认为PMC的I/O接口模块出现短路问题。

故障处理：接口模块维修后，机床恢复了正常工作。

【案例2-36】 一台数控车床开机后屏幕没有显示，出现黑屏故障。

数控系统：FANUC 0TC系统。

故障现象：这台机床通电启动后，系统屏幕没有显示。

故障分析与检查：在系统启动后，检查数控装置，发现所有的指示灯都不亮，包括数控装置电源模块上的指示灯PIL。检查电源模块上的所有保险丝，都正常没有损坏，检查其输入电源也正常没有问题，那么肯定是电源模块出现了问题。

故障处理：更换电源模块后，机床故障消除。

（3）负载短路造成黑屏故障的维修

当PMC的输入对地短路或者输出造成短路时也可能造成系统启动不了，出现黑屏的故障，这时系统的电源模块往往会有报警指示灯显示故障。

这类故障确认故障点通常很烦琐，常规的方法是将系统接口板上的所有输入输出电缆全部拔掉，然后逐个插回，每插一个电缆，通电一次，即可确认哪一部分有问题，然后对这组电缆再继续缩小范围进行检查，最终确认故障点。

【案例 2-37】 一台数控车床机床通电系统启动后，屏幕没有显示。

数控系统：FANUC 0TC 系统。

故障现象：这台机床在通电启动后，系统屏幕没有显示。

故障分析与检查：对系统进行检查，发现在系统启动按钮按下后，系统电源上的红色报警灯亮，指示电源故障。

检查机床的交流电源及系统的电源模块都没有发现问题。将系统的 PMC 接口模块上的输入输出电缆全部拔掉，这时启动系统，正常显示。逐个插回电缆，当插上 M1 时，系统就启动不了，而其他电缆插回系统可以启动没有问题。说明是 M1 电缆连接的接口信号出现短路问题。

检查 M1 电缆连接的信号，发现一个铁屑将机床与刀塔锁紧开关的电源端子连接了，造成直流 24V 电源对地短路。

故障处理：将铁屑清除掉，并采取防护措施，这时机床通电启动系统，系统恢复正常显示，机床正常工作。

【案例 2-38】 一台数控车床工作中突然出现故障，系统断电关机。

数控系统：FANUC 0TC 系统。

故障现象：这台机床在工作中系统突然断电关机，重新启动机床，系统启动不了。

故障分析与检查：对系统电气柜进行检查，发现 24V 电源自动开关断开，对负载回路进行检查发现对地短路，短路故障是比较难于发现故障点的，如果逐段检查非常烦琐。所以首先对图纸进行分析，然后向操作人员询问，故障是在什么情况下发生的，据操作人反映是在踩完脚踏开关之后机床就出现故障了，根据这一线索，首先检查脚踏开关，发现确实是脚踏开关对地短路。

故障处理：更换脚踏开关后，机床恢复了正常工作。

【案例 2-39】 一台数控机床通电开机后，自动关机。

数控系统：FANUC 0TC 系统。

故障现象：这台机床系统启动准备好后，按机床准备按钮时，系统自动关机，出现黑屏故障。

故障分析与检查：对电器柜进行检查，发现 AC 110V 电源的自动开关跳闸，但检查负载没有发现电源短路和对地短路现象。

将此开关复位，然后机床通电，系统启动正常，这时检查电器柜，AC 110V 电源的自动开关没有断开，但只要按下机床准备按钮时，这个自动开关又自动跳闸。因此怀疑机床准备时，要对机床一些机构进行控制，当执行某一个动作，负载通电时，由于这个负载出现短路，机床保护电路动作，使自动开关断开，所以故障原因应该负载短路问题。

为此，对 AC 110V 电源负载进行逐个检查，发现卡盘卡紧电磁阀 43SOL1 线圈短路。如图 2-12 所示，当机床准备时，PMC 输出 Y43.1 有输出，继电器 K431 得电，K431 触点闭合，AC 110V 电源为电磁阀 43SOL1 供电，因为线圈短路电流过大，所以 AC110V 电源的自动开关跳闸。

故障处理：更换电磁阀线圈后机床恢复正常工作。

(4) 软故障引起的黑屏及快速恢复法

数控系统有时因为后备电池没电或者其他原因使机床数据丢失、混乱或者偶然因素（例如干扰）使系统进入了死循环，造成系统启动不了，出现黑屏，这种故障是软故障。

FANUC 0C 系统和 0D 系统有时因为机床数据混乱、后备电池没电导致的机床数据丢失、软件出现问题进入死循环等原因引起系统启动不了，屏幕没有显示。出现这种故障时，电源模

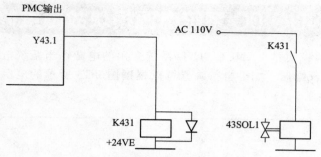

图 2-12　卡盘卡紧电气控制原理

块指示灯正常没有报警。

出现这种故障时，FANUC 0C 系统和 0D 系统要求对系统进行全清处理。

FANUC 0C 系统和 0D 系统全清方法。

在系统开机的同时，按住 RESET 和 DELET 两个按键，强行启动系统，这时系统数据被清除，并重新安装系统标准机床数据。待系统恢复正常显示后，必须重新输入机床备份数据，这样才能恢复机床正常功能。

注意：采用这种措施后，系统自动将内存中数据全部删除，装入标准机床数据，但这样操作后机床就不能正常运行了，只有重新输入该机床的专用机床数据后才能恢复机床正常运行。所以，这种方法一定要谨慎使用。

【案例 2-40】　一台数控车床突然停电后开机屏幕没有显示。

数控系统： FANUC 0TD 系统。

故障分析与检查： 检查数控装置的电源，电压正常，各个控制板上的显示灯正常没有问题，检查显示器也没有损坏，为此确认为系统死机。

故障处理： 对系统进行强行启动，这时系统恢复显示功能，但内存已被初始化，重新输入机床数据和程序后，该机床恢复了正常工作。

（5）温度过高造成系统黑屏故障的维修

如果系统温度过高，系统检测到后，为防止损坏系统器件误操作，系统会采取措施自动关机。

【案例 2-41】　一台数控车床经常出现黑屏故障。

数控系统： FANUC 0iTC 系统。

故障现象： 这台机床一段时间经常出现问题，上午工作还比较正常，中午和下午时经常出现黑屏故障。

故障分析与检查： 观察故障现象，无论是机床工作时还是机床在待机时都会出现黑屏的故障。关机一段时间后，还能启动系统工作一段时间。

分析故障现象，通常上午刚开机时，故障基本不发生，说明硬件损坏的可能性不大。观察机床所处的环境，机床放置在阳面窗户附近，季节又是刚入夏，故障频繁出现在室温较高的中午和下午。故判断故障原因可能是机床电气柜温度较高，散热不良所致。打开电气控制柜检查，发现温度确实很高，而且电源模块上灰尘堆积较厚，散热风扇明显转速不够。

故障处理： 清除电源模块上的灰尘及冷却风扇上的油泥，改善电气柜通风条件，这时开机测试，不再出现黑屏的故障。

2.4 FANUC 0C 系统电源模块故障维修案例

FANUC A1 电源模块是 FANUC 0C/D 系统常用的电源，当系统电源模块出现故障时，最好是由专业维修人员维修。如果自行维修可以根据图 2-13 所示的电源单元框图进行维修。维修步骤如图 2-14 所示。

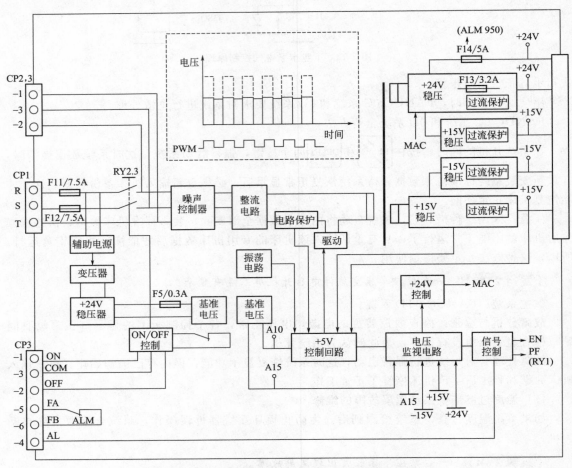

图 2-13 FANUC 0C/D 系统用 A1 电源单元框图

2.4.1 FANUC 0C 系统电源模块的构成原理

FANUC 0C/0D 开关电源虽然按功率大小有各种型号，但从电路的主结构来看基本是相同的，具有如下特点。

① 稳压控制回路由主集成电路控制，具有如下电路：+5V 控制电路；+24V 控制电路；基准电压电路；电压监测电路；控制信号电路。

② 辅助电源由专用集成电路控制。

③ 工作开关频率为 300kHz。

FANUC 的开关电源主要包括辅助电源部分、基准电压、+5V、+24V 控制部分、电压监测和控制信号部分。辅助电源部分是为开关控制提供一个稳定的 A15（+15V）的控制电压。基准电压部分是为开关控制提供标准参考电压 A10（+10V）。+5V 控制电路是电源单元

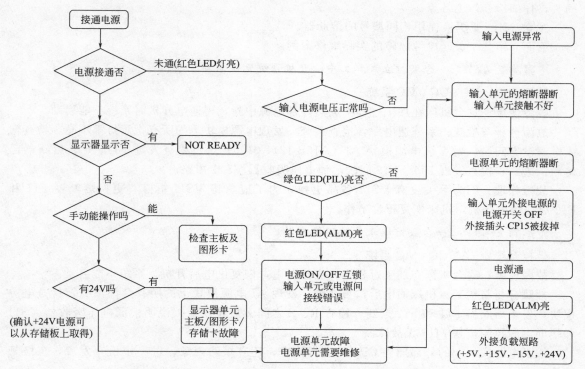

图 2-14　FANUC 0C/D 系列数控系统电源单元的故障排除流程

的主控制部分，它主要完成＋5V 控制电源的开关控制。＋24V 控制电路是通过磁放大电路产生的，结构简单。为了保证各个电压的可靠性和准确性，电源单元还有电压监测电路和控制信号电路以确保电源和系统的可靠运行。

2.4.2　FANUC A1 电源模块的故障维修

FANUC A1 电源模块有多个熔断器，对于短路故障和过载故障进行保护，下面介绍该电源模块熔断器熔断的原因及处理方法

（1）F11 和 F12 熔断器熔断的原因与处理

① 过电压保护器 VS11 短路。如果电源电压不稳定，使电源电压突变过高，或者供电电压高，可导致保护器 VS11 短路，这时可能使熔断器 F11 和 F12 熔断器熔断。

如果是 VS11 短路，暂时没有备件，可以将 VS11 拆下，使电源恢复工作。但要尽快更换上备件，防止损坏电源。

② 整流器 DS11 短路，检查相关线路。

③ 开关晶体管 Q14、Q15 的 C-E 间短路，更换损坏的晶体管，检查相关线路。

④ 二极管 D33、D34 短路，更换短路的器件，检查相关线路。

（2）熔断器 F13 熔断的原因与处理

① 向 CRT/MDI 单元供电的＋24V 短路，拆下 CP15 连接插头进行检查。

② 主 PCB 板的＋24V 短路，拆下电源检查主 PCB 板。

注意：熔断器 F13 要更换使用相同型号的熔断器。

（3）熔断器 F14 熔断原因及处理方法

① 到各 PCB 板的＋24E 电源短路。检查＋24E 负载回路。

② ＋24E 电源线可能与其他电源线连接，或者机床侧的电源线对地短路。拆下 CP14 连接

插头，仔细检查以上各点。

注意：F14 要更换使用相同型号的熔断器。

下面介绍几个关于电源故障的实际维修案例。

【案例 2-42】 一台数控立式加工中心开机系统无法启动。

数控系统：FANUC 0MC 系统。

故障现象：这台机床在加工过程中突然外部电源中断，再通电开机时系统不能启动。

故障分析与检查：系统通电后，检查系统，发现电源模块上的所有指示灯都不亮，检查输入电源没有问题。对系统电源模块 AI（A16B-1211-0100）进行检查发现 F11、F12 熔断器已熔断。进一步检查发现 F11、F12 间的浪涌电压吸收器 VS11 短路。

故障处理：因为手头没有 VS11 备品更换，为了应急将 VS11 拆除，更换熔断器 F11 和 F12 后，通电开机，机床恢复正常工作。

【案例 2-43】 一台数控铣床系统不能启动。

数控系统：FANUC 0MC 系统。

故障现象：这台机床在加工过程中，突然断电，恢复供电后开机，系统不能启动。

故障分析与检查：机床通电后检查系统，发现 AI 电源模块上的所有灯都不亮，检查电源模块，发现熔断器 F11 和 F12 熔断，检查 R、S 之间无短路现象，说明浪涌电压吸收器 VS11 和辅助电源控制模块 M11 无故障。

拔下电源模块上的外部插头 CP2 后进行检查，还有短路现象，进一步检查发现，二极管整流桥 DS11 短路。

故障处理：更换整流桥 DS11 和熔断器 F11、F12 后，通电开机，机床故障消除。

【案例 2-44】 一台数控铣床开机系统没有显示。

数控系统：FANUC 0MC 系统。

故障现象：这台机床通电开机后系统不能启动，屏幕没有显示。

故障分析与检查：系统通电后对机床输入电源进行检查，没有问题。检查数控系统时发现电源模块所有灯都不亮，电源模块输入电源没有问题，说明电源模块 AI 本身出现了问题。检查熔断器 F11 和 F12 已经熔断，而且电源模块有短路现象，进一步检查发现内部输入单元的集成开关电源控制模块 M11 损坏。

故障处理：更换 M11 集成电路后，机床故障排除。

【案例 2-45】 一台数控车床出现报警"950 FUSE BREAK（＋24E：FX14）"（熔断器烧断 ＋24E：FX14）。

数控系统：FANUC 0TC 系统。

故障现象：这台机床一次出现故障，屏幕上显示 950 号报警。

故障分析与检查：根据 FANUC 系统报警手册，此报警指示数控单元电源模块上的 F14 保险丝烧断，更换相同型号的保险丝后开机，又烧断了，说明＋24E 电源有短路问题。

测量电源的＋24E 端子的电阻，只有几欧姆，证明确实是电源短路了。为了确认是否是电源模块出现问题，将电源模块拆下测量，发现其电阻变得很大，说明电源模块并没有问题，从而确认为＋24E 电源的负载有问题。查找 FANUC 0TC 系统的维护说明书，F14 保险丝烧断，主要有两方面原因。

① 为各 PCB 板供电的＋24E 的电源线短路。

② 机床上＋24E 电源线接地故障或者＋24E 电源线与另一电源线虚接。

为此将电源模块插接上后，逐个将 PCB 板拔下，然后测量电源模块＋24E 的电阻，当拔下 I/O 模块时，发现电阻变大，说明故障和这块板有关，将这块板的所有电缆插头都拔下，然后把该板插回，再测量＋24E 的电阻，其阻值也很高，说明 I/O 板也没有问题，问题可能出在接口电路上，将这块板子的电缆插头逐个插回，当把 M1 电缆插上时，＋24E 的阻值又降下来了，说明是 M1 电缆有问题。

根据机床厂家提供的电气图纸，M1 电缆连接的是控制面板和一些开关量输入。分析认为可能是这些开关的某个电源线对地短路，根据电气原理图分步拆开电源线进行检查，最后确认为刀塔部分问题，对刀塔部分的连接线路进行检查，发现一电源线绝缘损坏，对地短接了。

故障处理：更换这根电源线后，通电开机，机床恢复正常工作。

2.5　FANUC 数控系统伺服报警故障维修

2.5.1　FANUC 0C 系统 400（402、406）号报警故障案例

FANUC 0C 系统 400（402、406）号报警的报警信息是 "SERVO ALARM：nth axis overload（伺服报警：第 n 轴过载）"，指示伺服驱动过载报警，主要原因可能是伺服电机、伺服驱动单元或者负载问题，出现此报警时通常驱动模块上的数码显示器都会显示故障代码，所以要注意检查伺服驱动模块或者伺服电源模块上的报警代码，图 2-15 是维修此报警故障的流程图。

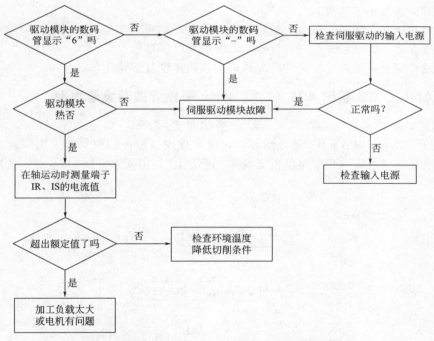

图 2-15　FANUC 0C 系统 400 号报警故障检修流程图

【**案例 2-46**】　一台数控车床在运行时出现 400 和 401 报警。

数控系统：FANUC 0TC 系统。

故障现象：这台机床在开机运行约 2 小时后发生故障，系统显示报警 "400 SERVO ALARM：1.2TH OVERLOAD"（伺服报警第一、第二轴过载）和 "401 SERVO ALARM：1.2TH AXIS VRDY OFF"（伺服报警，第一、第二轴没有 VRDY 信号）。

故障分析与检查：这台机床的伺服系统采用 FANUC α 系列数字伺服驱动装置，在出现故

障时检查伺服装置发现在伺服驱动模块上有"5"号报警代码显示，表明 X 轴伺服驱动模块或者 X 轴伺服电机出现问题。

更换伺服驱动模块没有解决问题，检查 X 轴伺服电机和连接电缆没有发现问题，拆开伺服电机的电缆插头时，发现由于切削液进入电缆插头，使插头绝缘程度降低。

故障处理：清洁、清洗电缆插头，并进行烘干，开机故障消除，机床恢复正常运行。为防止再次出现类似问题，采取防护措施，使切削液无法再溅到伺服电机上。

【**案例 2-47**】 一台数控车床出现报警"400 SERVO ALARM：1.2TH OVERLOAD"（伺服报警：第一、第二轴伺服过载）。

数控系统：FANUC OTC 系统。

故障现象：这台机床开机就出现 400 号报警。

故障分析与检查：根据报警信息显示，400 号报警指示伺服驱动过载，但机床开机还没有移动伺服轴就产生过载报警，说明故障原因不应该是机械负载，可能伺服系统出现问题。将诊断数据调出进行检查发现 DGN700 和 DGN701 都显示 1000 0000，位 7（OVL）的状态都为"1"说明 X、Z 轴都产生过载报警信号，因此怀疑伺服驱动模块有问题。

这台机床的伺服系统采用 FANUC α 系列伺服控制装置，检查伺服控制装置，发现机床通电开机后，进给伺服驱动模块的数码管即显示"1"号报警代码。

伺服驱动模块"1"号报警代码含义为"该报警指示伺服模块风机不转"。其可能的原因有：风机故障；风机连接错误。

根据报警的提示，怀疑伺服模块的风机有问题。对伺服控制模块进行检查，发现模块的冷却风扇确实没有转，将模块拆开进行检查，发现风扇已损坏。

故障处理：更换伺服驱动模块的冷却风扇后，机床恢复正常工作。

2.5.2 FANUC 0C 系统 401（403、406）号报警故障维修案例

FANUC 0C 系统 401（403、406）号报警信息是"SERVO ALARM：nth axis VRDY OFF（伺服报警：第 n 轴 VRDY 信号断开）"，指示数控系统向伺服驱动发出位置环准备好信号后，但伺服驱动没有发回伺服系统准备完毕信号。图 2-16 是 401（403 406）号报警故障的

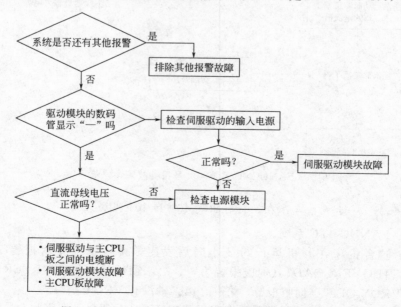

图 2-16 FANUC 0C 系统 401 号报警故障检修流程图

维修流程图，供故障维修时参考。

【案例 2-48】 一台数控车床开机出现报警"401 SERVO ALARM：（VRDY OFF）"（伺服报警，没有 VRDY 准备好信号）。

数控系统： FANUC 0TC 系统。

故障现象： 这台机床在一次开机后出现 401 报警，指示伺服驱动有问题。

故障分析与检查： 这台机床的伺服系统采用 FANUC α 系列数字伺服驱动装置，观察伺服装置的电源模块、主轴模块和伺服驱动模块上的数码管都显示"—"，指示伺服处于等待状态。检查数控系统，发现主 CPU 底板上 L2 亮，L2 报警指示灯指示伺服有故障。因此，怀疑机床伺服驱动系统有问题，首先检查伺服装置的供电是否有问题，伺服装置的电源连接如图 2-17 所示，根据连接图进行检查发现伺服系统供电的主接触器 KM0 未合，进一步检查发现该接触器线圈控制电源连线端子 R13（如图 2-18 所示）脱落。

图 2-17　伺服电源模块电源输入的连接

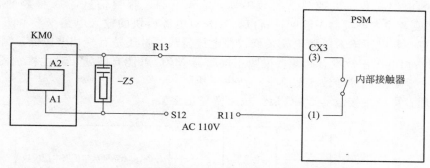

图 2-18　伺服系统主接触器 KM0 的控制原理图

故障处理： 将 R13 连接到主接触器，这时机床通电恢复正常。

【案例 2-49】 一台数控车床开机出现报警"401 SERVO ALARM：（VRDY OFF）"（伺服报警，没有 VRDY 准备好信号）。

数控系统： FANUC 0TC 系统。

故障现象： 这台机床在一次开机后出现 401 报警，指示伺服驱动有问题。

故障分析与检查： 这台机床的伺服系统采用 FANUC α 系列数字伺服驱动装置，观察伺服系统电源模块、主轴模块和伺服驱动模块上的数码管都显示"—"，指示伺服处于等待状态，数控系统主 CPU 板上 L2 报警灯亮，指示伺服系统有故障。检查伺服系统的供电正常没有问题，更换伺服电源模块、伺服驱动模块都没有解决问题。在分析伺服控制的原理图时发现，在伺服系统最后一个模块——伺服驱动模块 JX1B 电缆插头上插接一个连接器 K9，将这个连接器插接到其他机床上，开机也出现 401 报警，说明此连接器有问题。此连接器其实是一个终端短路器，插到最后一个伺服模块的 JX1B 电缆插口上，其连接见图 2-19，将该连接器拆开检查发现，（5）—（6）脚的连接线已经断开。

故障处理： 将该连接器的短路线重新焊接，插到伺服驱动模块的 JX1B 电缆接口上后，通

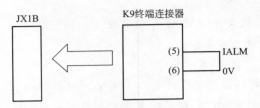

图 2-19　K9 终端连接器的连接

电开机，机床恢复正常工作。

【案例 2-50】　一台数控车床出现伺服报警。

数控系统： FANUC 0TC 系统。

故障现象： 这台机床一次出现故障，在自动加工时出现报警"401 SERVO ALARM：（VRDY OFF）"（伺服报警，没有 VRDY 准备好信号）、"409 SERVO ALARM：（SERIAL ERROR）"（伺服报警，串行主轴错误）、"414 SERVO ALARM：X AXIS DETECT ERR"（伺服报警 X 轴检测错误）、"424 SERVO ALARM：Z AXIS DETECT ERR"伺服报警 Z 轴检测错误）。

故障分析与检查： 这台机床的伺服系统采用 FANUC α 系列数字伺服驱动装置，因为报警指示 X、Z 轴和主轴都有问题，怀疑伺服系统的公共部分伺服电源模块有问题。为此，首先检查伺服装置的电源模块，发现其上的数码管上显示"01"报警信息，01 报警的含义为模块 IGBT 有问题或者输入电抗器不匹配，所以，首先对电源模块的输入电路（参考图 2-20）进行检查，发现有一相电压输入电源电压较低，在电抗器前测量还是有一相电压低，测量输入电源 R、S、T 的三相电压正常没有问题，说明主接触器 MCC 可能有问题，对主接触器 MCC 进行检测发现有一个触点烧蚀导致接触不良，产生了压降。

故障处理： 更换主接触器 MCC 后，机床恢复正常工作。

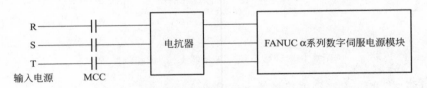

图 2-20　伺服电源模块电源输入的连接

【案例 2-51】　一台数控车床出现 401 和 414 伺服报警。

数控系统： FANUC 0iTC 系统。

故障现象： 这台机床开机就出现报警"401 SERVO ALARM：（VRDY OFF）"（伺服报警，没有 VRDY 准备好信号）和"414 SERVO ALARM：X AXIS DETECT ERR"（伺服报警 X 轴检测错误）。

故障分析与检查： 因为报警指示数字伺服系统有问题，检查驱动装置、伺服电机的电缆连接都没有发现问题。按操作面板"SYSTEM"按键进入系统自诊断菜单，检查诊断数据 DGN0200，发现诊断该数据 X 轴的 DGN0200.6 位（LV）显示为"1"，查阅系统维修手册，这位为"1"指示低电压报警。检查驱动装置的输入电压，发现没有输入电源电压。根据电路原理图进行检查，发现为驱动系统供电的空气开关 QF4 始终没有闭合，进一步检查发现 QF4 开关损坏。

故障处理： 更换新的空气开关后，机床恢复正常工作。

2.5.3 FANUC 0C 系统 4n0 和 4n1 号报警故障维修案例

FANUC 0C 系统当 NC 指令位置与机床实际位置的误差大于参数的设定值时，就会出现 4n0 和 4n1 号报警。4n0 和 4n1 号报警信息是 "SERVO ALARM：nth axis excess error"（伺服报警：第 n 轴超差错误）。其中，4n0 号报警指示停止时的位置误差过大；4n1 号报警指示移动时的跟随误差过大。

出现这两个报警时可根据图 2-21 所示的流程进行检修，检修时参考诊断数据 DGN800～

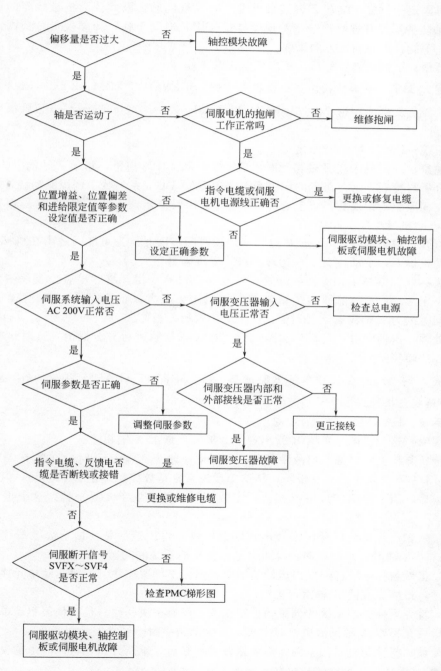

图 2-21　FANUC 0C 系统 4n0 和 4n1 报警故障检修流程

803，检查第 1～4 伺服轴的实际偏差值。

【案例 2-52】 一台数控车床出现报警"421 SERVO ALARM：Z axis excess error"（伺服报警：Z 轴超差错误）。

数控系统：FANUC 0TC 系统。

故障现象：这台机床在 Z 轴运动过程中，出现 421 号报警，指示 Z 轴运动时位置超差。

故障分析与检查：出现故障后关机再开，报警消除，当移动 Z 轴时，Z 轴滑台运动一段距离后，就出现 421 号报警，并向相反方向回走一段距离。反复观察故障现象，发现出现故障是在一个相对固定的位置。检查 Z 轴连接电缆没有发现问题，因此认为机械故障的可能性比较大。将 Z 轴防护罩拆开进行检查，发现丝杠护管因长时间工作，压缩变形，到固定位置造成阻力过大，不能行走并向反方向反弹。

故障处理：更换丝杠护管后，机床恢复正常工作。

【案例 2-53】 一台数控车床出现报警"421 SERVO ALARM：Z axis excess error"（伺服报警：Z 轴超差错误）和"424 SERVO ALARM：Z axis detect error"（伺服报警 Z 轴检测错误）。

数控系统：FANUC 0TC 系统。

故障现象：这台机床在 Z 轴移动时出现 421 号和 424 号报警，指示 Z 轴伺服故障。

故障分析与检查：这台机床的伺服系统采用 FANUC α 系列数字伺服驱动装置，检查伺服装置发现在伺服驱动模块数码管上有"9"号报警代码显示，查阅手册"9"号报警代码指示"Z 轴伺服电动机过流"。

关机再开，报警消除，Z 轴还可以运动一段时间，因此认为可能问题出在机械方面，将 Z 轴伺服电动机拆下，手动转动 Z 轴滚珠丝杠，发现阻力很大。

将护板拆开，检查 Z 轴丝杠和导轨，发现导轨没有润滑。继续检查发现润滑"定量分油器"工作不正常。原来故障原因是 Z 轴滑台运动阻力过大，正常伺服系统报警，Z 轴停止运动，系统同时因为 Z 轴没有运动到位也产生了位置超差报警。

故障处理：更换润滑"定量分油器"后，对 Z 轴导轨进行充分润滑，这时运行 Z 轴正常没有问题，故障消除。

【案例 2-54】 一台数控车床出现报警"410 SERVO ALARM：first axis excess error"（伺服第一轴超差报警）。

数控系统：FANUC 0TC 系统。

故障现象：这台机床一走 X 轴就出现 410 报警，指示 X 轴超差。

故障分析与检查：仔细观察故障现象，当摇动手轮让 X 轴运动时，屏幕上 X 轴的数据从 0 变化到 0.1 左右时就出现 410 报警，从这个现象来看是数控系统让 X 轴运动，但没有得到已经运动的反馈，当指令值与反馈值相差一定数值时，就产生了 410 报警。这个报警包含两个问题：

第一，X 轴已经运动但反馈系统出现问题，没有将反馈信号反馈给数控系统，但观察故障现象，这时 X 轴滑台并没有动，说明不是位置反馈系统的问题；

第二，虽然数控系统已经发出运动的指令，但由于伺服模块、伺服驱动单元或者伺服电机等出现问题，最终没有使 X 轴滑台运动。

因此，首先更换数控系统的伺服轴控制模块，没有解决问题；检查伺服驱动单元也没有发现问题；最后在检查 X 轴伺服电机时发现，其电源插头由于经常振动而脱落。

故障处理：将伺服电机的电源插头插接好并锁紧后，重新开机，机床故障消失。

【案例 2-55】 一台数控车床出现报警"411 SERVO ALARM：X axis excess error"（伺

服报警：X 轴超差错误）

数控系统：FANUC 0TD 系统。

故障现象：这台机床在 X 轴移动时经常出现 411 报警，指示 X 轴伺服系统有问题。

故障分析与检查：系统报警手册对 411 报警的解释为，X 轴的指令位置与实际机床位置的误差在移动中产生的偏差过大。为了确认故障原因，调整 X 轴的运行速度，这时观察故障现象，当进给速度相对比较大时出现 411 报警的概率比较低，而进给速度比较低时出现 411 报警比较频繁。

为了排除伺服参数数据设定的问题，将该机床的机床数据与其他机床对比，没有发现有不同的。而适当调整机床数据 PRM517（位置环增益）、PRM522（X 轴快进加减数时间常数）、PRM529（切削进给加减速时间常数）和 PRM601（X 轴手动进给加减速时间常数），故障依旧。

检查伺服系统的供电电压三相平衡且幅值正常，更换伺服驱动模块也没有解决问题。

对 X 轴伺服系统的连接电缆进行检查也没有发现问题。

为此认为机械部分出现问题的可能性比较大，将 X 轴伺服电动机拆下，直接转动 X 轴的滚珠丝杠，发现有些位置转动的阻力比较大。将 X 轴滑台防护罩打开发现 X 轴滑台润滑不均匀，有些位置明显没有润滑油，检查润滑油泵发现工作不正常。

故障处理：更换新的润滑油泵，充分润滑后，这时机床工作恢复正常。

【案例 2-56】 一台数控车床出现报警"411 SERVO ALARM：X axis excess error"（伺服报警：X 轴超差错误）和"414 SERVO ALARM：X axis detect error"（伺服报警：X 轴检测错误）。

数控系统：FANUC 0TC 系统。

故障现象：这台机床在 X 轴移动时出现 411 和 414 报警，指示 X 轴伺服驱动故障。

故障分析与检查：据操作人员反映，故障是机床开机运行一段时间之后发生的。出现故障后，关机过一会再开机，机床还可以运行一段时间。出现故障后利用系统诊断功能检查诊断数据 DGN720，发现 DGN720.7（OVL）为"1"，指示 X 轴伺服电动机过热。这时检查 X 轴伺服电动机发现确实很热。

根据这些现象分析可能是机械负载过重，将 X 轴伺服电动机拆下，手动转动 X 轴滚珠丝杠，发现阻力很大，由此判断故障原因确实是机械问题。

拆开 X 轴护板，发现导轨上切屑堆积很多，导轨磨损也很严重。

故障处理：清除切屑并对 X 轴导轨进行维护润滑，加强护板密封，防止切屑进入导轨，这时开机测试，机床恢复稳定运行。

【案例 2-57】 一台数控卧式加工中心在加工过程中出现报警"421 SERVO ALARM：Y axis excess error"（伺服报警：Y 轴超差错误）。

数控系统：FANUC 0MC 系统。

故障现象：这台机床在 Y 轴移动过程中，出现 421 报警，指示 Y 轴运动时位置超差。

故障分析与检查：分析这台机床的工作原理，这台机床采用的是全闭环位置控制系统。以安装在导轨侧和立柱上的光栅尺作为位置反馈元件，形成全闭环位置控制系统。检查 Y 轴光栅尺和电缆连接没有发现问题。

根据机床构成原理，Y 轴伺服电动机是通过联轴器与滚珠丝杠直接连接的，检查联轴器发现联轴器有些松动，进行检查发现紧固螺钉松了。

故障处理：紧固 Y 轴伺服电机与滚珠丝杠的联轴器上的所有螺钉，之后开机，机床稳定工作，再也没有发生同样的报警。

2.5.4 FANUC 系统 408 报警故障维修案例

【案例 2-58】 一台数控车床出现报警 "408 SERVO ALARM：(SERIAL NOT RDY)"（伺服报警：串行主轴没有准备）。

数控系统：FANUC 0TC 系统。

故障现象：这台机床一次出现故障，出现 408 报警，伺服系统不能工作。

故障分析与检查：检查系统还有报警 "414 SERVO ALARM：X AXIS DETECT ERR"（伺服报警 X 轴检测错误）和 "424 SERVO ALARM：Z AXIS DETECT ERR"（伺服报警 Z 轴检测错误）。其中 408 报警是串行主轴报警。X 轴、Z 轴和主轴都报警说明是公共故障，因此对伺服系统的电源模块进行检查，发现电源模块的直流母线松动，通电时接触不好，产生火花，从而产生报警。

故障处理：将直流母线紧固好后，通电试车，机床恢复正常工作。

2.5.5 FANUC 数控系统 4n4 系列（414、424）报警故障维修案例

【案例 2-59】 一台数控车床 X 轴运动时出现报警 "414 SERVO ALARM：X axis detect error"（伺服报警 X 轴检测错误）。

数控系统：FANUC 0TC 系统。

故障现象：这台机床一次出现故障，X 轴运动时，走到坐标值 70mm 左右就出现 414 报警。

故障分析与检查：出现故障时利用系统诊断功能检查诊断数据 DGN720，发现 DGN720.7（OVL）为 "1"，指示 X 轴过载。这台机床的伺服系统采用 FANUC α 系列数字伺服驱动装置，检查伺服装置发现在伺服驱动模块上有 8 号报警，也是指示伺服电动机过流。

出现故障后关机再开，报警消除，X 轴回参考点正常，但一走到 70mm 左右时就又出现 414 报警，在 70mm 之前怎么运动都没有问题。

根据这些现象分析可能 X 轴机械部分有问题，将 X 轴导轨的防护罩打开，发现安装滚珠丝杠的导轨中间有大量铁屑，在长期的挤压下已经非常坚硬，当滑台运动到铁屑墙时，使伺服电机过载产生 414 报警。

故障处理：清除铁屑，为了防止铁屑再次进入，对导轨防护罩进行检查，防护罩是由多节护板组成，发现其中一节护板的密封铜镶条脱落，导致护板连接处出现缝隙，使铁屑通过此缝隙进入导轨中间，重新安装镶条，开机运行，机床恢复正常运行。

【案例 2-60】 一台数控车床开机出现报警 "414 SERVO ALARM：X axis detect error"（伺服报警：X 轴检测错误）。

数控系统：FANUC 0TC 系统。

故障现象：这台机床一次出现故障，一开机就出现 414 报警指示 X 轴伺服出现问题。

故障分析与检查：根据系统工作原理，伺服驱动装置在每次启动时都会自检，还要对伺服电机和编码器的连接进行检测。因为开机就出现报警，肯定自检就没有通过，为此首先检查电缆连接情况，没有发现问题。然后拆下 X 轴伺服电机的电缆连接插头进行检查，发现插头烧焦，其中的两个接头已与外壳相通。

故障处理：更换电缆插头，这时开机报警消除，机床恢复正常。

【案例 2-61】 一台数控车床 X 轴运动时出现报警 "414 SERVO ALARM：X axis detect error"（伺服报警：X 轴检测错误）。

数控系统：FANUC 0TC 系统。

故障现象：这台机床一次出现故障，X 轴一运动就出现 414 报警，并且根本没有动。

故障分析与检查：出现故障时利用系统诊断功能检查诊断数据 DGN720，发现 DGN720.7（OVL）为"1"，指示 X 轴过载。这台机床的伺服系统采用 FANUC α 系列数字伺服驱动装置，检查伺服装置发现在伺服驱动模块数码显示器上有"8"号报警代码显示，指示 X 轴伺服电动机过流。关机再开，报警消除，但一走 X 轴就又出现 414 报警。这台机床的床身为斜床身，X 轴伺服电动机采用带有抱闸的伺服电动机，检查抱闸线圈上没有控制电压。根据机床工作原理，抱闸线圈是 PMC 的输出 Y48.1 通过继电器 K48.1 来控制的，检查 PMC 输出 Y48.1 的状态为"1"，没有问题，检查继电器 K48.1，发现其触点烧蚀，接触不良。

故障处理：更换继电器 K48.1 后，机床恢复正常工作。

【**案例 2-62**】 一台曲轴数控无心磨床出现报警"424 SERVO ALARM：Z axis detect error"（伺服报警：Z 轴检测错误）。

数控系统：FANUC 0GC 系统。

故障现象：这台机床在执行自动循环时频繁出现 424 报警，没有规律。

故障分析与检查：FANUC 0GC 数控系统 424 报警为 Z 轴伺服驱动方面的综合报警，在出现故障时查看诊断数据 DGN721，发现 DGN721.5（OVC）为"1"，指示 Z 轴过流。

首先怀疑机械过载，为此将伺服电机与滚珠丝杠脱开，单独试验 Z 轴伺服电机，还是报警；为确定伺服驱动模块是否有问题，更换后故障依旧；进一步检查 Z 轴伺服电机，用摇表测量绕组对地情况，发现对地绝缘较差，不到 0.5MΩ，为判断是伺服电机本身绝缘不好，还是动力电缆影响，将航空插头从伺服电机上拔下，测量伺服电机本身线圈绝缘良好，确定是为 Z 轴伺服电机供电的动力电缆有问题。

故障处理：更换 Z 轴伺服电机的动力电缆后，机床报警消除恢复正常运行。

【**案例 2-63**】 一台卧式加工中心在自动加工时经常出现报警"424 SERVO ALARM：Y axis detect error"（伺服报警：Y 轴检测错误）。

数控系统：FANUC 0iMC 系统。

故障现象：这台机床在自动加工时经常出现 424 报警，偶尔还会出现 401 报警，关机重新开机，报警消失可以继续工作。

故障分析与检查：系统 424 报警指示 Y 轴数字伺服系统异常，为此，首先检查诊断参数 DGN200 和 DGN201，发现 X 轴的 DGN200.3（HVA）为"1"，指示 X 轴伺服驱动装置过电压报警；Y 轴的 DNG200.6（LV）为"1"，指示 Y 轴伺服驱动电压不足；X 轴和 Y 轴的 DGN201.4（EXP）均为"1"。同时检查伺服驱动装置，第一伺服驱动装置（Y 轴＋B 轴）上的显示器显示"2"号报警代码，指示"速度控制单元＋5V 欠电压"；第二伺服驱动装置（X 轴＋Z 轴）上的显示器显示"8"号报警代码，指示"轴伺服电机过电流"。根据以上诸多报警分析：出现 401 报警是伺服驱动的准备好信号 DRDY 为 OFF，可能是前一个报警没有消除造成的。

根据 424 报警的诊断数据显示和伺服驱动装置报警提示，该故障非伺服驱动装置的内部故障，而是由外电路造成的伺服驱动装置报警，如外电路出现瞬间短路，就可能造成系统欠电压。因为第一伺服驱动装置（Y 轴＋B 轴）显示"2"号报警代码，应首先检查 Y 轴和 B 轴的编码器和伺服电机的电缆连接情况，检查发现 B 轴编码器反馈电缆可移动部分有导线绝缘保护皮磨损铜线外漏现象，在机床运行过程中，有时运动到某些位置会出现短路，造成机床报警。

故障处理：将 B 轴编码器反馈电缆做好绝缘处理和防护后，开机运行，机床故障消除。

【案例 2-64】 一台数控加工在自动加工过程中，出现报警"421 SERVO ALARM：Z AXIS EXCESS ERROR"（伺服报警：Z 轴超偏差错误）和"424 SERVO ALARM：Z AXIS DETECTION SYSTEM ERROR"（伺服报警：Z 轴检测错误）。

数控系统： FANUC 0iMC 系统。

故障现象： 这台机床在自动加工过程中突然出现 421 和 424 报警，指示 Z 轴伺服系统出现问题。

故障分析与检查： 根据故障报警信息分析，故障与 Z 轴运动有关，首先检查 Z 轴伺服控制模块，发现模块上显示器显示"8"报警代码，指示 IPM 报警。原因可能为 Z 轴伺服系统过流、过热或 IPM 控制电压过低。利用系统诊断功能检查诊断数据 DGN200，发现 Z 轴的 DGN200.5（OVC）为"1"，指示 Z 轴过流。为确认是否为机械故障，首先对 Z 轴滑台进行检查，发现因为缺少润滑，造成机械阻力过大。

故障处理： 对润滑系统进行检修，然后开机对滑台进行充分润滑，这时再运行加工程序，机床恢复正常。

2.5.6 FANUC 系统 368 报警故障维修案例

【案例 2-65】 一台数控推力面磨床出现报警"368 SERIAL DATA ERROR"（串行数据错误）。

数控系统： FANUC 210i-TA 系统。

故障现象： 这台机床长时间停用，重新使用时开机时即出现 368 报警，无法复位。

故障分析与检查： FANUC 数控系统 368 报警指示"主轴编码器反馈错误"，这台机床的主轴为 C 轴。先通过互换法确认 C 轴主轴电机及编码器没问题后，再检查 C 轴编码器反馈电缆，发现有老鼠咬线现象，屏蔽层及个别线受损。

故障处理： 对反馈电缆进行处理后，报警消除，机床恢复正常工作。

2.5.7 FANUC 系统 926 报警故障维修案例

【案例 2-66】 一台数控推力面磨床出现报警"926 FSSB ALARM"（FSSB 报警）。

数控系统： FANUC 210i-TA 系统。

故障现象： 这台机床长时间停用，重新使用时开机时即出现 926 报警，无法复位。

故障分析与检查： 根据报警提示，查阅 FANUC 维护手册，926 报警是 FSSB 伺服串行总线数据传输过程中出现故障，与伺服有关，可能数控系统伺服轴控制模块有问题或伺服驱动模块故障。观察伺服驱动模块上有红灯报警，通过与机床上使用的其他同型号板互换，确认外围没问题，是伺服驱动模块本身出现问题。

故障处理： 由于无备件更换，对伺服驱动模块进行拆卸维修，发现电路板上的油污很多，进行彻底清洗烘干后，通电开机 926 报警解除，机床恢复正常运行。

【案例 2-67】 一台立式加工中心在加工过程中出现报警"926 FSSB Alarm"（FSSB 总线报警）。

数控系统： FANUC 0iMC 系统。

故障现象： 这台机床在加工时出现 926 号 FSSB 总线报警，关机再开，报警消失，但加工时还会出现。

故障分析与检查： 多次观察出现故障的过程，发现每次报警都是出现在移动 Y 轴的过程中，因此怀疑故障与 Y 轴有关。首先在伺服驱动装置上把 X 轴的伺服电机动力电缆与 Y 轴互换，这时开机测试，还是在 Y 轴滑台移动时出现报警。为此，怀疑可能原 Y 轴的编码器连接电缆有问题，有可能由于编码器的 +5V 电源出现短路，拉低了整个电源供给造成的。对线路进行检查，发现 Y 轴伺服电机的编码器反馈电缆外皮破损。

故障处理：经过对 Y 轴伺服电机编码器反馈电缆破损处的绝缘处理后，机床故障消除。

【案例 2-68】 一台数控车床出现报警"926 FSSB Alarm"（FSSB 总线报警）。

数控系统：FANUC 0iTC 系统。

故障现象：这台在自动加工时突然系统死机并出现如图 2-22 所示的报警，指示 FSSB 伺服总线报警。

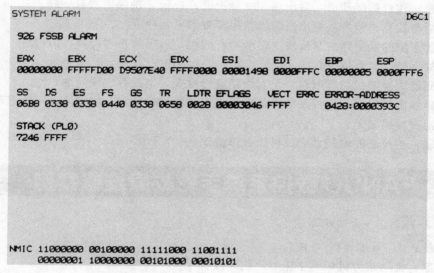

图 2-22 FANUC 0iTC 系统 926 报警画面

故障分析与检查：这台机床伺服系统采用 αi 系列交流数字伺服驱动装置，出现故障后对伺服系统进行检查，发现所有伺服模块上的数码管都没有显示。继续检查电气柜，发现空气开关 QF3 跳闸。根据机床工作原理，QF3 控制伺服系统的 AC 200V 控制电源，这个开关跳闸后，伺服系统没有了 AC 200V 控制电源，所以出现了伺服总线报警。

故障处理：检查 QF3 没有问题，负载回路也没有问题，将 QF3 合上后，再通电开机，机床恢复正常工作。

2.5.8 FANUC 数控系统编码器报警维修案例

【案例 2-69】 一台数控外圆磨床出现报警"319 SPC ALRM：X axis pulse coder"（SPC 报警：X 轴编码器故障）。

数控系统：FANUC 0GC 系统。

故障现象：这台机床开机后出现 319 报警，指示 X 轴编码器故障。

故障分析与检查：因为报警指示 X 轴编码器故障，故对 X 轴伺服电机编码器进行检查，首先检查编码器的电缆插头，拆下电缆插头发现有切削液进入。

故障处理：清除编码器电缆插头的切削液，并采取防护措施重新插接，这时开机故障消除。

【案例 2-70】 一台数控车床出现报警"329 SPC ALARM：Z axis pulse coder"（SPC 报警：Z 轴编码器）。

数控系统： FANUC 0TC 系统。

故障现象： 这台机床 Z 轴运动时出现 329 报警，指示 Z 轴编码器有问题，

故障分析与检查： 因为报警指示 Z 轴编码器有问题，为此首先检查 Z 轴编码器的连接线路，发现连接编码器的电缆插头松了。

故障处理： 将 Z 轴伺服电机编码器电缆插头锁紧后，机床恢复正常。

【案例 2-71】 一台数控车床出现报警"329 SPC ALARM：Z axis pulse coder"（SPC 报警：Z 轴编码器）。

数控系统： FANUC 0TC 系统。

故障现象： 这台机床开机之后出现 329 号报警，指示 Z 轴编码器有问题。

故障分析与检查： 数控系统出现编码器报警有如下几种可能。

一是数控系统的伺服轴控制模块（轴卡）有问题，出现的是假报警，但与另一台机床的伺服轴控制模块互换，故障依旧；

二是编码器的连接线路有问题，但对线路进行检查，也没有发现问题；

三是编码器出现问题，数控系统确认的是真正的编码器故障，因前两种可能已经排除，所以问题可能出在编码器上。

故障处理： 更换新的编码器后，机床故障消除。

2.6 FANUC 数控系统手轮故障维修案例

【案例 2-72】 一台数控车床手轮工作不正常。

数控系统： FANUC 0TC 系统。

故障现象： 摇动这台机床的手轮时，机床没有反应。

故障分析与检查： 因为手轮工作不正常，首先怀疑手轮有问题，与另一台机床互换后，证明是手轮问题。

故障处理： 更换新的手轮后，机床手轮恢复正常。

【案例 2-73】 一台数控铣床手轮工作不正常。

数控系统： FANUC 0iMA 系统。

故障现象： 当用这台铣床的手摇脉冲发生器（手轮）工作时，出现有时能动、有时不动的现象。

故障分析与检查： 观察故障现象，发现摇动手轮滑台不动时，屏幕上相应轴的坐标数值也不发生变化。根据故障现象判断，可能是手摇脉冲发生器出现故障或者系统主板有问题。

因为转动手轮时，有时系统工作正常，可以排除机床锁定、系统参数、轴互锁信号、方式选择信号等方面的故障。为此重点检查手摇脉冲发生器和手摇脉冲发生器接口电路。

进一步检查发现，故障原因是手摇脉冲发生器接口板上 RV05 专用集成电路有问题。

故障处理： 更换新的 RV05 集成电路，机床恢复正常工作。

【案例 2-74】 一台数控铣床的摇动手轮时与实际显示不符。

数控系统： FANUC 0iB 系统。

故障现象： 这台机床在使用手轮时，摇动手轮，屏幕上轴运动的数值不稳定，而且不规则，有时造成废品。

故障分析与检查： 根据故障现象，首先怀疑手轮有问题，但更换后，故障类似。检查手轮连线无误，接口也连接正常，用示波器检查手轮的脉冲基本是方波，修改机床数据 PRM7105

后效果稍好，但此现象还是时有发生。经过一段时间的观察，发现在早上或下班时手轮比较正常，错误的概率比车间所有设备开动时段小一些，说明可能是原因干扰引起的故障。检查手轮的连接电缆，发现只是普通的导线，没有屏蔽。

故障处理：将手轮连线换为屏蔽线后，手轮工作正常。

2.7 FANUC 数控系统其他故障维修案例

【**案例 2-75**】 一台数控车床在工作时经常自动关机。

数控系统：FANUC 0TC 系统。

故障现象：这台机床在工作时经常自动关机，重新启动系统还可以工作。

故障分析与检查：观察系统的电源模块，发现电源指示灯闪动时系统就关机，对电源模块的输入 AC 220V 电源进行检测，发现电压波动不稳定。根据电路原理图进行检查，发现从 AC380V/220V 电源电压转换变压器输出的电压有波动，不稳定。

故障处理：将变压器箱拆开进行检查，发现变压器一相输出端子松动，接触不良，重新连接后，机床恢复正常工作。

【**案例 2-76**】 一台数控车床出现报警 "2038 BATTERY ALARM"（电池报警）。

数控系统：FANUC 0TC 系统。

故障现象：这台机床开机出现 2038 报警，指示电池电压不足。

故障分析与检查：在系统开机的情况下，检查系统断电保护后备电池的电压，发现确实电压不够。

故障处理：在系统通电的情况下，更换后备电池，故障报警消除。

【**案例 2-77**】 一台数控车床出现报警 "5136 FSSB：NUMBER OF AMPS IS SMALL"（FSSB 识别的放大器数比控制轴数少）。

数控系统：FANUC 0iMate-TC 系统。

故障现象：一次这台机床在工作时出现 5136 号报警，指示伺服系统有问题。

故障分析与检查：因为系统报警指示伺服系统有问题，为此对该机床的伺服系统进行检查，该机床的伺服系统采用 FANUC 的伺服系统，检查伺服电缆连接没有发现问题，将 X 轴和 Z 轴的伺服驱动模块 SV1-20i 分别与其他机床相同型号的伺服驱动模块互换，当把 X 轴伺服驱动模块换到其他机床时，也出现 5136 号报警，说明该伺服驱动模块损坏。

故障处理：对原 X 轴伺服驱动模块进行维修后，机床报警解除恢复正常工作。

【**案例 2-78**】 一台数控磨床出现报警 "101 Please clear memory"（请清除存储器）。

数控系统：FANUC 0GC 系统。

故障现象：这台机床在加工过程中突然停止，出现 101 报警，指示清除存储器。

故障分析与检查：查阅 FANUC 报警手册，101 报警指示 "当系统电源关闭时，存储器的内容被改写"。按照报警手册推荐的方法，将 PEW 设置改为 "1"，关机，数分钟后，按住 "DELETE" 按键然后开机，但 101 报警仍然存在。

故障处理：采用如下方式进行操作，将 PEW 设置改为 "1"，按住 "DELETE" 按键关机，数分钟后，按住 "DELETE" 按键然后开机，这时 101 报警消除，存储器中的程序也被删除，重新安装程序后，恢复机床正常运行。

【**案例 2-79**】 一台数控车床开机出现报警 "950 FUSE BREAK（＋24E：F14）"（熔断器熔断）。

数控系统：FANUC 0TC 系统。

故障现象：这台机床开机就出现 950 熔断器熔断报警。

故障分析与检查：因为报警提示 F14 熔断器熔断，检查系统电源模块确实是 F14 熔断器熔断。根据系统原理，F14 熔断器是连接系统 I/O 模块外接电路的，更换同型号的熔断器，但将 F14 的系统电源输出插头 CP14 拔下，这时通电，950 报警消除，说明问题出在负载回路。I/O 模块具有 DI 插头 M18、M1 和 DO 插头 M19、M2，将这四个插头全部拔下，再依次插入，然后测量 I/O 模块上的＋24E 与 0V 端子之间电阻阻值，当 M18 电缆插头插入时，电阻值变为"0"，根据电气原理图检查 M18 电缆连接的电路，最后发现压力开关 SW58 对地短路。

故障处理：更换新的压力开关后，机床故障消除。

【案例 2-80】 一台数控加工中心显示器突然黑屏。

数控系统：FANUC 0MC 系统。

故障现象：这台机床在开机返回参考点时，突然显示器黑屏。

故障分析与检查：首先检查 CRT 显示器的信号电缆、电源电缆的连接、电缆之间的连线和 CRT 上的熔断器均正常。检查系统的电源模块，发现其上的 LED 红色报警灯亮，而且有一个熔断器熔断，为了迅速查出故障部位，采用部件更换法，将安装新熔断器的电源模块换到另一台使用相同系统的机床上，该机床工作正常，说明电源模块完好。使用万用表检查系统上的测试端子，测量＋5V、＋15V、－15V、＋24E、＋24V 与 GND 之间的电阻，发现＋24E 与 GND 之间导通，说明＋24E 与回路对地短路。根据系统工作原理，＋24E 是为外部输入输出信号提供电源的，故障原因可能是输入输出模块出现故障，也可能外部输入输出信号对地短路。拔下系统输入输出模块的连接插头，这时检测，＋24E 没有对地短路，说明故障发生在外部输入输出信号上。经过逐级查找，发现外部输入信号的一个压力开关的连接线破损造成对地短路。

故障处理：更换破损的导线后，机床恢复正常工作。

【案例 2-81】 一台数控车床出现伺服报警"401 SERVO ALARM：（VRDY OFF）"（伺服报警，没有 VRDY 准备好信号）、"409 SERVO ALARM：（SERIAL ERR）"（伺服报警，串行主轴错误）、"414 SERVO ALARM：X AXIS DETECT ERR"（伺服报警，X 轴检测错误）、"424 SERVO ALARM：Z AXIS DETECT ERR"（伺服报警 Z 轴检测错误）。

数控系统：FANUC 0TC 系统。

故障现象：这台机床一次出现故障，在自动加工时出现 401 号、409 号、414 号和 424 号伺服报警。

故障分析与检查：这台机床的伺服系统采用 FANUC α 系列数字伺服驱动装置，因为 X、Z 轴和主轴都产生报警，怀疑伺服系统电源模块有问题。

检查伺服装置，发现在电源模块的数码管上显示"01"报警代码，"01"报警代码指示"主回路 IPM 检测错误"。

电源模块"01"报警代码故障原因有两个，其一为 IGBT 或 IPM 故障；其二为输入电抗器不匹配。因为机床已使用很长时间，显然不是第二种原因。因此，说明应该是伺服电源模块损坏了，与其他机床互换伺服电源模块后，故障转移到另一台机床上，证明确实是伺服电源模块损坏。

故障处理：伺服电源模块维修后，机床恢复了正常运行。

【案例 2-82】 一台数控车床在开机回参考点时出现报警"520 OVER TRAVEL：＋Z AXIS"（超行程：＋Z 轴）。

数控系统：FANUC 0TC 系统。

故障现象：在开机 Z 轴回参考点时，出现 520 报警，指示 Z 轴超正向软件限位。

故障分析与检查：因为指示 Z 轴运动超出了正向软件限位。在开机回参考点时就出现此报警，说明系统工作在不正常状态，因为只有机床返回参考点后，软件限位才起作用。

故障处理：根据系统手册关于此报警的解除方法，在开机时，同时按住数控系统面板上 CAN 键和 P 键，过一会松开，这时再回参考点，机床可以正常返回参考点，并不产生报警了。

【**案例 2-83**】一台活塞数控组合机床 UNIT1/2 单元的参数和程序等画面无法进入。

数控系统：FANUC POWER MATE D 系统。

故障现象：这台机床开机后屏幕一直显示"ROM CHECK OK ，WAITING FOR CRT SWITCH"信息，UNIT1/2 单元的参数和程序等页面无法进入，而 UNIT3/4 和 UNIT5/6 单元显示正常，观察 UNIT1/2 单元控制器上有 S1 红灯报警。

故障分析与检查：根据报警提示，怀疑显示单元未准备好，进一步检查有关 CRT 连接的设置，发现 UNIT1/2 控制单元上的 RSW 开关设定在"2"的位置，如图 2-23 所示，与 UNIT5/6 单元重复，这是肯定不对的。

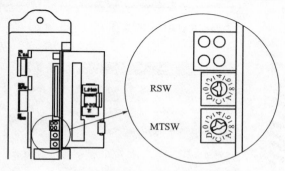

图 2-23　系统 RSW 开关设置

故障处理：将 RSW 开关设定在"0"的位置后（即三个单元的控制器分别设定为 0、1、2），再上电试机，显示恢复正常。

【**案例 2-84**】一台数控车床开机出现报警"930 CPU INTERRUPT"（CPU 中断）。

数控系统：FANUC 0TD 系统。

故障现象：这台机床长期停用后，再次使用时，通电开机系统出现 930 报警，系统死机。

故障分析与检查：对系统进行检查，发现 CPU 底板上 L2、L3 报警灯亮，指示故障与 CPU 底板和存储器模块有关。为此，对系统模块进行检查，发现模块上落满灰尘。

故障处理：逐个模块进行清洗，重新安装，通电开机并进行存储器初始化处理，重新输入机床数据和程序后，系统恢复正常工作。

【**案例 2-85**】一台数控外圆磨床出现 1001 报警。

数控系统：FANUC 0iTC 系统。

故障现象：这台机床开机就出现 1001 报警。

故障分析与检查：调用报警信息（图 2-24），报警信息为"1001 BATTARY LOW"（电池低），指示系统后备电池电压低。数控系统后备电池安装在系统的背面，如图 2-25 所示，将后备电池拆下（一定在系统通电的情况下进行操作）进行检查，发现确实电池电压过低。

故障处理：更换新的后备锂电池后，按系统复位按键，机床报警消除。

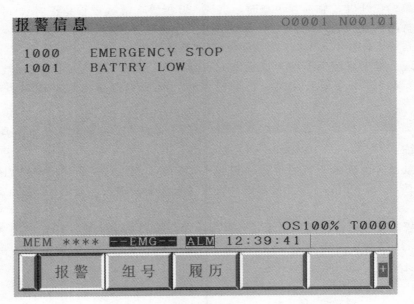

图 2-24　FANUC 0iC 系统 1001 报警页面

(a) FANUC 0iTC系统背面

(b) 电池模块

图 2-25　FANUC 0iTC 系统电池模块安装位置

【案例 2-86】 一台数控铣床开机系统屏幕显示 "NOT READY"（没有准备）。

数控系统： FANUC 0MC 系统。

故障现象： 这台机床开机系统就显示 "NOT READY"，指示系统没有准备。

故障分析与检查： 出现故障后从机床操作人员了解到，通常急停开关按下时启动机床会出现这种显示。所以，首先检查机床上的所有急停开关，都没有压下，各轴也在正常行程范围，行程开关没有压下。

根据 FANUC 0MC 系统工作原理，PMC 输入 X21.4 连接机床的急停开关，利用系统 DG-NOS PARAM 功能检查 PMC 输入 X21.4（∗ESP）的状态为"0"，说明急停信号确实没有解除。

查看机床电气连接原理图，急停解除中间继电器的吸合条件除了连接急停开关、各轴限位开关，还连接面板上的"机床复位"按钮。检查发现此按钮损坏。

故障处理： 更换"机床复位"按钮后，通电开机，机床恢复正常工作。

第**3**章

FANUC数控系统软件系统故障维修案例

3.1 加工程序错误故障维修案例

目前数控机床种类越来越多，数控系统也各不相同，但基本原理都是相通的。数控机床都是根据事先编制的加工程序进行自动加工的，所以有时编制好的程序不执行、有时在执行时中断的故障是数控机床常见的故障，这些故障的原因是多方面的，应该根据不同情况分别处理。

影响数控机床的加工程序不能正常运行的故障原因可分以下四大类。

① 程序编制中出现问题。

② 参数设置不当引起程序不执行。

③ 由于机床操作不当引起的机床无法循环启动。

④ 机床方面的问题引起程序执行出现问题。

诊断数控机床加工程序不执行故障时，使用程序单步执行功能，可以诊断出现问题的程序段，所以这个方法对加工程序不执行的故障诊断是非常实用的。

3.1.1 FANUC 数控系统加工程序介绍

(1) 数控系统加工程序的格式

每种数控系统，根据系统本身的特点及编程的需要，都要有一定的程序格式。对于不同类型的数控机床，其程序格式也不尽相同。因此必须严格按照机床说明书的规定格式进行编程。下面介绍通常情况下的程序结构和格式。

① 程序格式　一个完整的程序由程序号、程序的内容和程序结束三部分组成。例如：

%23;　　　　　　　　　　　　　程序号

N10 G92 G00 X40 Y30;

N20 G90 G00 X28 T01 S100 M03;

N30 G01 X−10 Y20 F100;

N40 X0 Y0;　　　　　　　　　　程序内容

N50 X30 Y10;

N60 G00 X58;

N70 M02;　　　　　　　　　　　程序结束

a. 程序号：在程序开头要有程序号，以便进行程序检索。程序号就是给加工程序一个编号，并说明该工件加工程序开始。如西门子数控系统中，一般采用符号％开头及后面最多 4 位十进制数表示程序号（％××××），4 位数中若前面为 0，可以省略，如"％0023"省略为"％23"。而其他系统有时也采用符号"O"或"P"及其后 4 位十进制数表示程序号。

b. 程序内容：程序内容部分是整个程序的核心，它有许多程序段组成，每个程序段由一个或多个指令构成，它表示数控机床要完成的全部动作。

c. 程序结束：程序结束是以程序结束指令 M02、M30 或 M17（子程序结束），作为程序结束的符号，用以结束工件加工。

② 程序段格式　工件的加工程序是由许多程序段组成的，每个程序段由程序段号、若干个数据字和程序段结束字符组成，每个数据字是控制系统的具体指令，它是由地址符、特殊文字和数字集合而成，它代表机床的一个位置或一个动作。

程序段格式是指一个程序段中字、字符和数据的书写规则。目前国内外广泛采用字-地址可变程序段格式。

所谓字-地址可变程序段格式，就是在一个程序段内数据字的数目以及字的长度（位数）都是可以变化的格式。不需要的字以及与上一程序段相同的续效字（模态指令）可以不写。一般的书写顺序按表 3-1 所示从左向右进行编写，对其中不用的功能省略。

表 3-1　程序段编写顺序格式

1	2	3	4	5	6	7	8	9	10	11
N＿	G＿	X＿ U＿ P＿ A＿ D＿	Y＿ V＿ Q＿ B＿ E＿	Z＿ W＿ R＿ C＿	I＿ J＿ K＿	F＿	S＿	T＿	M＿	LF （或 CR）
程序段 序号	准备功能	坐标字				进给功能	主轴功能	刀具功能	辅助功能	结束符号
		数据字								

该格式的优点是程序简洁、直观以及容易检查、修改。

例如：N30 G01 X100 Z－50 F220 S1500 T05 M03 LF；

程序段内各字的说明如下。

a. 程序段序号：程序段序号是识别程序段的编号，用地址码 N 和后面若干位数字来表示，如 N30 表示该语句的语句号为 30。

b. 准备功能 G 指令：准备功能 G 指令是使数控机床作某种动作的指令，用地址 G 和两位数字组成，从 G00～G99 共 100 种。

c. 坐标字：坐标字由坐标地址码（如 X、Z）、＋、－符号及绝对值（或增量）的数值组成，且按一定的顺序进行排列。坐标字的正符号"＋"可省略。

其中坐标字的地址码含义见表 3-2。

表 3-2　坐标字的地址码含义

地址码	意　义
X＿ Y＿ Z＿	基本直线坐标值尺寸
U＿ V＿ W＿	第一组附加直线坐标轴尺寸
P＿ Q＿ R＿	第二组附加直线坐标轴尺寸
A＿ B＿ C＿	绕 X、Y、Z 旋转坐标值尺寸
I＿ J＿ K＿	圆弧圆心的坐标尺寸
D＿ E＿	附加旋转坐标轴尺寸
R＿	圆弧半径值

各坐标轴的地址符按下列顺序排列：

X、Y、Z、U、V、W、P、Q、R、A、B、C、D、E

d. 进给功能F指令：进给功能F指令用来指定各运动坐标轴及其任意组合的进给量或螺纹导程。该指令是属于模态代码。

e. 主轴转速功能字S指令：主轴转速功能字S指令用来指定主轴的转速，由地址码S和其后的若干数字组成。有恒转速（单位r/min）和表面恒线速（单位m/min）两种运转方式。如S1500表示主轴转速为1500r/min；对于有恒线速度控制功能的机床，还要用G96或G97准备功能指令配合S代码来指定主轴的速度。如G96 S300表示切削速度为300m/min，G96为恒线速度控制指令。G97 S1500表示注销恒线速度指令G96，主轴转速为1500r/min。

f. 刀具功能T指令：刀具功能T指令主要用来选择刀具，也可用来选择刀具偏置和补偿。该指令由地址码和若干数字组成，如T05表示换刀时选择5号刀具，如用作刀具补偿时，T05是指按5号刀事先所指定的数据进行补偿。若用四位数码指令时，例如T0502，则前两位数字表示刀号，后两位数字表示刀补号。由于不同的数控系统有不同的指定方法和含义，具体应用时参照所用数控机床编程说明书的有关规定进行。

g. 辅助功能字M指令：辅助功能表示一些机床辅助动作及状态的指令。由地址码M和后面的两位数字表示，M00～M99共100种。

h. 程序段结束指令：程序段结束指令写在每个程序段之后，表示程序结束。用EIA标准代码时，结束符为"CR"，用ISO标准代码时为"NL"或"LF"。有的用符号"；"或"＊"表示。

（2）G指令代码

G指令也称为G代码或者准备功能，它是使机床或者数控系统建立起某种加工方式的指令。G代码由大写字母G和后面的两位数字组成，G00～G99共100种。表3-3为常用G指令的定义。

表3-3　常用G指令（准备功能）表

代码	功能保持到被取消或被同样字母表示的程序指令所替代	功能仅在出现的程序段有作用	功能	代码	功能保持到被取消或被同样字母表示的程序指令所替代	功能仅在出现的程序段有作用	功能
G00	A		点定位	G19	C	#	YZ平面选择
G01	A		直线插补	G20～G32	#	#	不指定
G02	A		顺时针方向圆弧插补	G33	A		螺纹切削、等螺距
G03	A		逆时针方向圆弧插补	G34	A		螺纹切削、等螺距
G04		#	暂停	G35	A		螺纹切削、等螺距
G05	#		不指定	G36～G39	#	#	永不指定
G06	A		抛物线插补	G40	D		刀具补偿/刀具偏置取消
G07	#		不指定	G41	D		刀具补偿/左
G08		#	加速	G42	D		刀具补偿/右
G09		#	减速	G43	#（d）	#	刀具偏置/左
G10～G16	#		不指定	G44	#（d）	#	刀具偏置/右
G17	C	#	XY平面选择	G45	#（d）	#	刀具偏置＋/＋
G18	C	#	ZX平面选择	G46	#（d）	#	刀具偏置＋/－

代码	功能保持到被取消或被同样字母表示的程序指令所替代	功能仅在出现的程序段有作用	功能	代码	功能保持到被取消或被同样字母表示的程序指令所替代	功能仅在出现的程序段有作用	功能
G47	#(d)	#	刀具偏置－/－	G63	*		攻螺纹
G48	#(d)	#	刀具偏置－/＋	G64～G67	#	#	不指定
G49	#(d)	#	刀具偏置 0/＋	G68	#(d)	#	刀具偏置,内角
G50	#(d)	#	刀具偏置 0/－	G69	#(d)	#	刀具偏置,外角
G51	#(d)	#	刀具偏置＋/0	G70～G79	#		不指定
G52	#(d)	#	刀具偏置－/0	G80	E		固定循环注销
G53	F		直线偏移,注销	G81～G89	E		固定循环
G54	F		直线偏移 X	G90	J		绝对尺寸
G55	F		直线偏移 Y	G91	J		增量尺寸
G56	F		直线偏移 Z	G92		#	预置尺寸
G57	F		直线偏移 XY	G93	K		预置寄存
G58	F		直线偏移 XZ	G94	K		时间倒数,进给率
G59	F		直线偏移 YZ	G95	K		每分钟进给
G60	H		准确定位 1(精)	G96	I		主轴每转进给
G61	H		准确定位 1(中)	G97	I		恒线速度
G62	H		快速定位 1(粗)	G98～G99	#	#	不指定

注：1. ＃号表示如作选作特殊用途，必须在程序格式说明书中说明；如在直线切削控制中没有刀具补偿，则 G43～G52 可指定作其他用途。

2. 在表（2）栏带括号的字母"d"表示可以被同栏中没有括号的字母"d"所注销或替代，亦可被带括号的字母"d"所注销或替代。

3. G45～G52 的功能可用于机床上任意两个预定的坐标。

4. 控制系统上没有 G53～G59、G63 功能时，可以指定作其他用途。

5. 表中序号（4）栏中的"不指定"意思为用作修改标准，指定新功能时使用。而标有"永不指定"的，指的是即使修改标准，也不指定新的功能。这两类 G 指令可以由机床的设计者根据需要定义新的功能，并在机床说明书中给予说明，以便用户使用。

G 指令分为模态指令（又称续效指令）和非模态指令两类。表中第二栏中标有字母的所对应的 G 代码为模态指令，字母相同的为一组。

模态指令表示若某一指令在一个程序段被指定（如 a 组的 G01），就一直有效，直到出现同组（a 组）的另一个 G 指令（如 G02）时才失效。表中序号（2）一栏中没有字母的表示对应的 G 指令为非模态指令，即只有在写有该指令的程序段内有效。

（3）M 指令代码

M 指令为辅助功能也称为 M 代码，M 指令控制数控机床辅助装置的接通或断开。如开、停冷却泵，启动主轴正、反转，程序结束等，特别是自动化程度比较高的设备，系统通过 M 指令来控制各个辅助装置的运行。辅助功能指令有 M00～M99 共 100 种，也有模态指令和非模态指令之分。表 3-4 为常用 M 代码的定义。

表 3-4　常用辅助功能（M 代码）表

代号	功能开始时间		功能保持到被注销或被适当程序指令代替	功能仅在所出现的程序段内起作用	功　能
	与程序段指令运动同时开始	在程序段指令运动完成后开始			
M00		*		*	程序停止
M01		*		*	计划停止
M02		*		*	程序结束
M03	*		*		主轴顺时针方向
M04	*		*		主轴逆时针方向
M05		*	*		主轴停止
M06	#	#		#	换刀
M07	*		*		2 号切削液开
M08	*		*		1 号切削液开
M09		*	*		切削液关
M10	#	#	#		夹紧
M11	#	#	#		松开
M12	#	#	#	#	不指定
M13	*		*		主轴顺时针方向,切削液开
M14	*		*		主轴逆时针方向,切削液开
M15	*			*	正运动
M16	*			*	负运动
M17、M18	#	#	#	#	不指定
M19		*	*		主轴定向停止
M20～M29	#	#	#	#	永不指定
M30		*		*	纸带结束
M31	#	#		#	互锁旁路
M32～M35	#	#	#	#	不指定
M36	*		*		进给范围1
M37	*		*		进给范围2
M38	*		*		主轴转速1
M39	*		*		主轴转速2
M40～M45	#	#	#	#	如有需要作为齿轮挡,此外不指定
M46、M47	#	#	#	#	不指定
M48		*	*		注销 M49
M49	*		*		进给率修正旁路
M50	*		*		3 号切削液开
M51	*		*		4 号切削液开
M52～M54	#	#	#	#	不指定
M55	*		*		刀具直线位移,位置1
M56	*		*		刀具直线位移,位置2
M57～M59	#	#	#	#	不指定

代号	功能开始时间		功能保持到被注销或被适当程序指令代替	功能仅在所出现的程序段内起作用	功 能
	与程序段指令运动同时开始	在程序段指令运动完成后开始			
M60		*		*	更换工件
M61	*		*		工件直线位移,位置1
M62	*		*		工件直线位移,位置2
M63~M70	#	#	#	#	不指定
M71	*		*		工件角位移,位置1
M72	*		*		工件角位移,位置2
M73~M89	#	#	#	#	不指定
M90~M99	#	#	#	#	永不指定

注：1. #号表示如选作特殊用途，必须在程序格式说明书中说明。

2. M90~M99可指定为特殊用。

由于生产数控系统、数控机床的厂家很多，每个厂家使用的 G 功能、M 功能不尽相同（特别是标准中没有指定功能的指令），因此用户在使用数控机床时，必须根据机床说明书的规定进行编程。

3.1.2 FANUC 数控系统加工程序编制错误维修案例

如果数控系统加工程序编制有问题，自动加工不能进行。程序编制出现的问题一般数控系统都可以给出报警信息，可以根据报警信息对加工程序进行分析和检查，修改程序后，故障即可排除。下面介绍几个加工程序编制问题引起报警故障的实际维修案例。

【案例 3-1】 一台数控加工中心在执行加工程序时出现报警"27 NO AXES COMMANDED IN G43/G44"（G43/G44 指令中没有轴命令）。

数控系统： FANUC 0iMC 系统。

故障现象： 这台机床在执行新编制的加工程序时，出现 27 报警，指示程序编制有问题。

故障分析与检查： 根据 FANUC 0iMC 系统报警手册对 27 报警的解释，27 报警的原因有两个：一是在刀具长度补偿中，在 G43 和 G44 的程序语句中没有指定轴；二是在刀具长度补偿中，在没有取消补偿状态下又对其他轴进行补偿。经对加工程序仔细分析、检查，发现该程序为铣孔加工，出现报警时是 Z 轴工作，程序语句中指定了 Z 轴，排除了第一种可能。继续分析、检查，发现铣孔结束后紧接着是加工一槽面，程序使用了半径 G42 右刀补指令，因此怀疑原来的长度补偿 G43 指令没有取消，与 G42 发生冲突。

故障处理： 在执行 G42 右刀补指令之前增加 G49 指令取消长度补偿，这时运行加工程序，不再产生报警。

【案例 3-2】 一台数控加工中心执行加工程序时出现报警"057 No solution of block end"（程序段结束没有计算）。

数控系统： FANUC 0MC 系统。

故障现象： 这台机床在启动加工程序时，出现 057 报警，程序执行不下去。

故障分析与检查： 这个报警的含义是某段程序的结束点与图纸不符，即计算的结果不对。但检查程序重新计算并没有发现问题，检查刀补也没有发现错误，重新对刀也没有解决问题。单步执行程序发现程序总是在执行 G01 Z0.4 F18 时出现报警，这个语句是执行直线运动，不会出现这个报警,下个语句是 A128 X48.22,执行的是切削倒角的功能,肯定 NC 系统在执行这个语句之前进行计算,发现执行倒角功能后,结算出的结束点与程序给出的结束点 X48.22 差距太大,所以出现报警,而对这几个数据进行计算,没有误差。

在出现报警时,使用软键功能"下一语句(NEXT)"功能发现屏幕上显示下一个语句的结果为 A.128 X59.03,显然 A.128 的数据不对,重新检查程序,发现语句"A128 X48.22"中的"A128"后没有加小数点,这时 NC 系统认为是 0.128,所以计算后的结果肯定不对。

故障处理:在数据 A128 后面加上小数点后变为 A128.,这时执行程序正常运行。

【**案例 3-3**】 一台数控车床出现报警"22 NO CIRCLE"(没有圆弧)(P38 4)。

数控系统:FANUC 0TC 系统。

故障现象:这台机床在调试加工程序时,出现 22 号报警,指示没有圆弧。

故障分析与检查:根据报警分析,22 号报警指示在圆弧指令中没有指定圆弧半径 R 获圆弧到圆心之间的距离的坐标值 I、J 或 K。为此,对加工程序进行检查,发现加工程序中有一个圆弧加工语句为"G03 X50 Z60 I15",此语句中缺少 K 数值。

故障处理:查看工件加工图纸,此处圆弧 Z 方向的坐标没有发生改变,而编程者错误地将没有数值变化的 Z 值"K0"省略,从而产生报警。将 K0 输入到程序语句中后,再执行加工程序,不再产生报警。

【**案例 3-4**】 一台数控车床运行加工程序出现报警"020 Over tolerance of radius"(半径误差过大)。

数控系统:FANUC 0TC 系统。

故障现象:在调试加工程序时,出现 020 号报警,程序不执行。

故障分析与检查:根据系统报警手册的解释,020 号报警是圆弧插补指令 G02 或者 G03 的计算误差过大,是程序中的圆弧插补的数据有误。

故障处理:在程序中找到圆弧插补指令,重新计算,发现确实有些误差,输入新的数值后,再运行程序,正常运行。

【**案例 3-5**】 一台数控车床出现报警"128 ILLEGAL MARCO SEQUENCE NUM-BER"(非法宏顺序号)。

数控系统:FANUC 0TC 系统。

故障现象:这台机床在调试新编制的加工程序时程序 128 报警。

故障分析与检查:分析 128 号报警的故障原因,该报警指示在程序指令 GOTO N 中,语句号 N 不在 $0 \leqslant N \leqslant 9999$ 的范围内,或没有找到转移目的语句的语句顺序号。对加工程序进行检查,发现最后一个语句为"IF［♯100 GT-d］GOTO 102","$N = 102$"虽然在 $0 \leqslant N \leqslant 9999$ 的范围内,但程序中没有 102 号语句,是在整理加工程序时,把原来 102 语句改为 105,而没有注意后面的转移语句的地址。

故障处理:将最后的语句改为"IF［♯100 GT-d］GOTO 105",这时运行加工程序,系统报警消除。

3.2 参数设置不当引起程序不执行故障维修案例

数控机床的参数设置不当也会引起程序不正常执行,这些参数包括 NC 参数(数据)、R 参数、刀具参数等。这类故障有些会产生故障报警,可以根据报警信息进行分析。有些故障不产生报警,则要根据机床的工作原理和故障现象进行分析。

【案例 3-6】 一台数控车床执行加工程序时出现 041 号报警。

数控系统： FANUC 0TC 系统

故障现象： 这台机床在执行加工程序时，出现报警 "041 INTERFERENCE IN CRC"（CRC 干涉），程序执行中断。

故障分析与检查： 根据系统维护说明书关于这个报警的解释为，在刀尖半径补偿中，将出现过切削现象，采取的措施是修改程序。

为进一步确认故障点，用单步功能执行程序，当执行到语句 Z－65 R1 时，机床出现报警，程序停止。因为这个程序已经运行很长时间，程序本身不会有什么问题，核对程序确实也没有发现错误。因此怀疑刀具补偿有问题，根据加工程序，在执行上述语句时，使用的是 4 号刀 2 号补偿。

故障处理： 重新校对刀具补偿，输入后重新运行程序，再也没有发生故障，说明故障的原因确实是刀具补偿有问题。

【案例 3-7】 一台数控车床出现刀具运行位置产生偏差的故障。

数控系统： FANUC 0iTC 系统。

故障现象： 这台机床在执行新编制的加工程序时，G、M、S 指令执行正常，程序可以执行结束，但加工的工件尺寸不对。

故障分析与检查： 仔细观察、测量加工完的工件，发现是 1 号刀具刀尖没有运行到指定的位置，系统并没有产生报警。

由于系统可以执行加工程序，可以判断程序编制基本没有问题，尺寸出现偏差，首先考虑尺寸数据的问题，经检查也没有发现问题。因此怀疑刀具补偿是不是没有起作用。观察操作人员的刀补操作，1 号刀的刀补在 1 号刀补中进行补偿，但检查程序，发现换刀的程序指令为 "T0103"，即 1 号刀执行的是 3 号刀补，导致了刀具运行出现了错误。

故障处理： 将程序中 "T0103" 改为 "T0101"，顺应操作人的操作习惯，这时问题得到解决。

【案例 3-8】 一台数控推力面磨床执行主程序时出现报警 "3001 MICRO ALARM"（宏报警）。

数控系统： FANUC 210i-TA 系统。

故障现象： 这台机床在执行加工程序时出现 3001 报警，指示宏报警，无法完成加工循环。

故障分析与检查： 关于此报警制造商提供的资料上没有详细说明，从字面上理解应该是宏程序执行方面的故障，为此选择单步运行，发现每次执行到 "G65 P9802"，即调用子程序 O9802 时即报警，为进一步查清问题，切换到 "EDIT" 模式，欲打开 O9802 程序进行查看，但系统提示程序受保护不能编辑。查阅资料，找到该系统 O9000 号以后程序编辑的解锁办法如下。

① 选择 "MDI" 模式；

② 取消写保护，即按 "PWE ON"；

③ 设定参数 3211（KEYWD），使其值与 3210（PASSWD）相同，系统默认为 1111；

④ 设定参数 N3202.4（NE9）＝0；

⑤ 恢复写保护，即按 "PWE OFF"；

⑥ 按 "RESET" 键，消除 P/S100 报警；

⑦ 子程序 O9000～O9999 可被编辑。

选择 MDI" 模式，打开 O9802 子程序，如下。

#882＝ABS [#884]；

IF [#882 GT 0.15] GOTO3；

M63;

　⋮

N1 ♯3000＝1 (EXCESSIVE CORRECTION)；

N2 M00；

N3 GOTO1；

N4 M99；

打开"OFFSET"功能菜单，检查："SETTING"中的 MICRO VARIBLE（宏变量），发现♯882＝0.2，大于 0.15，故出现了上述报警。

　　故障处理：修调♯882宏变量值之后，机床恢复正常运行。

【**案例 3-9**】　一台数控车床运行加工程序时，G01 指令不执行，无任何报警。

　　数控系统：FANUC TDII 系统。

　　故障现象：观察故障现象，每次执行到含有 G01 指令的程序段时，即停留在该段不进刀，屏幕上也无任何报警指示，如果将所有含该指令的段进行跳步处理后，程序能正常循环完成。

　　故障分析与检查：根据故障现象分析，故障与加工程序有关。为此，首先应分析加工程序。该机床加工程序如下。

O0001；

N10 G28 U2.0 W2.0；

N20 G00 X150 Z60 T0101；

N30 M03 S500；

G96 S280；

G50 S1500；

G00 X59.4 Z35；

N40 G01 X60.414 Z32 F0.2；

N50 G01 Z－11 F0.2；

G00 X150 Z60 G97；

N70 M30；

％

　　首先对程序的语法和结构等方面进行了多次检查，确认无误。然后利用系统诊断功能，检查 DSN700，发现 DSN700.1 (CMTN) 为"1"，其含义为执行自动运转中的移动指令。根据资料提示，检查各轴的快速进给速度、各轴的位置环增益、切削进给速度的上限值等机床数据，未发现异常；再继续检查程序，注意到有一段使用了 G96（转速恒定控制）指令，该指令是针对主轴控制而采用的，要求主轴上必须安装位置编码器，但检查该机床主轴并未安装任何编码器，至此，问题已明朗了，造成此现象的原因为系统正等待来自主轴位置编码器的信号。

　　故障处理：为了屏蔽主轴编码器的信号，修改机床数据设定位 PRM049.6，设置为"1"（其含义为：即使不带位置编码器，每转进给也有效），这时运行加工程序正常执行，故障消除。

3.3 机床故障影响加工程序执行故障维修案例

　　机床部分出现问题，也会导致加工程序不运行，特别是机床硬件部分出现问题。与这些故障直接相关的是机床操作方式的设定开关和循环启动按钮，另外有些条件不满足也会造成程序不执行或者执行时中断，所以处理这类故障必要时要根据故障现象，通过机床厂家提供的 PMC 梯图进行分析和诊断。

【案例 3-10】 一台数控车床加工程序执行期间中断。

数控系统： FANUC 0TC 系统。

故障现象： 这台机床一次出现故障，经常在自动加工循环过程中程序中断。

故障分析与检查： 观察机床的加工过程，发现这个故障不是每次执行加工程序时都发生，但发生故障时可以在任何程序段，不在固定的地方，在出现故障时，进给保持灯亮，出现故障后，重新启动循环，还可以运行。

仔细观察数控系统的显示器，在自动循环之前，屏幕显示 AUTO 状态，循环启动后，屏幕显示 BUF AUTO，在出现故障时操作状态瞬间变成 MDI，然后又变成 AUTO，但没有了 BUF，这时进给保持灯亮了，加工停止。

对功能模式设定开关进行模式设定的检查，开关正常没有问题，各种模式正确无误。但用 DGNOS PARAM 功能观察 PMC 关于功能开关的输入 X20.0～X20.3 时发现，在自动加工过程中，这四个输入偶尔突然瞬间变为"0"，这时自动循环中止。

对功能模式开关线路进行检查，该开关的电源线是焊接到开关的电源端子上的，焊点虚焊，接触不良，加工过程中一有振动电源线就断开连接，导致 PMC 功能模式开关的输入都变成"0"，使系统瞬间变成 MDI 状态，自动循环中止，而后恢复电源接触，系统又恢复到 AUTO 状态，但循环已停止，需重新启动。

故障处理： 将功能模式设定开关的电源线焊点重新焊接上后，机床恢复正常稳定的工作。

【案例 3-11】 一台数控车床自动加工循环不执行。

数控系统： FANUC 0TC 系统。

故障现象： 这台机床一次出现故障，按循环启动按钮时，自动加工循环不能执行。

故障分析与检查： 检查启动按钮没有发现问题。而观察数控系统的显示器，发现虽然功能操作按钮已经设置到 MEM（自动状态）功能，但显示的是 MDI 状态。用 DGNOS PARAM 功能检查功能设定开关的 PMC 输入 X20.0～X20.3 的状态，发现无论把开关放在什么位置，它们的状态都是 0，不发生变化。检查开关时发现，连接模式开关端子 A 的连线断开，该端子连接电源线。

故障处理： 重新将电源线焊接到功能开关的端子 A 上后，机床恢复正常使用。

【案例 3-12】 一台数控无心磨床不能进行自动循环。

数控系统： FANUC GC 系统，外置 PLC 系统为 FUJI MICREX-F。

故障现象： 这台机床开机后按 AUTO 键，无法切换到 AUTO 模式，而是显示 MDI 模式，CRT 屏幕上无任何报警指示，无法执行加工程序。

故障分析与检查： 分析机床的工作原理，该机床 MCP（机床控制面板）采用的不是 FANUC 标准配置，所有的按键信号经过外置 PLC 系统，然后再通过接口电路进入 NC 内。首先对照电路图检查外围信号，如急停开关是否释放、轴是否超程等，未发现异常。再利用系统诊断功能，调用方式选择信号 DSG022，系统定义的对应关系如图 3-1 所示。

DSG	022	#7	#6	#5	#4	#3	#2	#1	#0
							MD4	MD2	MD1

	#2 MD4	#1 MD2	#0 MD1
手动操作(JOG)方式	1	0	1
手轮(MPG)方式	1	0	0
手动数据输入(MDI)方式	0	0	0
自动操作(AUTO)方式	0	0	1
存储器编辑(EDIT)方式	0	1	1

图 3-1 机床操作模式设定

外置 PLC 的相关信号梯图如图 3-2 所示。

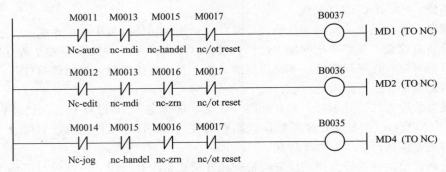

图 3-2　机床操作模式转换梯形图

观察 DSG022，其状态为 00000000，即 MDI 方式，然后再按 "AUTO" 按钮，外置 PLC 上的 B0037 信号已点亮，但 CRT 显示屏上的 DSG022 没变化，由此怀疑接口电路故障，检测外置 PLC 与 NC I/O 卡之间的接口电路板，发现 B0037 的信号线因腐蚀而断开。

故障处理： 拆下电路板进行焊接处理后，重新安装，机床恢复正常工作。

【案例 3-13】　一台数控车床加工程序执行不下去。

数控系统： FANUC 0TC 系统。

故障现象： 这台机床一次出现故障，在执行自动加工程序时，加工程序执行不下去。

故障分析与检查： 观察加工程序的运行，发现在程序执行到 G01 Z－8.5 F0.3 时，程序不再往下运行，重新启动加工程序，每次都是执行到这个语句停止继续运行。

因为机床回参考点、手动移动 X、Z 轴和在这段程序开头时的 G00 快移指令正常执行都没有问题，并且也没有报警，所以伺服系统应该没有问题。用 MDI 功能测试，G00 快移也没有问题，但 G01、G02、G03 都不运行。分析系统工作原理，因为这几个指令都必须指定进给速度 F，故障现象很像设定的 F 的数值为零。

进给速度 F 值为零可有以下几种可能。

① 在程序中 F 设定为 0，这种可能检查加工程序后很容易就排除了。

② 进给速度的倍率开关设定到 0，或者倍率开关出现问题，但检查这个开关并没有发现问题，当旋转这个旋钮时，PMC 的输入 X21.0－X21.3 都变化，G121.0－G121.3 的状态也跟随变化，说明倍率开关正常没有问题，另外检查诊断数据 DGN700，发现 DGN700.4（COVZ）为 "0"，也指示倍率开关没在 0 位上。

③ 在机床数据（参数）设定中，将切削速度的上限设定到最小，但检查机床数据 PRM527，该数据设定为 5000，为正常值，也没有问题。（将另一台好的机床的这个数据更改成最小值 6 时，运行程序时确实出现这个现象。）

④ NC 的控制部分出现问题，但将机床设定到空运行时，程序还能运行，只是速度很慢，说明控制系统也没有什么问题。

进一步研究机床的工作原理发现，这台机床 X 轴和 Z 轴的进给速度与主轴速度有关，检查主轴在进给之前确实已经旋转，主轴达速信号也已经置 "1"，没有问题。

再仔细观察显示器上主轴的速度显示数值，在主轴旋转时发现 S 的值为 "0"，没有显示主轴的实际转速，为此确认为没有主轴速度反馈，当打开机床护罩检查主轴编码器时发现：主轴与编码器连接的牙带断开，主轴旋转时，主轴转速编码器并没有旋转。

故障处理： 更换新的牙带，机床故障消除。

因为这台机床的工件切削速度与主轴的旋转速度成比例，主轴旋转没有反馈，导致进给速度变成 0，出现 G01、G02、G03 指令都不运行的问题。

【案例 3-14】 一台数控车床无法启动加工程序。

数控系统： FANUC 0iTC 系统。

故障现象： 这台机床在自动操作方式下（MEM）加工程序不能启动。

故障分析与检查： 观察故障现象，这台机床在手动操作方式和返回参考点操作方式下，工作正常。MDI 方式下也能执行程序，但在自动操作方式下（MEM）加工程序启动不了。

利用系统诊断功能检查系统模式开关的状态，发现模式开关的状态不对，检查面板上的模式开关，发现关于设定 MEM 模式开关的连线脱落，导致系统无法进入 MEM 操作状态，所以加工程序无法启动。

故障处理： 将脱落的连线重新焊好，这时系统通电测试，机床故障排除。

【案例 3-15】 一台数控车床不能启动加工程序。

数控系统： FANUC 21i-TB 系统。

故障现象： 这台机床一次出现故障，无论是在 MEM 模式还是 MDI 模式均不能循环启动，并且没有报警。

故障分析与检查： 通过对故障现象的分析，首先怀疑循环启动键有问题，循环启动键连接到 PMC 的输入 X0.1，通过系统 PMC 的 I/O 状态监控功能检查，当循环启动键按下时，X0.1 的状态由 "0" 变为 "1"，说明循环启动键正常且信号已经输入到 PMC 中。

根据 FANUC 21i-TB 系统的工作原理，循环启动循环是 PMC 的信号 G7.2 传递给 NC 系统的，检查 G7.2 的信号，无论循环启动键按下与否，其状态一直为 "0" 没有变化。G7.2 的信号状态是通过 PMC 的梯形图控制的，调用系统 PMC 梯形图在线显示功能，找到 G7.2 循环启动信号的线圈，发现信号 G8.5 状态为 "0" 使 G7.2 的状态不能变为 "1"。G8.5 是进给暂停信号，根据梯形图查找 G8.5 的线圈，发现 PMC 输入 X0.2 进给暂停输入信号状态一直为 "1"，始终处于接通状态，使得 G8.5 的信号一直为 "0"。对进给暂停键进行检查，发现该按键内部卡死，按键始终处于接通状态。

故障处理： 更换进给暂停按键后，故障排除，机床恢复正常运行。

【案例 3-16】 一台卧式加工中心在自动加工时经常出现停机保持现象。

数控系统： FANUC 0iMC 系统。

故障现象： 这台机床在自动加工时经常出现停机保持现象，并且没有报警，没有规律，有时按启动按钮后机床还可以继续工作。

故障分析与检查： 根据故障现象分析，出现这个故障的原因如下。

① 机床在运行自动加工程序时某一个动作没有完成，或该动作的检测开关损坏导致完成信号没有反馈，使机床处于等待状态。

② 控制系统的某一部分存在接触不良现象。

查看系统诊断数据 DGN000～DGN016、DGN020～DGN025（这些诊断数据信息指示了系统在执行自动指令时所处的状态和进行自动运行停止时的状态），发现以上数据全部为 "0"，既无等待状态显示也无外部信号输入提示。经多次观察发现，机床出现故障时的位置不确定，无规律可循。因此排除①的可能。

当机床控制系统接触不良时大部分情况会出现报警提示，因此，该机床故障最大可能是控制面板上的旋钮或按钮的触点有问题。经检查发现机床操作面板上的进给保持 ON/OFF 按钮的常闭触点不可靠，当机床加工切削时稍有振动就可能使常闭触点断开，造成机床进给保持。

故障处理： 更换新的进给保持按钮后，机床故障消除。

【案例 3-17】 一台数控车床在执行加工程序车削外圆时进给运动存在爬行现象

数控系统： FANUC 0iMC 系统。

故障现象： 这台机床在车削外圆加工时进给运动存在爬行现象，加工表面粗糙。

故障分析与检查： 手动运动各轴都正常，进给平稳，无爬行现象，因此排除了数控系统和驱动模块的故障。检查分析机床的加工程序，发现加工设定为主轴每转进给方式，因此，怀疑主轴编码器有问题。修改进给程序，取消每转进给方式，这时机床加工正常。为此，判断为主轴编码器有问题。

故障处理： 更换主轴编码器后，机床恢复正常工作。

【案例 3-18】 一台数控车床不执行加工程序。

数控系统： FANUC 0TD 系统。

故障现象： 这台机床在自动操作方式下，加工程序不执行。

故障分析与检查： 观察故障现象，将机床操作方式选择开关旋至自动方式，按下循环启动按钮，加工程序不执行。使用系统 DGNOS PARAM 功能观察，在启动按钮按下时 G120.3 的状态变为 "1"，说明启动按钮没有问题。继续检查发现操作方式选择开关旋至自动方式，但屏幕上仍然显示 MDI 方式。将页面切换到 DGNOS PARAM 状态，旋转操作方式选择开关，发现 X0.7 的状态一直为 "0"。根据机床工作原理选择自动操作方式后，X0.7 应该变为 "1"；此时 X2.2、X2.5 和 X4.0 的状态也为 "0"，所以正好为 MDI 方式。检查选择开关、连接电缆都没有问题。说明可能是系统 PMC 的 I/O 模块出现故障，将 I/O 模块拆下检查，发现一集成电路管脚烧坏。

故障处理： I/O 模块修复后，机床故障消除。

3.4 M 功能不执行故障维修案例

3.4.1 FANUC 数控系统 M 功能实现机理

数控系统的 M 代码通常都是通过 PLC（PMC）来实现的，FANUC 数控系统也不例外，下面分别介绍 FANUC 0C 系统和 FANUC 0iC 的 M 代码（指令）的实现方式。

(1) FANUC 0C 系统 M 指令的实现

FANUC 0C 系统的 M 指令的实现是通过 PMC 来执行的，但与西门子系统的区别是 FANUC 0C 系统不是将每个 M 功能逐个传递给 PMC，而是将两位十进制的 M 代码放在 F151 中，F151 的高四位存放 M 功能的十位数上数字的 BCD 码，F151 的低四位存放 M 功能个位上数字的 BCD 码，F151 的格式见图 3-3。即译码由 PMC 进行，而不是在 NC 译码。例如执行 M09 后，F151 的设置为 00001001，见图 3-4。执行 M35 后 F151 的设置为 00110101，见图 3-5。PMC 程序根据 F151 的状态进行译码，执行相应的 M 功能。图 3-6 是使用译码指令的 M09 译码梯形图。图 3-7 是使用基本指令的 M09 译码梯形图。NC 执行 M09 指令后，将 F151 的相应位置位，再经过 PMC 译码程序将继电器 R0461.5 置 "1"，然后通过其他 PMC 程序执行相应的操作。

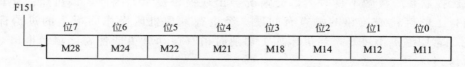

图 3-3 FANUC 0C 系统 M 功能状态标志 F151

	位7	位6	位5	位4	位3	位2	位1	位0
F151	0	0	0	0	1	0	0	1

图 3-4　执行 M09 时 F151 的状态表

	位7	位6	位5	位4	位3	位2	位1	位0
F151	0	0	1	1	0	1	0	1

图 3-5　执行 M35 时 F151 的状态表

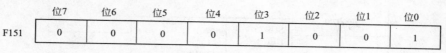

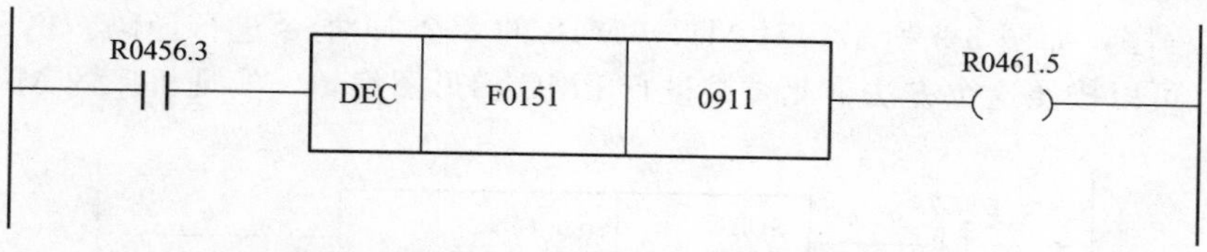

图 3-6　使用译码指令的 M09 功能译码梯形图

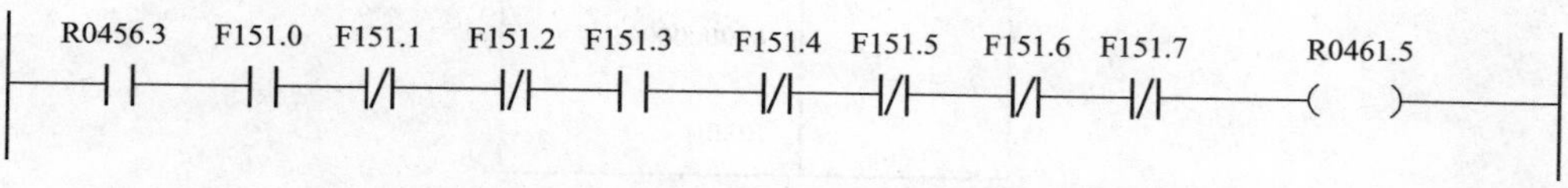

图 3-7　使用基本指令的 M09 功能译码梯形图

（2）FANUC 0iC 系统 M 指令的实现

FANUC 0iC 系统 M 功能的实现也是通过 PMC 来执行的，但与 FANUC 0C 系统的区别是 FANUC 0iC 系统是用 4 个字节的 F 标志位输出 M 功能（DM00～DM31），通过 F10.0～F13.7 传递给 PMC，PMC 经过译码后，执行辅助功能。F 标志位使用 BCD 码来输出 M 指令，F 标志位的 M 指令编码见表 3-5，4 个字节的 F 标志位可以表示 8 位十进制的 M 指令，但通常为两个字节，两位十进制的 M 指令已足够使用。

表 3-5　FANUC 0iC 系统 M 指令与 F 标志位对应关系

位地址	第 7 位	第 6 位	第 5 位	第 4 位	第 3 位	第 2 位	第 1 位	第 0 位
F010	DM07	DM06	DM05	DM04	DM03	DM02	DM01	DM00
F011	DM15	DM14	DM13	DM12	DM11	DM10	DM09	DM08
F012	DM23	DM22	DM21	DM20	DM19	DM18	DM17	DM16
F013	DM31	DM30	DM29	DM28	DM27	DM26	DM25	DM24
F014	DM207	DM206	DM205	DM204	DM203	DM202	DM201	DM200
F015	DM215	DM214	DM213	DM212	DM211	DM210	DM209	DM208
F016	DM307	DM306	DM305	DM304	DM303	DM302	DM301	DM300
F017	DM315	DM314	DM313	DM312	DM311	DM310	DM309	DM308

FANUC 0iC 系统的 PMC 使用 DECB 指令对辅助功能 M 进行译码，例如机床要求从 M03 指令开始进行译码，译码程序见图 3-8，对 M 指令的译码从指定数据开始，例如图 3-8 中的 3 开始，即 M03 开始，将其后 8 个 M 指令译码后送到相应的寄存器位中，例如 M03 指令输出时，F0010＝0000 00011，译码后，R0200.0＝1；M05 指令输出时，F0010＝0000 0101，译码后，R0200.2＝1。

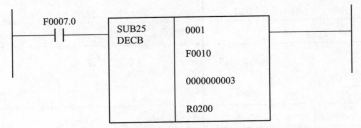

图 3-8　FANUC 0iC 系统 PMC 的 M 指令译码程序（一）

这个译码指令可以对连续 8 个 M 指令进行译码，如果还要对其他指令进行译码，还要继续编辑 PMC 程序，如图 3-9 所示，对 M11～M18 的 8 个 M 指令进行译码。机床一般使用 M 指令也较多，可以按照这个方法依此类推进行 PMC 梯形图编辑，实现机床的 M 功能。

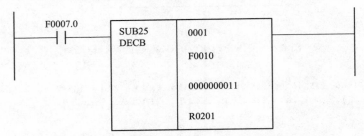

图 3-9　FANUC 0iC 系统 PMC 的 M 指令译码程序（二）

3.4.2　两个 M 功能（指令）不执行故障维修案例

【案例 3-19】　一台数控外圆磨床磨削加工时，自动加工中止。

数控系统： FANUC 0iTC 系统。

故障现象： 这是一台全自动数控外圆磨床，自动上、下料，一次出现故障在自动加工过程中突然自动循环中止。

故障分析与检查： 在出现故障时检查数控系统，发现是在执行 M10 指令时停止的，根据机床故障原理，M10 指令是机械手上行指令，检查机械手在上面，没有问题。

利用系统诊断功能检查 M 指令完成信号 G4.3，发现其信号为"0"，说明 M10 功能没有完成。

利用系统 PMC 梯形图在线显示功能查看如图 3-10 所示的关于 G0004.3 的梯形图，R0280.0 的触点没有闭合使 G0004.3 的状态为"0"，R0280.0 是辅助功能 1 完成信号，其梯

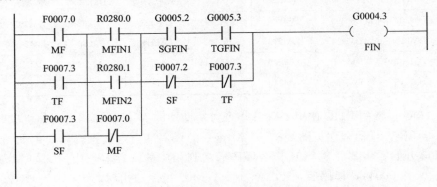

图 3-10　关于 G0004.3 的梯形图

形图见 3-11。检查这个梯形图，发现 R0265.7 的状态为 "1"，而 R0347.0 的状态为 "0" 使辅助功能 1 完成信号 R0280.0 没有变为 "1"。

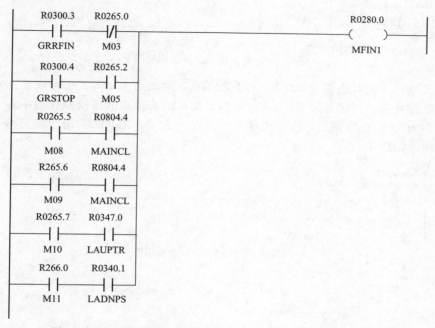

图 3-11　关于 M 功能 1 完成信号 R0280.0（MFIN1）的梯形图

关于 R0265.7（M10）的梯形图见图 3-12，R0250.1 的状态为 "1" 使 R0265.7 的状态也为 "1"，R0250.7 为辅助功能 M10 的译码信号，数控系统执行 M10 指令后通过如图 3-13 所示的 M 指令译码梯形图将 R0250.1 置 "1"，这是正常的。

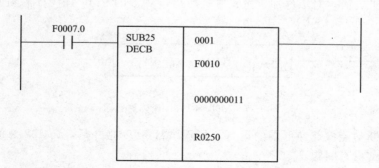

图 3-12　关于 R0265.7（M10）的梯形图

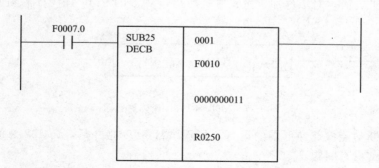

图 3-13　M 功能译码梯形图

因此辅助功能 1 完成信号 R0280.0 没有变为 "1" 的原因应该是 R0347.0 的状态为 "0"，关于 R0347.0 的梯形图见图 3-14，R0340.0 的状态为 "0" 使得 R0347.0 的状态为 "0"。

关于 R0340.0 的梯形图如图 3-15 所示，检查 PMC 输入 X0008.6 和 X0008.5 的状态，

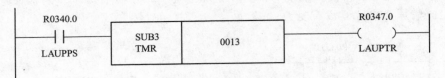

图 3-14　关于 R0347.0 的梯形图

X0008.6 和 X0008.5 的状态都为 "0"，使得 R0340.0 的状态为 "0"，X0008.5 连接检测机械手在下方的位置开关，其状态为 "0" 是正常的，X0008.6 连接的是检测机械手在上方的位置开关，其状态为 "0" 是错误的，因为机械手已经在上方了，X0008.6 的连接见图 3-16，检查位置开关发现已经损坏。

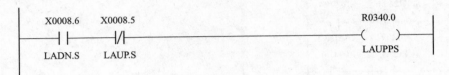

图 3-15　关于 R0340.0 的梯形图

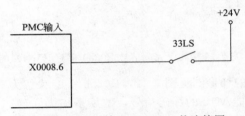

图 3-16　PMC 输入 X0008.6 的连接图

故障处理：更换位置开关后，机床恢复正常工作。

【**案例 3-20**】　一台数控车床自动加工时不喷冷却液。

数控系统：FANUC 0TC 系统。

故障现象：这台机床在执行加工程序时不喷冷却液。

故障分析与检查：根据机床工作原理，辅助功能 M08 是启动冷却泵指令，冷却泵启动后冷却液喷射到加工表面，对工件加工过程进行冷却。M08 的 PMC 译码梯形图如图 3-17 所示。

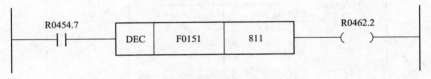

图 3-17　M08 的 PMC 译码梯形图

利用系统诊断功能检查梯形图的运行，发现执行 M08 指令后，R0462.2 的状态瞬间变为了 "1"，工作正常没有问题。

继续观察图 3-18 所示关于 R480.7 的梯形图，R0462.2 的状态变为 "1" 后，使 R480.7 的状态变为 "1"，并通过梯形图进行自锁。

观察图 3-19 所示 PMC 关于冷却泵电机启动控制输出信号 Y0051.5 的状态，因为 R0480.7 的状态变为 "1"，Y0051.5 的状态也变为 "1"。

Y0051.5 的状态变为 "1"，通过图 3-20 所示的梯形图将 M08 指令的完成信号状态

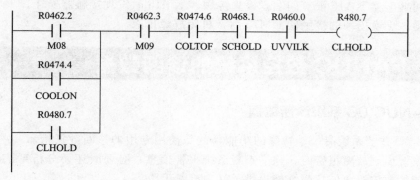

图 3-18　关于 R480.7 的梯形图

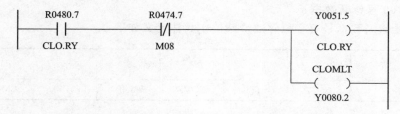

图 3-19　关于 PMC 冷却控制输出信号 Y0051.5 的梯形图

R0483.2 变为 "1"。

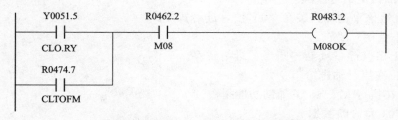

图 3-20　M08 完成信号 R0483.2 的梯形图

图 3-21 是冷却控制原理图,PMC 输出 Y0051.5 通过中间继电器 KA15 控制接触器 KM15 来启动冷却水泵的运行。

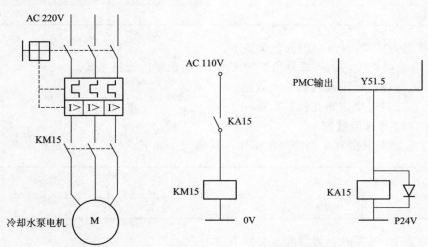

图 3-21　PMC 通过接触器 KM15 控制冷却泵电机的原理图

检查中间继电器 KA15 没有问题，检查接触器 KM15 时发现接触器损坏。

故障处理：更换损坏的接触器 KM15 后，机床故障排除。

3.5　FANUC 数控系统的诊断数据

3.5.1　FANUC 0C 系统诊断数据

FANUC 0C 数控系统有一个特殊的功能，就是使用专用的诊断数据指示一些系统的不正常状态，当系统出现故障报警时，除了查看系统报警信息，必要时还要分析系统的诊断数据，诊断数据功能给数控机床的故障维修提供了又一诊断手段。

下面介绍 FANUC 0C 系统诊断数据的功能和作用。

（1）DGN700 号诊断数据

DGN700 号诊断数据具有 7 位有效诊断位，具体定义如下。

位 诊断号	7	6	5	4	3	2	1	0
DGN700		CSCT	CITL	COVZ	CINP	CDWL	CMTN	CFIN

当信号状态为"1"时，每位的含义如下。

CSCT：等待主轴速度到达信号。

CITL：内部锁定信号接通，进给暂停。

COVZ：进给倍率选择开关在"0"位，进给暂停。

CINP：（不使用）。

CDWL：正在执行 G04 暂停指令，进给暂停。

CMTN：正在执行轴进给指令。

CFIN：正在执行 M、S、T 辅助功能指令。

（2）DGN701 号诊断数据

DGN701 号诊断数据有 3 个有效诊断位，具体定义如下。

位 诊断号	7	6	5	4	3	2	1	0
DGN701			CRST				CTRD	CTPU

当信号状态为"1"时，每位的含义如下。

CRST：紧急停机按钮，外部复位按钮或 MDI 面板复位按钮生效。

CTRD：正在通过纸带读入机输入数据。

CTPU：正在通过纸带穿孔机输出数据。

（3）DGN712 号诊断数据

DGN712 号诊断数据有 5 个诊断数据位，具体定义如下。

位 诊断号	7	6	5	4	3	2	1	0
DGN712	STP	REST	EMS		RSTB			CSU

当信号状态为"1"时，每位的含义如下。

STP：该信号是伺服停止信号，在下列情况下出现。

① 按下外部复位按钮时；

② 按下急停按钮时；

③ 按下进给保持按钮时；

④ 按下操作面板上的复位键时；

⑤ 选择手动方式（JOG、HANDLE/STEP）时；

⑥ 出现其他故障报警时。

REST：急停、外部复位，或者面板上复位按下。

EMS：急停按钮按下。

RSTB：复位按钮按下。

CSU：急停按钮按下或者出现伺服报警。

（4）伺服系统的诊断数据

DGN720～723 号诊断数据是伺服诊断数据，有 8 个诊断数据位，具体定义如下。

诊断号 \ 位	7	6	5	4	3	2	1	0
DGN720～723	OVL	LV	OVC	HCAL	HVAL	DCAL	FBAL	OFAL

其中 DGN720 是第 1 轴的诊断数据，DGN721 是第 2 轴的诊断数据，依此类推 DGN722 是第 3 轴的诊断数据，DGN723 是第 4 轴的诊断数据。

当信号状态为"1"时，每位的具体含义如下。

OVL：伺服系统出现过载故障。

LV：伺服系统出现电压不足故障。

OVC：伺服系统出现过电流故障。

HCAL：伺服系统出现电流异常故障。

HVAL：伺服系统出现过电压故障。

DCAL：伺服系统放电单元故障。

FBAL：出现编码器断线故障。

OFAL：伺服系统出现数据溢出故障。

（5）编码器故障诊断数据

① DGN730～733 号编码器断线故障诊断数据　DGN730～733 号诊断数据只有两位有效诊断数据，指示编码器断线报警，具体指示含义如下。

诊断地址 \ 位	7	6	5	4	3	2	1	0
DGN730～733	ALD			EXP				
断线报警	1	—	—	0	内装编码器断线（硬件）			
	1	—	—	1	分离型编码器断线（硬件）			
	0	—	—	0	脉冲编码器断线（软件）			

其中，DGN730 是第 1 轴的诊断数据，DGN731 是第 2 轴的诊断数据，依此类推 DGN732 是第 3 轴的诊断数据，DGN733 是第 4 轴的诊断数据。

② DGN027 脉冲编码器零位信号诊断数据　诊断数据 DGN027 用于诊断编码器零位脉冲的状态，具体含义如下。

位 诊断号	7	6	5	4	3	2	1	0
DGN027				PCS	ZRN4	ZRNZ	ZRNY	ZRNX

ZRNX、ZRNY、ZRNZ、ZRN4 分别对应 X 轴、Y 轴、Z 轴、4 轴脉冲编码器零位信号。

③ DGN760～763 号编码器故障诊断数据　DGN760～763 号诊断数据有 8 个诊断数据位，具体含义如下。

位 诊断号	7	6	5	4	3	2	1	0
DGN760～763	SRFLG	CSAL	BLAL	PHAL	RCAL	BZAL	CKAL	SPHAL

其中，DGN760 是第 1 轴的诊断数据，DGN761 是第 2 轴的诊断数据，依此类推 DGN762 是第 3 轴的诊断数据，DGN763 是第 4 轴的诊断数据。

当信号状态为"1"时，每位的具体含义如下。

SRFLG：连接串行脉冲编码器（非报警）。

CSAL：编码器发生硬件报警。

BLAL：编码器电池电压不足报警。

PHAL：串行脉冲编码器或连接电缆不良，产生脉冲计数出错。

RCAL：串行脉冲编码器不良，发生转速计数出错。

BZAL：编码器无电池报警。

CKAL：串行脉冲编码器不良，产生时钟报警。

SPHAL：串行脉冲编码器或连接电缆不良，产生计数报警。

④ DGN770～773 号编码器错误诊断数据　DGN770～773 号诊断数据有 3 个诊断数据位，具体含义如下。

位 诊断号	7	6	5	4	3	2	1	0
DGN770～773	DTERR	CRCERR	STBERR					

其中，DGN770 是第 1 轴的诊断数据，DGN771 是第 2 轴的，依此类推 DGN772 是第 3 轴的，DGN773 是第 4 轴的。

当信号状态为"1"时，每位的具体含义如下。

DTERR：编码器发生通信错误，通信没有应答。

CRCERR：编码器发生通信错误，数据传输出错。

STBERR：编码器通信信号的停止位出错。

（6）伺服轴位置误差诊断数据

当机床出现伺服故障时，可以查看这些诊断数据，为确诊故障原因提供帮助。

（7）伺服轴位置误差显示数据

FANUC 0C 系统 DGN800～803 号诊断数据显示位置误差，具体含义见表 3-6，通过观察这些数据可以知道伺服轴的跟随误差和定位误差的数值，过大时需要进行相应调整。

表 3-6　FANUC 0C 系统 DGN800～803 号诊断数据显示内容

诊断号	显示内容
DGN800	SVERRX 为 X 轴位置误差 运动时表示跟随误差，停止时表示位置偏差（均为十进制数表示）

诊断号	显示内容
DGN801	SVERRZ 为 Z 轴位置误差(0T 系统);SVERRY 为 Y 轴位置误差(0M 系统) 运动时表示跟随误差,停止时表示位置偏差(均为十进制数表示)
DGN802	SVERRZ(0M 系统)为 Z 轴位置误差 运动时表示跟随误差,停止时表示位置偏差(均为十进制数表示)
DGN803	第 4 轴的位置误差 运动时表示跟随误差,停止时表示位置偏差(均为十进制数表示)

(8) 伺服轴相对坐标原点的坐标显示数据

FANUC 0C 系统 DGN820～823 号诊断数据显示各伺服轴的坐标原点的机械位置坐标,具体见表 3-7。

表 3-7　FANUC 0C 系统 DGN820～823 号诊断数据显示内容

诊断号	显示内容
DGN820	ABSMTX 显示 X 轴的相对原点的机械位置坐标(均为十进制数表示)
DGN821	ABSMTZ 显示 Z 轴的相对原点的机械位置坐标(0T 系统);或者 ABSMTY 显示 Y 轴的相对原点的机械位置坐标(0M 系统)(均为十进制数表示)
DGN822	ABSMTZ 显示 Z 轴的相对原点的机械位置坐标(0M 系统)(均为十进制数表示)
DGN823	ABSMT4 显示第 4 轴的相对原点的机械位置坐标(均为十进制数表示)

(9) FANUC 0C 系统诊断数据的调用

FANUC 0C 系统的诊断数据是诊断机床故障的有效手段之一,下面给介绍如何调用 FANUC 0C 系统的诊断数据的步骤。

按系统操作面板上的 $\boxed{\substack{\text{DGNOS}\\\text{PARAM}}}$ 按键,系统进入如图 3-22 所示的页面,按系统屏幕〖诊断〗下

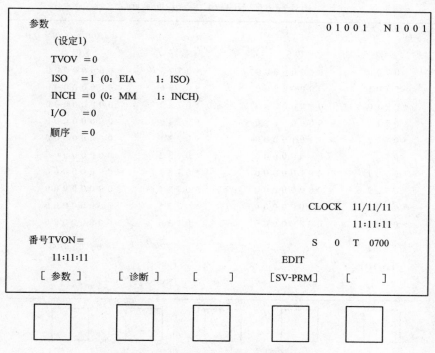

图 3-22　FANUC 0C 系统诊断初始页面

面的软键，进入如图 3-23 所示的诊断页面，首页显示的是 PMC 输入的状态，要想查看诊断数据的画面可以使用翻页按键查找，也可以使用定位查找功能来定位，方法是按系统操作面板上的 $\boxed{\begin{array}{c} F \\ No. \end{array}}$ 按键，然后按数字键，例如要看 DGN700 号数据，按数字键 700，然后按系统操作面板上的 $\boxed{INPUT}$ 按键，系统显示器即可显示包含诊断数据 DGN700 的页面，如图 3-24 所示。

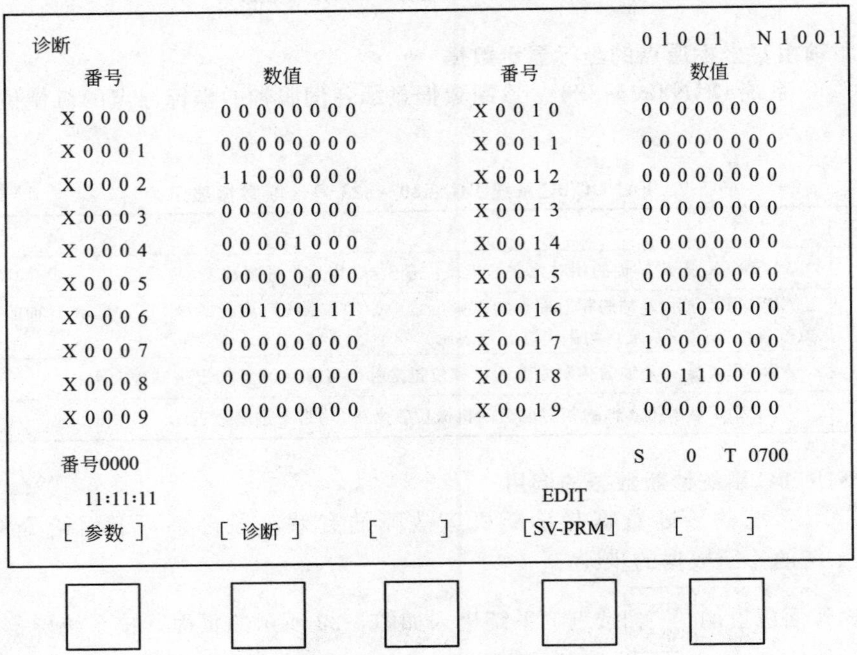

诊断			01001　N1001	
番号	数值	番号	数值	
X 0 0 0 0	0 0 0 0 0 0 0 0	X 0 0 1 0	0 0 0 0 0 0 0 0	
X 0 0 0 1	0 0 0 0 0 0 0 0	X 0 0 1 1	0 0 0 0 0 0 0 0	
X 0 0 0 2	1 1 0 0 0 0 0 0	X 0 0 1 2	0 0 0 0 0 0 0 0	
X 0 0 0 3	0 0 0 0 0 0 0 0	X 0 0 1 3	0 0 0 0 0 0 0 0	
X 0 0 0 4	0 0 0 0 1 0 0 0	X 0 0 1 4	0 0 0 0 0 0 0 0	
X 0 0 0 5	0 0 0 0 0 0 0 0	X 0 0 1 5	0 0 0 0 0 0 0 0	
X 0 0 0 6	0 0 1 0 0 1 1 1	X 0 0 1 6	1 0 1 0 0 0 0 0	
X 0 0 0 7	0 0 0 0 0 0 0 0	X 0 0 1 7	1 0 0 0 0 0 0 0	
X 0 0 0 8	0 0 0 0 0 0 0 0	X 0 0 1 8	1 0 1 1 0 0 0 0	
X 0 0 0 9	0 0 0 0 0 0 0 0	X 0 0 1 9	0 0 0 0 0 0 0 0	

番号 0000　　　　　　　　　　　　　　　　　　　　　　　S　0　T 0700

　11:11:11　　　　　　　　　　　　　　　　EDIT

[参数]　　[诊断]　　[　]　　[SV-PRM]　　[　]

图 3-23　FANUC 0C 系统诊断页面

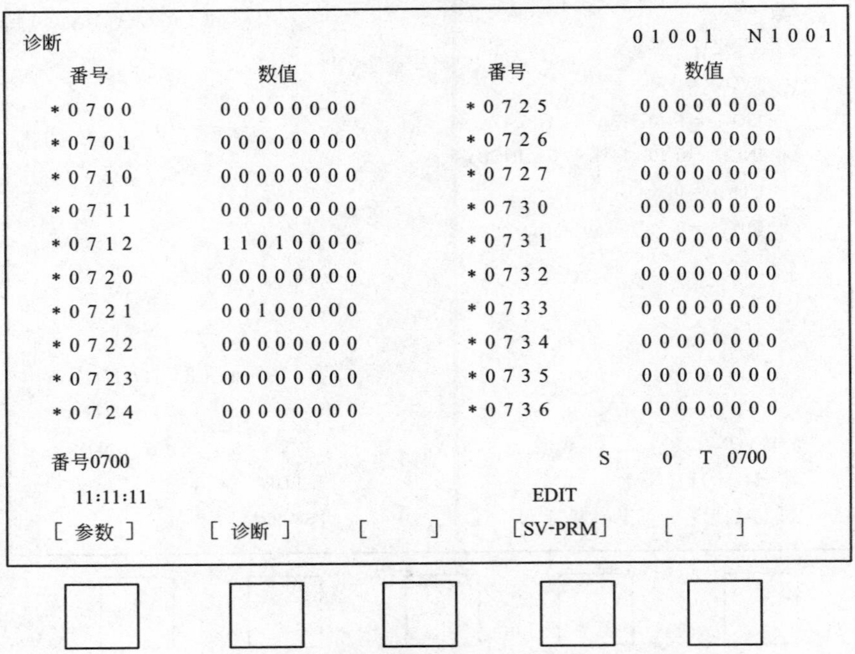

诊断			01001　N1001	
番号	数值	番号	数值	
* 0 7 0 0	0 0 0 0 0 0 0 0	* 0 7 2 5	0 0 0 0 0 0 0 0	
* 0 7 0 1	0 0 0 0 0 0 0 0	* 0 7 2 6	0 0 0 0 0 0 0 0	
* 0 7 1 0	0 0 0 0 0 0 0 0	* 0 7 2 7	0 0 0 0 0 0 0 0	
* 0 7 1 1	0 0 0 0 0 0 0 0	* 0 7 3 0	0 0 0 0 0 0 0 0	
* 0 7 1 2	1 1 0 1 0 0 0 0	* 0 7 3 1	0 0 0 0 0 0 0 0	
* 0 7 2 0	0 0 0 0 0 0 0 0	* 0 7 3 2	0 0 0 0 0 0 0 0	
* 0 7 2 1	0 0 1 0 0 0 0 0	* 0 7 3 3	0 0 0 0 0 0 0 0	
* 0 7 2 2	0 0 0 0 0 0 0 0	* 0 7 3 4	0 0 0 0 0 0 0 0	
* 0 7 2 3	0 0 0 0 0 0 0 0	* 0 7 3 5	0 0 0 0 0 0 0 0	
* 0 7 2 4	0 0 0 0 0 0 0 0	* 0 7 3 6	0 0 0 0 0 0 0 0	

番号 0700　　　　　　　　　　　　　　　　　　　　　　　S　0　T 0700

　11:11:11　　　　　　　　　　　　　　　　EDIT

[参数]　　[诊断]　　[　]　　[SV-PRM]　　[　]

图 3-24　FANUC 0C 系统诊断数据显示页面

3.5.2 FANUC 0iC系统诊断数据

FANUC 0iC系统与以往的FANUC数控系统一样也有诊断数据，并且数量繁多，当机床出现故障时通过对这些诊断数据的分析，可以发现一些故障的原因，对确诊机床故障非常便利。

下面介绍FANUC 0iC系统诊断数据的具体功能。

(1) DGN200～204号串行脉冲编码器诊断数据

① DGN200号诊断数据指示串行编码器的一些故障状态，DGN200号诊断数据包含8位诊断数据，这8位数据的符号如下。

诊断地址　位	7	6	5	4	3	2	1	0
DGN200	OVL	LV	OVC	HCA	HVAL	DCA	FBA	OFA

当信号状态为"1"时，每位诊断数据的含义见表3-8。

表3-8　FANUC 0iC系统DGN200号诊断数据位的具体含义

位号	符号	含义
0	OFA	出现数据溢出故障
1	FBA	出现编码器断线故障
2	DCA	放电单元故障
3	HVAL	出现过电压故障
4	HCA	出现电流异常故障
5	OVC	出现过电流故障
6	LV	出现电压不足故障
7	OVL	出现过载故障

② DGN201号诊断数据只有两位有效诊断数据，分别指示电机或者放大器过热报警、编码器断线报警等，具体指示含义如下。

诊断地址　位	7	6	5	4	3	2	1	0
DGN201	ALD			EXP				

过载报警	1	—	—	—	电机过热
	0	—	—	—	放大器过热
断线报警	1	—	—	0	内装编码器断线（硬件）
	1	—	—	1	分离型编码器断线（硬件）
	0	—	—	0	脉冲编码器断线（软件）

③ DGN202号诊断数据有7个诊断数据位，指示串行编码器的各种故障状态，诊断数据的各位定义符号如下。

诊断地址　位	7	6	5	4	3	2	1	0
DGN202		CSA	BLA	PHA	RCA	BZA	CKA	SPH

DGN202 号诊断数据各位故障指示含义见表 3-9。

表 3-9　FANUC 0iC 系统 DGN202 号诊断数据位具体含义

位号	符号	含义
0	SPH	串行编码器或反馈电缆出现问题,反馈信号计数器有故障
1	CKA	串行编码器出现故障,内部时钟停止工作
2	BZA	电池的电压变为 0
3	RCA	串行编码器出现故障,脉冲计数器有故障
4	PHA	串行脉冲编码器或反馈电缆出现异常,反馈信号计数器有故障
5	BLA	电池电压过低(警告)
6	CSA	串行编码器的硬件出现问题

④ DGN203 号诊断数据有 4 位诊断数据,可以指示编码器的通信故障,具体安排与符号如下。

诊断地址 \ 位	7	6	5	4	3	2	1	0
DGN203	DTE	CRC	STB	PRM				

DGN203 号诊断数据每位的故障指示含义见表 3-10。

表 3-10　FANUC 0iC 系统 DGN203 号诊断数据位具体含义

位号	符号	含义
4	PRM	数字伺服单元检测到报警,参数设定值不正确
5	STB	串行脉冲编码器通信故障,传送数据有问题,停止位出错
6	CRC	串行脉冲编码器通信故障,传送数据有问题,CRC 校验出错
7	DTE	串行脉冲编码器通信故障,通信没有应答

⑤ DGN204 号诊断数据有 4 位有效故障诊断数据,具体排列与符号如下。

诊断地址 \ 位	7	6	5	4	3	2	1	0
DGN204	OFS	MCC	LDA	PMS				

DGN204 号诊断数据的四个故障位的故障指示含义见表 3-11。

表 3-11　FANUC 0iC 系统 DGN204 号诊断数据位具体含义

位号	符号	含义
4	PMS	A/D 转换时产生异常电流
5	LDA	伺服放大器接触器的触点闭合
6	MCC	串行脉冲编码器 LED 出现问题
7	OFS	串行脉冲编码器出现故障或反馈电缆出现问题

(2) DGN205、DGN206 号分离型串行编码器报警诊断数据

诊断数据 DGN205 和 DGN206 对分离型串行编码器的故障进行指示。

① DGN205 号诊断数据有 8 位数据,可以对分离型串行编码器的故障进行报警,8 位数据的定义符号如下。

诊断地址 位	7	6	5	4	3	2	1	0
DGN205	OHA	LDA	BLA	PHA	CMA	BZA	PMA	SPH

DGN205 诊断数据的 8 位数据的故障指示含义见表 3-12。

表 3-12　FANUC 0iC 系统 DGN205 诊断数据位具体含义

位号	符号	含　义
0	SPH	分离型脉冲编码器出现软相位数据错误
1	PMA	分离型脉冲编码器脉冲出现问题
2	BZA	分离型脉冲编码器电池电压为 0
3	CMA	分离型脉冲编码器计数出现问题
4	PHA	分离型光栅尺相位数据出现错误
5	BLA	分离型脉冲编码器电池电压过低
6	LDA	分离型脉冲编码器 LED 出现问题
7	OHA	分离型脉冲编码器过热

② DGN206 号诊断数据有 3 个有效位，主要对分离型串行编码器的通信故障进行报警，具体定义符号如下。

诊断地址 位	7	6	5	4	3	2	1	0
DGN206	DTE	CRC	STB					

DGN206 诊断数据的 3 位诊断数据的故障指示含义见表 3-13。

表 3-13　FANUC 0iC 系统 DGN206 诊断数据位具体含义

位号	符号	含　义
5	STB	分离型脉冲编码器出现停止位错误
6	CRC	分离型脉冲编码器出现 CRC 错误
7	DTE	分离型脉冲编码器出现数据错误

(3) DGN280 号伺服机床数据异常诊断数据

DGN280 号报警有 5 位报警信息指示，可以显示伺服参数的异常情况，具体符号定义如下。

诊断地址 位	7	6	5	4	3	2	1	0
DGN280		AXS		DIR	PLS	PLC		MOT

DGN280 诊断数据的 5 位数据含义见表 3-14。

表 3-14　FANUC 0iC 系统 DGN280 诊断数据位具体含义

位号	符号	含　义
0	MOT	机床数据 PRM2020 中电机代码的数值设置了指定范围之外的数值
2	PLC	机床数据 PRM2023 中设定的电机每转速度反馈脉冲数小于等于 0
3	PLS	机床数据 PRM2024 中设定的电机每转位置反馈脉冲数小于等于 0
4	DIR	机床数据 PRM2022 中设定的电机旋转方向出现错误（设定了 111 或 -111 之外的数值）
6	AXS	机床参数数据 PRM（伺服轴号）中没有按"1～控制轴数"的范围进行设定（例如用 4 替代 3），或者设定了不连续的数值

（4）进给轴位置、程序执行状态诊断数据

FANUC 0iC 系统进给轴位置、程序执行状态诊断数据用来检查、指示闭环位置控制系统与程序执行状态，具体诊断数据与含义见表 3-15。

表 3-15　FANUC 0iC 系统进给轴位置、程序执行状态诊断数据

序号	诊断数据号	含　义
1	DGN300	表示位置偏差量，用检测单位表示进给轴位置偏差量
2	DGN301	表示机械位置，以最小移动单位显示各进给轴与参考点的距离
3	DGN302	指示寻找参考点的偏移量，从减速挡块末端到第一栅格点的距离
4	DGN303	加减速有效时的位置偏差
5	DGN304	进给轴参考计数器
6	DGN305	各轴 Z 相位置反馈数据
7	DGN308	伺服电机温度
8	DGN309	位置编码器温度
9	DGN352	设定异常伺服参数的报警详情
10	DGN360	指示从系统开机开始来自 NC 的移动指令脉冲的总和
11	DGN361	指示从系统开机开始来自 NC 的补偿脉冲(反向间隙补偿、螺距补偿)的总和
12	DGN362	指示从系统开机开始来自 NC 的移动指令脉冲和补偿脉冲的总和
13	DGN363	指示从系统开机开始伺服单元接收到脉冲编码器的位置反馈脉冲的总和
14	DGN380	显示余程的数值
15	DGN381	NC 计算机械位置时，显示偏移量

（5）DGN310、DGN311 号诊断数据显示机床数据 PRM1815.4（APZ）变为 0 的原因

① 诊断数据 DGN310 有 7 位诊断数据，可以显示数据 PRM1815.4（APZ）变为 0 的原因，其诊断数据位符号定义如下。

位 诊断地址	7	6	5	4	3	2	1	0
DGN310		DTH	ALP	NOF	BZ2	BZ1	PR2	PR1

DGN310 的 7 位数据具体含义见表 3-16。

表 3-16　FANUC 0iC 系统 DGN310 诊断数据位具体含义

位号	符号	含　义
0	PR1	机床数据 PRM1821、1850、1860、1861 发生了改变
1	PR2	机床数据 ATS(PRM8302.1)发生了改变
2	BZ1	感应同步器 APC 电池电压为 0
3	BZ2	分离型位置检测装置 APC 电池电压为 0
4	NOF	感应同步器没有偏置量数据输出
5	ALP	α 脉冲编码器还没有旋转完整一圈时，试图用参数设置参考点
6	DTH	输入了控制轴脱离信号或参数

② 诊断数据 DGN311 有 7 位诊断数据，可以显示机床数据 PRM1815.4（APZ）变为 0 的另外 7 个原因，其诊断数据位排列如下。

位 诊断地址	7	6	5	4	3	2	1	0
DGN311		DUA	XBZ	GSG	AL4	AL3	AL2	AL1

诊断数据 DGN311 的 7 位数据具体报警含义见表 3-17。

表 3-17　FANUC 0iC 系统 DGN311 诊断数据位具体含义

位号	符号	含　义
0	AL1	出现 APC 报警
1	AL2	有断线故障
2	AL3	串行脉冲编码器 APC 电池电压为 0
3	AL4	检测到转数（RCAL）不正常(参考点脉冲检测数量有问题)
4	GSG	G202 信号由"0"变为"1"
5	XBZ	分离型串行位置检测装置 APC 电池电压为 0
6	DUA	使用双位置反馈时，半闭环的误差和全闭环的误差的差值过大

（6）FSSB 总线的状态诊断数据

① DGN320 号 FSSB 总线的内部状态诊断数据　诊断数据 DGN320 显示 FSSB 总线的内部状态，共有 6 位诊断数据，具体排列如下。

位 诊断地址	7	6	5	4	3	2	1	0
DGN320	CFE			ERP	OPN	RDY	OPP	CLS

DGN320 的 6 位诊断数据指示的状态含义见表 3-18。

表 3-18　FANUC 0iC 系统 DGN320 诊断数据位具体含义

位号	符号	含　义
0	CLS	指示关断状态
1	OPP	表示执行 OPEN(开启)协议
2	RDY	指示开启并且准备好状态
3	OPN	表示开启状态
4	ERP	表示执行 ERROR(错误)协议
7	CFE	FSSB 配置错误

② DGN321 号 FSSB 总线故障诊断数据　诊断数据 DGN321 的 8 位诊断数据指示 FSSB 总线的故障状态，其符号定义如下。

位 诊断地址	7	6	5	4	3	2	1	0
DGN321	XE3	XE2	XE1	XE0	ER3	ER2	ER1	ER0

DGN321 诊断数据各位的具体含义见表 3-19。

表 3-19　FANUC 0iC 系统 DGN321 诊断数据位具体含义

位号	符号	含义
0	ER0	信息错误
1	ER1	预留
2	ER2	指示主通道(PORT)断开
3	ER3	指示外部急停信号有效,表示 FSSB 出错是因为外部故障引起的从属报警
4	XE0	预留
5	XE1	指示从通道(PORT)断开
6	XE2	指示主通道(PORT)断开
7	XE3	指示外部急停信号有效

③ FSSB 总线连接状态数据　下面诊断数据显示 FSSB 总线的连接状态,每个诊断位的具体含义见表 3-20。

诊断地址 ＼ 位	7	6	5	4	3	2	1	0
DGN330、332、334、336、338、340、342、344、346、348					EXT	DUA	ST1	ST0

表 3-20　FANUC 0iC 系统 FSSB 总线连接状态诊断数据具体含义

位号	符号							
0	ST0	0	伺服放大器	0	分离型检测接口	1	1	无意义
1	ST1	0		1		0	1	
2	DUA	0:无从属站;1:有从属站						
3	EXT	0:双轴放大器第一轴无从属站;双轴放大器第一轴有从属站						

④ FSSB 总线地址显示诊断数据　下面的诊断数据可以显示 FSSB 总线设备的地址和连接设备,诊断数据各位符号定义如下。具体含义见表 3-21。

诊断地址 ＼ 位	7	6	5	4	3	2	1	0
DGN331、333、335、337、339、341、343、345、347、349			DMA	TP1	TP0	HA2	HA1	HA0

表 3-21　FANUC 0iC 系统总地址线显示诊断数据具体含义

位号	符号							
0	HA0							
1	HA1	用主 LSI 地址设定 DMA 的目的地址						
2	HA2							
3	TP0	0	伺服放大器	0	分离型检测接口	1	1	无意义
4	TP1	0		1		0	1	
5	DMA	指示允许出现 DMA 的有效限定范围						

（7）串行主轴诊断数据

① DGN400 号诊断数据　DGN400 号诊断数据显示串行主轴的连接状态,有如下的 5 位

数据，具体含义见表 3-22。

诊断地址＼位	7	6	5	4	3	2	1	0
DGN400				SAI	SS2	SSR	POS	SIC

表 3-22　FANUC 0iC 系统诊断数据 DGN400 各位具体含义

位号	符号	含　义
0	SIC	0：没有安装串行主轴控制所用的模块；1：安装有串行主轴控制所用的模块
1	POS	0：没有安装模拟主轴控制所用的模块；1：安装有模拟主轴控制所用的模块
2	SSR	0：不使用串行主轴控制；　　　　　　1：使用串行主轴控制
3	SS2	0：串行主轴控制中不使用第二主轴；1：串行主轴控制中使用第二主轴
4	SAI	0：不使用模拟主轴控制；　　　　　　1：使用模拟主轴控制

② DGN408 号诊断数据　DGN408 号诊断数据主要显示串行主轴的通信报警，共有如下 7 个诊断位，各位符号定义如下。

诊断地址＼位	7	6	5	4	3	2	1	0
DGN408	SSA		SCA	CME	CER	SNE	FRE	CRE

DGN408 号诊断数据每位具体含义见表 3-23。

表 3-23　FANUC 0iC 系统 DGN408 诊断数据位具体含义

位号	符号	含　义
0	CRE	出现 CRC 校验错误报警
1	FRE	出现帧频错误报警
2	SNE	收、发信号出现错误
3	CER	接收信号时出现错误
4	CME	自动扫描时没有应答信号
5	SCA	主轴放大器出现通信报警
7	SSA	主轴放大器出现系统报警

出现这些故障的同时会引发 749 号报警，故障原因为干扰、断线及电源瞬间出现问题。

③ DGN409 号诊断数据　DGN409 号诊断数据有 4 位诊断数据位，各位符号定义如下。

诊断地址＼位	7	6	5	4	3	2	1	0
DGN409					SPE	S2E	S1E	SHE

DGN409 号诊断数据各位含义见表 3-24。

表 3-24　FANUC 0iC 系统 DGN409 诊断数据位具体含义

位号	符号	含　义
0	SHE	0：NC 部分的串行通信模块正常； 1：NC 部分的串行通信模块不正常
1	S1E	0：串行主轴控制中第一主轴启动正常； 1：串行主轴控制中第一主轴启动不正常

位号	符号	含　义
2	S2E	0：串行主轴控制中第二主轴启动正常； 1：串行主轴控制中第二主轴启动不正常
3	SPE	0：串行主轴的参数满足主轴电源的启动条件； 1：串行主轴的参数不满足主轴电源的启动条件

④ 串行主轴实时状态显示数据　FANUC 0iC 系统通过表 3-25 所列的诊断数据，可以观察显示串行主轴的一些实时状态。

表 3-25　FANUC 0iC 系统串行主轴诊断数值数据具体含义

序号	诊断数据号	含　义
1	DGN401	指示第一串行主轴处于报警状态
2	DGN402	指示第二串行主轴处于报警状态
3	DGN403	显示第一主轴电机温度数值
4	DGN404	显示第二主轴电机温度数值
5	DGN410	第一主轴的负载显示（显示单位%）
6	DGN411	第一主轴的速度显示（显示单位 min^{-1}）
7	DGN412	第二主轴的负载显示（显示单位%）
8	DGN413	第二主轴的速度显示（显示单位 min^{-1}）
9	DGN414	第一主轴同步控制中的位置偏差量
10	DGN415	第二主轴同步控制中的位置偏差量
11	DGN416	第一主轴和第二主轴同步误差的绝对值
12	DGN417	第一主轴的位置编码器的反馈信息
13	DGN418	第一主轴位置环的位置偏差量
14	DGN419	第二主轴的位置编码器的反馈信息
15	DGN420	第二主轴位置环的位置偏差量
16	DGN425	第一主轴同步控制偏差（作为伺服轴同步方式时）
17	DGN426	第二主轴同步控制偏差（作为伺服轴同步方式时）
18	DGN445	第一主轴位置数据
19	DGN446	第二主轴位置数据

（8）FANUC 0iC 系统诊断数据的调用

FANUC 0iC 系统的诊断数据特别丰富，从而也说明 0iC 系统诊断功能特别强。所以，在数控机床出现故障时要充分利用这些资源，以便快速诊断、检测数控机床的故障原因，恢复机床正常工作。下面介绍调用 FANUC 0iC 系统的诊断数据的步骤。

按系统操作面板上的 ⌖ SYSTEM 功能按键，出现如图 3-25 所示的系统功能页面，此时这个页面显示的是机床数据（参数）。按显示器最下一行〖诊断〗下面的软键，系统进入诊断数据在线显示页面，如图 3-26 所示，这个页面显示的是通用诊断数据，如果要查看其他数据，可输入诊断数据的号码，如 200（图 3-27），然后按〖搜索〗下面的软键，这时屏幕显示的是含义

DGN200 号诊断数据的页面，如图 3-28 所示。

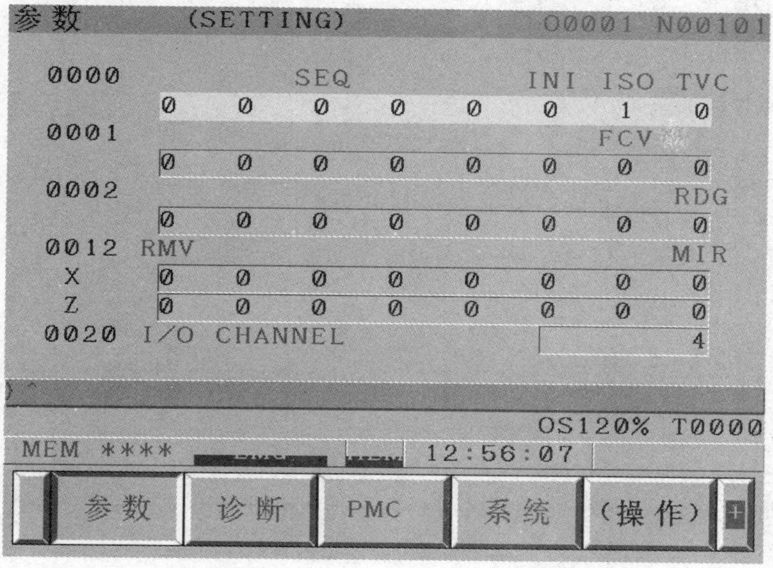

图 3-25　FANUC 0iC 系统系统功能页面

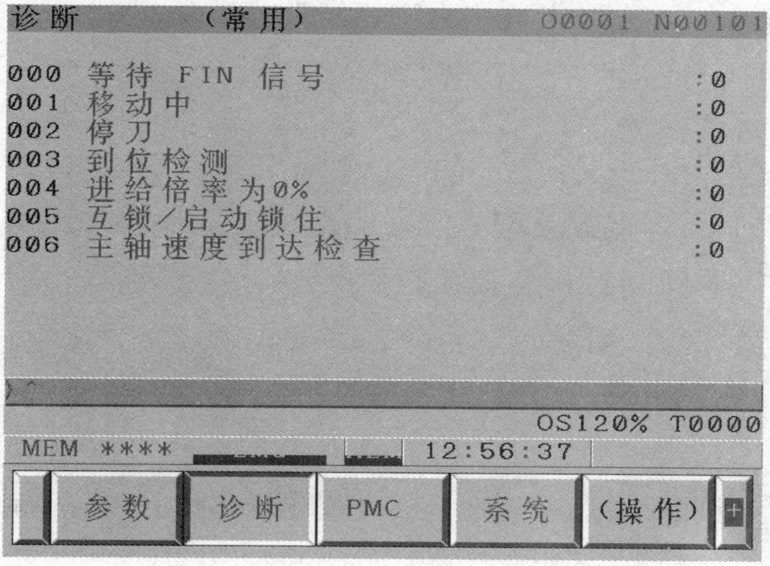

图 3-26　FANUC 0iC 系统诊断功能页面

3.5.3　利用诊断数据维修数控机床故障案例

【案例 3-21】　一台数控车床出现报警"414 SERVO ALARM：X AXIS DETECT ERR"（伺服报警 X 轴检测错误）。

数控系统：FANUC 0TC 系统。

故障现象：这台机床一次出现故障，屏幕显示 414 号报警，指示 X 轴伺服有故障。

故障分析与检查：查阅 FANUC 数控系统诊断手册得知，在伺服出现 414 报警时，通过诊断数据 DGN720 可以查看一些故障的具体原因，利用系统的诊断功能调出诊断数据 DGN720

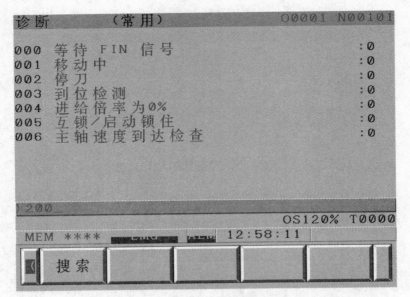

图 3-27　FANUC 0iC 系统诊断数据查询页面

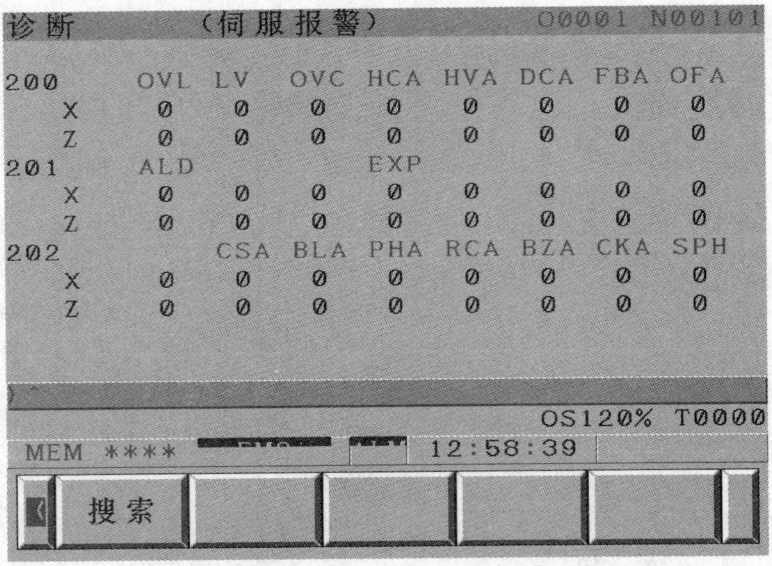

图 3-28　FANUC 0iC 系统含有 DGN200 的诊断数据页面

进行查看，发现 DGN720.5（OVC）变为了"1"，通常没有报警时应该为"0"，这位变为"1"指示伺服驱动过流。

这台机床的伺服装置采用 FANUC α 系列数字伺服装置，在出现报警时检查伺服系统，发现伺服驱动模块的数码管上显示"8"号报警代码。查阅 FANUC 伺服系统技术手册得知，伺服驱动的"8"号报警代码同样也表示伺服轴过流。将该伺服驱动模块安装到其他机床上，也显示同样的报警，说明这个伺服驱动模块出现问题。

故障处理：对损坏的伺服驱动模块进行检查，发现其上几只 IGBT 损坏，更换上后，将机床故障排除。

【案例 3-22】　一台数控车床出现报警"424 SERVO ALARM：Z AXIS DETECT ERR"

（伺服报警，Z 轴检测错误）。

数控系统：FANUC 0TC 系统。

故障现象：这台机床一次出现故障，系统屏幕显示 424 号报警，指示 Z 轴伺服系统有故障。

故障分析与检查：这台机床采用 FANUC α 系列数字伺服装置，X 轴和 Z 轴使用一个双轴伺服驱动模块，在出现报警时检查伺服系统，发现伺服驱动模块的数码管上显示"9"号报警代码。查阅 FANUC 伺服系统技术手册得知，伺服驱动模块的"9"号报警代码指示第二轴——Z 轴过流。

查阅数控系统报警手册的说明，424 号报警为 Z 轴的数字伺服系统有错误，在伺服出现 424 报警时，通过诊断数据 DGN721 可以查看一些故障的具体原因，利用系统的诊断功能调出诊断数据 DGN721 进行查看，DGN721.4（HCAL）变为了"1"，通常没有报警时应该为"0"，这位变为"1"指示伺服驱动出现异常电流。

这个报警有如下原因。

① Z 轴负载有问题，将 Z 轴伺服电机拆下，手动转动滚珠丝杠，发现很轻没有问题，这时开机，只让伺服电机旋转，也出现报警，所以不是机械故障。

② 伺服电机有问题，将 X 轴伺服电机与 Z 轴伺服电机对换，还是 Z 轴出现报警，证明伺服电机没有问题。

③ 伺服驱动模块出现问题，与其他机床互换伺服驱动模块，故障转移到另一台机床上，这台机床恢复正常，证明是伺服驱动模块出现故障。

将伺服模块拆开进行检查，发现 Z 轴 W 相的晶体管模块损坏。

故障处理：更换 W 相晶体管模块后，机床故障报警消除，恢复正常运行。

【**案例 3-23**】　一台数控车床出现报警"401 SERVO ALARM：（VRDY OFF）"（伺服报警，没有 VRDY 准备好信号）和"414 SERVO ALARM：X AXIS DETECT ERR"（伺服报警，X 轴检测错误）。

数控系统：FANUC 0iTC 系统。

故障现象：这台机床开机就出现 401 号和 414 号伺服报警。

故障分析与检查：因为报警指示数字伺服系统有问题，检查驱动装置、伺服电机的电缆连接都没有发现问题。按操作面板"SYSTEM"按键进入系统自诊断菜单，检查诊断数据 DGN200，发现该数据 X 轴的 DGN200.6（LV）显示为"1"，查阅系统维修手册，这位为"1"指示低电压报警。检查驱动装置的输入电压，发现没有输入电压。根据电路原理图进行检查，发现为驱动系统供电的空气开关 QF4 始终没有闭合。检查 QF4，发现是空气开关损坏。

故障处理：更换新的空气开关，机床恢复正常工作。

【**案例 3-24**】　一台数控车床出现报警"421 SERVO ALARM：Z-AXIS EXCESS ERROR"（伺服报警，Z 轴偏差超出），"424 SERVO ALARM：Z-AXIS DETECTION SYSTEM ERROR"（伺服报警，Z 轴检测系统错误）。

数控系统：FANUC 0iTC 系统。

故障现象：这台机床在自动加工中突然出现 421 号和 424 号报警，指示 Z 轴移动出现问题。

故障分析与检查：根据报警信息的提示，421 号报警指示 Z 轴移动过程中位置偏差过大，424 号报警指示伺服检测系统出错，都是指示 Z 轴伺服系统出现问题。

这台机床采用 FANUC αi 交流数字伺服系统，对 Z 轴伺服驱动模块进行检查，发现 αi 伺服驱动模块的数码管显示报警代码"9."，"9."号报警代码指示"Z 轴 IPM 过热"。

FANUC αi 系列伺服驱动模块"9."报警代码的原因有：

① 伺服电机电枢对地短路或相间短路；

② 伺服电机相序连接错误；

③ 伺服电机过载；

④ SVM 功率输出模块或者控制板故障；

⑤ 环境温度过高或者模块散热不好；

⑥ 加减速过于频繁。

调出系统 Z 轴诊断数据 DGN200 检查，发现 DGN200.5（OVC）的状态为"1"，指示 Z 轴驱动器过流。为此，首先怀疑机床负载过大，对 Z 轴滑台、丝杠进行检查，发现润滑系统有问题，造成运动阻力过大。

故障处理： 对润滑系统进行调整，并充分润滑后，再运行加工程序，机床正常运行。

【案例 3-25】 一台数控加工中心 Y 轴找不到参考点。

数控系统： FANUC 0MC 系统。

故障现象： 这台机床在开机回参考点时 Y 轴已回参考点的指示灯不亮。

故障分析与检查： 观察故障现象，在回参考点操作时，X 轴可以找到参考点，并且找到参考点后面板上 X 轴已返回参考点的指示灯亮，Y 轴回参考点时，压上零点开关减速，然后停机，回参考点过程正常，但 Y 轴已回参考点的指示灯不亮。关机重开，还可以手动操作 Y 轴，但回参考点时还是出现相同故障。

根据故障现象分析说明 Y 轴回参考点动作正常，考虑到 Y 轴已在参考点附近停止运动，因此，初步判断故障原因可能是参考点定位精度未达到规定的要求。使用系统的诊断功能检查 Y 轴诊断参数 DGN801（位置跟随误差），发现跟随误差超出了定位精度允许的数值范围。虽然 Y 轴已经停止运动，但系统认为还没有到位。

故障处理： 调整伺服系统 Y 轴的"偏移"补偿机床数据 PRM0545，使 DGN801 的数值接近"0"，这时再回参考点，正常运行，不再出现故障。

【案例 3-26】 一台数控加工中心在加工过程中出现报警"431 SERVO ALARM：Z AXIS EXCESS ERROR"（伺服报警：Z 轴超差）和"434 SERVO ALARM：Z AXIS DE-TECTION SYSTEM ERROR"（伺服报警：Z 轴检测系统出错）。

数控系统： FANUC 0iMC 系统。

故障现象： 这台机床在执行加工程序时出现报警 431 和 434，指示 Z 轴伺服系统有问题。

故障分析与检查： 因为报警指示 Z 轴伺服系统出现问题，对伺服系统进行检查，发现 Z 轴伺服驱动模块数码显示器上显示"8"号报警代码，指示"驱动模块过热、过流或者控制电压低"。检查系统诊断数据 DGN200，发现 Z 轴的诊断数据 DGN200.3（OVC）的状态为"1"，说明是过流。对负载、滑台进行检查，发现机械部分润滑不够。

故障处理： 对润滑系统进行调整，并进行充分润滑，这时再进行加工，故障消除。

3.6 利用机床数据维修数控机床故障案例

3.6.1 FANUC 0C 系统故障维修常用机床数据

FANUC 0C 系统有许多机床数据和机床数据位需要机床制造商设定，这样相同的数控机床可以控制不同的数控机床，习惯上 FANUC 系统的机床数据也称之为机床参数。大部分机床数据在机床厂家设定后不需要用户改变，但也有一些机床数据在机床故障维修时需要修改或调整。下面介绍一些与机床故障维修相关的机床数据。

（1）机床行程软件限位机床设定数据

FANUC 0C 系列数控系统从 PRM700 号数据开始是机床各轴软件行程限位设定参数，详见表 3-26，当机床运行过程中行程超出这些限制，数控系统就会产生报警，停止轴的运动。注意，只有机床回参考点后这些数据才有效。

表 3-26　机床行程软件限位机床设定数据

数据地址	符号	功　能
PRM0700	LT1X1	X 轴正方向软件限位设定值
PRM0701	LT1Y1	第二轴轴正方向软件限位设定值（T 系统为 Z 轴，M 系统为 Y 轴）
PRM0702	LT1Z1	Z 轴正方向软件限位设定值（只有 M 系统有效）
PRM0703	LT141	第四轴正向软件限位设定值
PRM0704	LT1X2	X 轴负方向软件限位设定值
PRM0705	LT1Y2	第二轴轴负方向软件限位设定值（T 系统为 Z 轴，M 系统为 Y 轴）
PRM0706	LT1Z2	Z 轴负方向软件限位设定值（只有 M 系统有效）
PRM0707	LT142	第四轴负方向软件限位设定值

（2）快速进给速度机床设定数据

FANUC 0C 系列数控系统 G00 的快速进给值在机床数据中进行设定。表 3-27 是各轴快速进给速度设定机床数据表。

表 3-27　快速进给速度机床设定数据

数据地址	符号	功　能
PRM0518	RPDFX	X 轴的快速进给速度设定值
PRM0519	RPDFY	第二轴的快速进给速度设定值（T 系统为 Z 轴，M 系统为 Y 轴）
PRM0520	RPDFZ	Z 轴的快速进给速度设定值（只有 M 系统有效）
PRM0521	RPDF4	第四轴的快速进给速度设定值

（3）进给轴反向间隙补偿机床设定数据

FANUC 0C 系列数控系统可以对进给轴丝杠的反向间隙进行补偿，这些补偿可以设定并保存在机床数据中，表 3-28 为各进给轴反向间隙补偿机床设定数据表。

表 3-28　进给轴反向间隙补偿机床设定数据

数据地址	符号	功　能
PRM0535	BLKX	X 轴反向间隙补偿值
PRM0536	BLKY	第二轴反向间隙补偿值（T 系统为 Z 轴，M 系统为 Y 轴）
PRM0537	BLKZ	Z 轴反向间隙补偿值（只有 M 系统有效）
PRM0538	BLK4	第四轴反向间隙补偿值

（4）进给轴伺服环漂移补偿机床数据

FANUC 0C 系列数控系统可以对进给轴的漂移进行补偿，这些补偿可以设定并保存在机床数据中，表 3-29 为各进给轴伺服环漂移补偿机床数据。

表 3-29　进给轴伺服环漂移补偿机床数据

数据地址	符号	功　能
PRM0544	DRFTX	X 轴漂移补偿
PRM0545	DRFTY	第二轴漂移补偿（T 系统为 Z 轴，M 系统为 Y 轴）
PRM0546	DRFTZ	Z 轴漂移补偿（只有 M 系统有效）
PRM0547	DRFT4	第四轴漂移补偿

（5）FANUC 0C 系统机床数据的调用与修改

数控机床在使用过程中，有时需要修改一些机床数据，修改 FANUC 0C 系列数控系统机床数据的方法和步骤如下。

① 将机床操作方式设定到 MDI 方式。

② 按系统操作面板上的 DGNOS PARAM 按键，在系统显示屏幕上出现"DGNOS"页面，如图 3-29 所示。

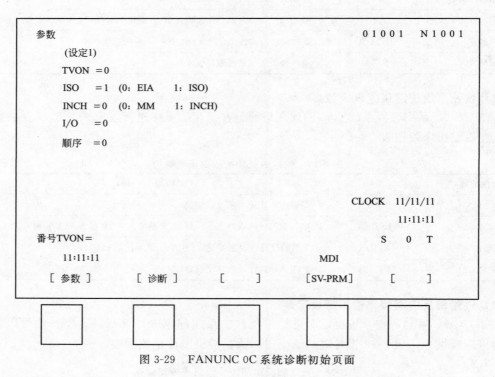

图 3-29　FANUNC 0C 系统诊断初始页面

③ 按系统操作面板上的 F No. 按键，数字按键 0 、INPUT 键，系统显示器上出现 0 号参数页面。

④ 按系统操作面板上的 PAGE（翻页） ↑ 键，直到系统显示器上出现"PWE＝0"页面，并设置"PWE＝1"（此时系统显示屏幕上出现 P/S100 号报警），这时再按翻页键，找到图 3-30 所示的页面。

⑤ 按系统操作面板上的 F No. 按键，然后按数字键"××××"（所要的数据号），

按 INPUT 按键，系统显示屏幕上出现××××数据所在的页面（例如图 3-30 是含有机床数据 0001 的参数页面）。

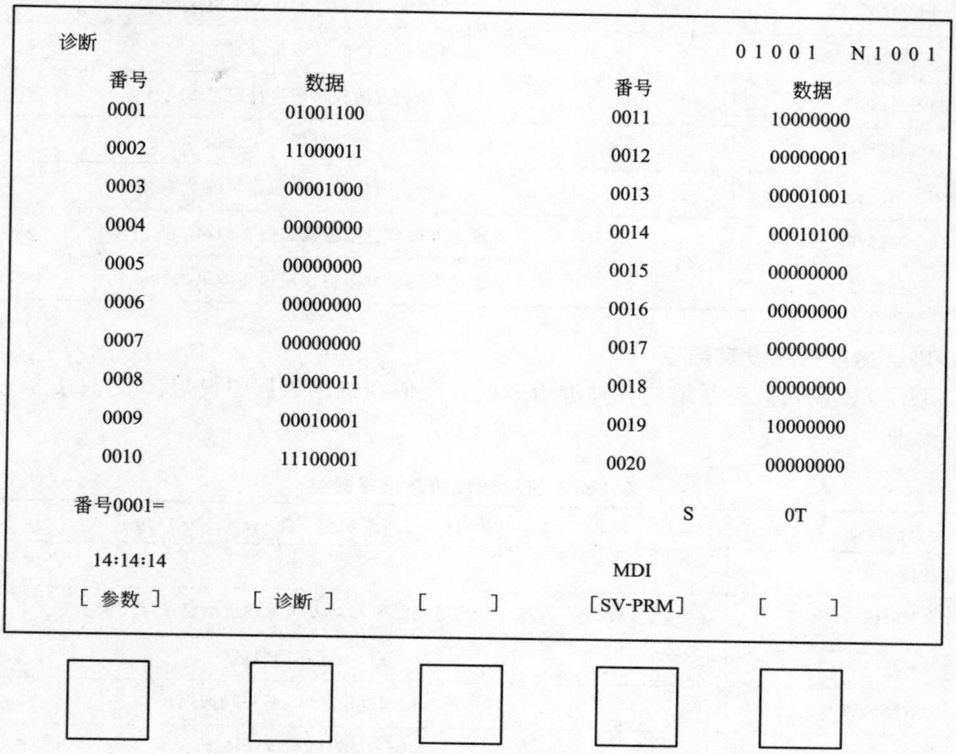

```
诊断                                                        O 1 0 0 1    N 1 0 0 1
        番号            数据                    番号            数据
        0001          01001100                0011          10000000
        0002          11000011                0012          00000001
        0003          00001000                0013          00001001
        0004          00000000                0014          00010100
        0005          00000000                0015          00000000
        0006          00000000                0016          00000000
        0007          00000000                0017          00000000
        0008          01000011                0018          00000000
        0009          00010001                0019          10000000
        0010          11100001                0020          00000000

    番号0001=                                          S        0T

    14:14:14                                        MDI
    [ 参数 ]        [ 诊断 ]      [      ]     [SV-PRM]      [      ]
```

图 3-30   FANUC 0TC 系统机床数据显示页面

⑥ 输入相应的数值，按 INPUT 键，系统显示器上××××号数据变为输入的数据。

⑦ 按系统操作面板上的 F No. 键，数字按键 0 、INPUT 键，系统显示器上出现 0 号参数页面。

⑧ 按系统操作面板上的 PAGE（页）↑ 键，直到系统显示器上出现"PWE＝1"页面，并设置"PWE＝0"。

⑨ 按系统操作面板上的 RESET 按键，"P/S100"号报警消失。

⑩ 如果修改了一些特殊（电源开生效的数据）的数据，则会出现"P/S000"号报警，此时应关掉数控系统电源，之后再重新接通系统电源，"P/S000"号报警消失，修改的数据生效。

3.6.2 FANUC 0iC 系统故障维修常用机床数据

（1）软件行程限位机床设定数据

FANUC 0iC 系列数控系统从 1320 号数据开始是机床轴软件行程限位设定，详见表 3-30。注意：只有机床回参考点后这些数据才有效。

表 3-30　软件行程限位机床设定数据

数据地址	功　　能
PRM1320	各轴正方向软件限位设定值1
PRM1321	各轴负方向软件限位设定值1
PRM1322	各轴正方向软件限位设定值2
PRM1323	各轴负方向软件限位设定值2
PRM1324	各轴正方向软件限位设定值3
PRM1325	各轴负方向软件限位设定值3
PRM1326	各轴正方向软件限位设定值1的第二数值
PRM1327	各轴负方向软件限位设定值1的第二数值

（2）进给速度机床设定数据

FANUC 0iC 系列数控系统的各种进给速度设定值在机床数据中设定。表 3-31 是进给速度机床设定数据。

表 3-31　进给速度机床设定数据

数据地址	功　　能
PRM1410	空运行速度
PRM1411	接通电源时自动方式下的进给速度
PRM1420	各种快速移动速度
PRM1422	最大切削进给速度(所有轴通用)
PRM1423	各轴点动(JOG)进给速度
PRM1424	各轴的手动快移速度
PRM1425	各轴最大切削进给速度

（3）进给轴反向间隙补偿机床设定数据

FANUC 0iC 系列数控系统可以对进给轴丝杠的反向间隙进行补偿，这些补偿可以设定并保存在机床数据中，表 3-32 为进给轴反向间隙补偿机床设定数据。

表 3-32　进给轴反向间隙补偿机床设定数据

数据地址	功　　能
PRM1851	各轴反向间隙补偿值
PRM1852	各轴快速移动时的反向间隙补偿值

（4）FANUC 0iC 系统的机床数据（参数）的调用与修改

有时因为机床故障，为了恢复机床运行需要修改机床数据（参数），下面介绍 FANUC 0iC 系列数控系统机床数据（参数）的修改方法。

① 首先设定允许修改参数的开关 PWE，操作步骤如下。

a. 系统选择 MDI 方式，并按下急停按钮。

b. 按操作面板 ▣ OFS/SET 上按键，进入图 3-31 所示的页面。

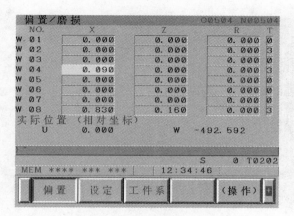

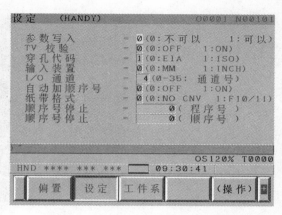

图 3-31　补偿和数据（参数）设定页面　　　　　　　图 3-32　基本数据（参数）设定页面

c. 按屏幕下方〖设定〗（SETTING）下面的软键，进入图 3-32 所示的页面。

d. 用箭头键将光标移动到"参数写入（PARAMETER WRITE）"一行。

e. 按〖操作〗（OPRT）下面的软键，进入如图 3-33 所示的页面，然后按〖ON：1〗以允许参数写入，此时系统进入报警状态（100 号 P/S 报警）。

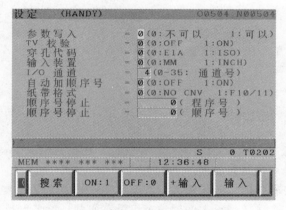

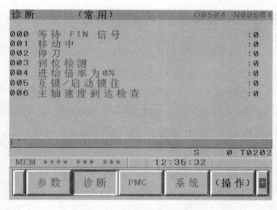

图 3-33　数据（参数）修改页面　　　　　　　　图 3-34　系统菜单页面

② 修改参数，方法如下。

a. 设置系统在"EDIT"操作方式。

b. 按系统面[SYSTEM]板上按键，进入图 3-34 所示的页面。

c. 按屏幕〖参数〗（PARAM）下面的软键，进入图 3-35 所示的页面。

d. 按箭头按键找到要修改的参数，输入要修改的数据即可。

如果只是调用查看机床参数，只进行 c. d. 两步即可。

说明：从图 3-35 可以看出，FANUC 0iC 系统的机床数据与 FANUC 0C 系统有所不同，FANUC 0C 系统的每个伺服轴的每个数据都有单独的数据号，而 FANUC 0iC 系统伺服轴不同轴，但同类数据的数据号是相同的，只是在数据号向下分为 X、Z 等，如图 3-35 中，PRM0012 下面分为 X、Z 轴（这是 FANUC 0iTC 系统，如果是 FANUC 0iMC 系统，下面会分为 X、Y、Z 各轴的相应数据）。

③ 参数修改后，需要关闭允许修改参数的开关 PWE，操作步骤如下。

a. 再次进入设定画面，用箭头键将光标移动到"参数写入（PARAMETER WRITE）"一

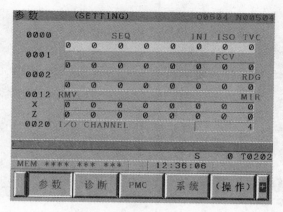

图 3-35 机床数据（参数）显示页面

行，并按〖操作〗（OPRT）下面的软键，然后按〖OFF：0〗，禁止修改参数。

b. 按系统面板上 RESET 按键，如果出现 000 号 P/S 报警，则需要关闭机床电源数分钟，然后重新通电开机，否则 000 号报警无法解除。

3.6.3 利用机床数据维修故障案例

【案例 3-27】 一台数控车床在 Z 轴回参考点时出现报警"520 OVER TRAVEL：+Z AXIS"（Z 轴运动超正向限位）。

数控系统：FANUC 0TC 系统。

故障现象：这台机床在 Z 轴回参考点时出现 520 报警，X 轴回参考点正常没有问题，关机再开，Z 轴回参考点还是出现 520 报警。

故障分析与检查：FANUC 0TC 系统 520 报警指示 Z 轴超正向软件限位，在正常情况下，在没有回参考点时软件限位不应该起作用，这是系统的误动作。

故障处理：为了能够返回参考点，可以先将软件限位区域放大。Z 轴正向软件限位设定参数号为 PRM702。将 PRM702 更改成 9999999，这时 Z 轴正常返回参考点没有问题。参考点返回之后将软件限位 PRM702 改回原来的数值。

【案例 3-28】 一台数控车床出现报警"401 SERVO ALARM：（VRDY OFF）"（伺服报警，没有 VRDY 准备好信号）和"414 SERVO ALARM：X AXIS DETECT ERR"（伺服报警：X 轴检测错误）。

数控系统：FANUC 0TC 系统。

故障现象：这台机床在加工过程中发现 X 轴移动时，刀塔晃动，并出现 401 和 414 报警，指示 X 轴伺服系统有问题。

故障分析与检查：因为指示 X 轴伺服系统有问题，首先更换 X 轴伺服驱动模块，没有解决问题。检查 X 轴伺服电动机、X 轴导轨和丝杠都没有发现问题。对系统机床数据进行检查发现机床数据 PRM8100 号发生了变化，原来的数值为 0000 0010，现为 0000 0111。

故障处理：将机床数据 PRM8100 号改回 0000 0010 后，机床恢复正常运行。

【案例 3-29】 一台数控车床在加工时尺寸不稳。

数控系统：FANUC 0TC 系统。

故障现象：这台机床批量加工盘类工件的外圆，加工时发现有的工件外径尺寸超差。

故障分析与检查：首先对刀塔、车刀进行检查没有发现问题，检查工装卡具也没有问题，工件卡紧也正常。在检测滑台精度时发现 X 轴有 0.04mm（直径尺寸）的反向间隙。

故障处理：FANUC 数控系统具有发现丝杠反向间隙补偿功能，机床数据 PRM535 为 X 轴反向间隙补偿参数，将该参数从 0 改为 20 后，X 轴反向间隙消除，这时工件加工尺寸基本不变。

丝杠反向间隙简易实用测量方法：用百分表测量滑台的移动，将系统设定为每次进给 X1，用手轮进给，在一个方向移动一定尺寸后，例如 0.10mm，然后反向移动，观察屏幕显示的轴向坐标值变化与百分表的反应，就可看出反向间隙，在这个案例中，屏幕显示的 X 轴坐标数值变化了 0.04mm（直径尺寸）后，百分表才开始变化，说明反向间隙为 0.04mm（直径尺寸）。

【案例 3-30】 一台数控车床出现屏幕伺服轴坐标显示数值与实际值不符的故障。

数控系统：FANUC 0TD 系统。

故障现象：这台机床在加工中发现伺服轴屏幕显示值与实际值不符，机床无报警。

故障分析与检查：首先对编码器连接、伺服电机与滚珠丝杠连接的同步带进行检查没有发现松动的问题。因为没有报警显示，怀疑机床数据的设置有问题，对机床数据进行检查发现 PRM4（X 轴）和 PRM5（Z 轴）数据异常，这两个机床数据的低四位用来确定参考计数器容量，高四位设定伺服轴检测倍率。原来的数据设置为"0111 0111"，而现在显示为"0011 0111"。检测倍率比原始的减少了一半，造成了实际伺服轴实际数据与显示值不符。

故障处理：将机床数据 PRM4 和 PRM5 更改为"0111 0111"后关机重开，机床故障消除。

【案例 3-31】 一台数控车床在执行加工程序时主轴达不到程序设定的转速。

数控系统：FANUC 0iTC 系统。

故障现象：这台机床在执行加工程序时，粗加工正常没有问题，而在精加工时主轴转速达不到程序设定的数值，导致车削工件外圆表面粗糙度达不到工艺要求。

故障分析与检查：对加工过程进行观察，粗加工时，主轴转速设定为 2800r/min，转速显示也是"2800"，在精加工时，程序设定主轴转速为 3900r/min，而系统显示为"3400"。因为粗加工时转速显示正常，说明转速检测装置应该正常没有问题。检查主轴转速倍率开关也设置正常，检查系统机床数据时，发现主轴最高转速上限机床数据 PRM3741 设置为"3400"所以主轴转速只能达到 3400r/min。

故障处理：查看机床说明书，该机床的主轴转速可以达到 4000r/min，故将 PRM3741 设置为"4000"，这时再运行加工程序，精加工时主轴转速可以达到 3900r/min 了。

【案例 3-32】 一台数控车床在正常工作时找不到"刀具补偿/形状"页面。

数控系统：FANUC 0TC 系统。

故障现象：这台机床在加工过程需要补偿时，机床操作者找不到"刀具补偿/形状"页面了，无法输入补偿数据。

故障分析与检查：这台机床已经使用多年，操作人员对机床操作很熟悉，在另一台相同机床上很容易就可以找到这个页面，所以排除了操作方面问题。为此，询问机床操作人员故障是在什么情况下发生的，操作人员反映，是在开机后第一次调用这个页面时就没有找到该页面。因此怀疑可能机床设定数据发生了改变，对机床数据进行检查，与另一台进行对比，发现保密参数 PRM906.5 为"0"，而另一台机床为"1"。

故障处理：将 PRM906.5 改为"1"，关机后重新开机，这个画面恢复显示。通过这个维修案例也发现了保密参数 PRM906.5 为"刀具补偿/形状"页面设定位。

【案例 3-33】 一台数控车床回参考点时出现报警"424 SERVO ALARM：Z AXIS DE-TECT ERR"（伺服报警：Z 轴检测错误）。

数控系统：FANUC 0TC 系统。

故障现象：这台机床在回参考点时，X 轴正常没有问题，但 Z 轴回参考点却出现 424 报警。

故障分析与检查：询问机床操作人员，操作人员告知，只有在机床开机回参考点时出现这个报警，正常工作时从来不出现这个报警，据此分析说明问题不是很大。

观察回参考点的过程，Z 轴回参考点向正方向运行，压上参考点减速开关后减速，脱离参考点减速开关后，停止运动，屏幕 Z 轴参考点坐标显示 5.760，这个数值就是参考点坐标。但过几十秒后，出现 424 报警，这时 Z 轴坐标值变为 5.130。多次观察，发现出现报警时，Z 轴的坐标值都在 5.1 左右。

根据这些现象分析，怀疑系统接到参考点脉冲后，减速过快，没有达到系统要求的定位精度。

首先怀疑伺服驱动模块低速驱动能力有问题，与其他机床互换，还是这台机床出现问题，说明不是伺服驱动模块的问题。

检查 Z 轴电机和编码器，连接良好，没有发现问题。

因此怀疑 Z 轴滑台可能运动阻力变大，使 Z 轴低速运行时，停止过快。

故障处理：解决这个问题有几种方案，可以改善 Z 轴滑台的机械阻力，但手动转动 Z 轴滚珠丝杠，发现问题并不太大，这种情况下进行调整很繁琐。

那么提高回参考点的速度能否解决这一问题呢？将回参考点慢速机床数据 PRM534 从 300 改到 400，这时 Z 轴参考点正常返回，机床恢复正常。

维修总结：通过这个故障的维修，可以看到观察故障现象的重要性，搞清故障现象，可以为分析问题提供依据。

另外维修数控机床时，尽量化繁为简，以简制繁，用最简单的手段解决复杂的问题是维修的最高境界。

【案例 3-34】 一台数控加工中心出现转台分度不良的故障。

数控系统：FANUC 0MC 系统。

故障现象：这台机床一次出现故障转台分度后落下时错动明显，声音大。

故障分析与检查：观察转台的分度过程，发现转台分度后落下时错动明显，说明转台分度位置与鼠齿盘定位位置相差较大，检查发现转台机械螺距有误差。

故障处理：检查机械装置，调整机械装置很麻烦。分析系统工作原理，转台分度是第四伺服轴控制的，转台螺距有误差可以通过机床数据 PRM0538 来补偿，调整机床数据 PRM0538 的设定数值后，机床故障消除。

【案例 3-35】 一台加工中心加工的孔距有误差。

数控系统：FANUC 0MC 系统。

故障现象：这台机床加工工件的孔距不准，有误差。

故障分析与检查：加工工件的孔间距有误差，而系统并无报警，说明可能是 X 轴的滚珠丝杠间隙造成的。这种问题可以通过机械检修来消除，但工作量比较大，在间隙不是很大时，可以通过机床数据进行间隙补偿。首先检测 X 轴滑台的精度，发现确实有反向间隙，但不是很大，可以通过机床数据补偿。

故障处理：在 MDI 方式下，将 PWE 改为"1"，然后找到机床数据 PRM535，即 X 轴的反向间隙补偿机床数据，按照实际的间隙数值输入补偿数据，然后将 PWE 改回"0"，这时试加工，孔距误差消除。

【案例 3-36】 一台数控加工中心出现报警"417 X AXIS PARAMETER"（X 轴参数错误）。

数控系统： FANUC 0iMC 系统。

故障现象： 这台机床开机出现 417 报警，指示伺服参数异常。

故障分析与检查： 系统出现 417 报警后，查看诊断数据 DGN203，发现 X 轴 DGN203.4（PRM）被置"1"，指示"伺服检测出问题，伺服机床参数设定有问题"，检查伺服系统的参数设定，发现 PRM2020 电机代码设定超出了规定的范围。PRM2023 和 PRM2024 机床数据（分别为电机每转速度反馈脉冲数和电机每转位置反馈脉冲数）误设定为小于 0 的数值。PRM2022（电机旋转方向的设定值）设定不正确（为 111 或 −111 之外的数值）。PRM1023 伺服主轴号设置不当。

故障处理： 将以上错误的参数纠正后，关机数分钟后重开，机床恢复正常工作。

【案例 3-37】 一台数控车床找不到伺服设定调整画面。

数控系统： FANUC 0TC 系统。

故障现象： 这台机床在要查看伺服系统工作状态时找不到伺服调整页面。

故障分析与检查： 分析系统工作原理，这个画面是否显示应该是机床数据（参数）设定的。查看系统机床数据（参数）手册，发现机床数据 PRM389.0 设定为"0"就可以显示伺服调整页面。检查这台机床的机床数据发现 PRM389.0 设定为"1"。

故障处理： 将机床数据 PRM389.0 改为"0"，然后关机数分钟后重新开机，按系统操作面板上的【DGNOS/PARAM】按键，在系统显示屏幕上出现"DGNOS"页面，如图 3-36 所

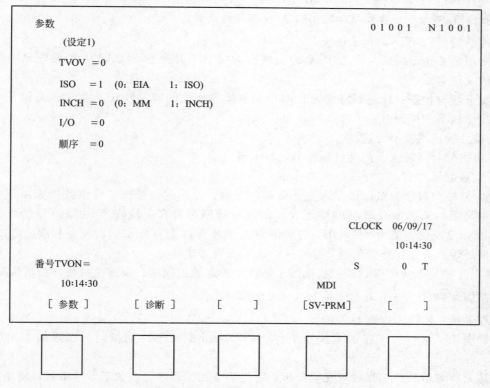

图 3-36 FANUC 0C 系统诊断初始页面

示，这时在屏幕的下方出现了〖SV-PRM〗选项。

【案例 3-38】 一台数控车床系统屏幕显示没有中文。

数控系统： FANUC 0TC 系统。

故障现象： 这台机床的操作人员希望屏幕能用中文显示，但屏幕是用英文显示的，如图 3-37 所示。

图 3-37 FANUC 0TC 系统英文屏幕显示

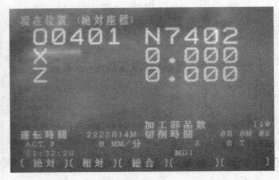

图 3-38 FANUC 0TC 系统中文屏幕显示

故障分析与检查： FANUC 数控系统屏幕显示语言可以有多种选择，是通过机床数据设定的，查看系统说明书，机床数据 PRM23.3（DCHI）设置为"1"就可以设定系统屏幕显示为中文。将机床数据调出进行检查，发现 PRM23 设置为"0000 0000"，设定为英文显示。

故障处理： 将 PRM23.3 更改为"1"，关机数分钟后开机，这时系统屏幕显示如图 3-38 所示的中文屏幕。

【案例 3-39】 一台数控加工中心 X 轴振荡的故障。

数控系统： FANUC 0MC 系统。

故障现象： 这台机床在加工中 X 轴负载有时突然上升到 80%，同时 X 轴电动机嗡嗡作响；有时又正常。

故障分析与检查： 现场观察发现 X 轴电动机嗡嗡作响的频率较低，故判断 X 轴发生低频振荡。发生振荡的原因有：

① 轴位置环增益不合适。

② 机械部分间隙大，传动链刚性差，有卡滞。

③ 负载惯量较大。

经查 X 轴位置增益机床数据未变，负载也正常，经询问，操作工介绍此机床由于一直进行重切削加工，X 轴滚珠丝杠间隙较大，刚进行过间隙补偿。检查 X 轴间隙补偿机床数据 PRM0535，发现设定值为 250，用百分表测得 X 轴实际间隙为 0.22，看来是补偿过度。

故障处理： 直至将设定值改为 200 后，X 轴振荡才消除。

（注：X 轴这么大间隙，要想提高加工精度，彻底解决问题，应该在机械方面消除间隙。）

【案例 3-40】 一台数控车床加工螺距不正确。

数控系统： FANUC 0TD 系统。

故障现象： 这台机床在加工黄铜工件上的 25mm 螺旋形导油槽时，实际加工出的螺距为 20mm。

故障分析与检查： 根据故障现象分析，首先检查加工程序，在加工导油槽时，使用的是每转进给指令，程序编制没有问题。然后检查了程序给出的主轴转速与实际的转速是相符的，也没有问题。

为了确认螺距减小或增大以后，机床加工出的螺纹是否合格，进行加工测试。通过测试发现，当主轴转速在 250r/min，加工的螺距大于 20mm 时，加工的实际螺距始终为 20mm。而加工的螺距小于 20mm 时，加工的螺距正确无误。由此判断应该是机床数据设置最高进给量为 20mm/r，也就是说与 Z 轴最大加工速度设定机床数据 PRM527 有关。检查机床数据发现 PRM527 设置为 5000，也就是 Z 轴最高进给速度为 5000mm/min，所以当主轴转速为 250r/min 时，加工的螺纹小于 20mm 时都是正确的，而大于 20mm 时，加工的螺距就都变为 20mm 了。

故障处理： 考虑到加工材料为黄铜，且导油槽的深度仅为 1.5mm，切削力较小，把进给量放大对机床没有什么影响，故将机床数据 PRM527 设置为 6250，这时加工的螺距为 25mm，螺距合格，故障排除。这批工件加工完，将机床数据 PRM527 改回 5000。

【案例 3-41】 一台数控磨床出现报警 "701 OVERHEAT：FAN MOTOR"（过热：风扇电机）。

数控系统： FANUC 0iTC 系统。

故障现象： 这台机床一次正常工作时出现故障，屏幕出现 701 报警指示风扇电机过热。

故障分析与检查： 根据报警提示，701 报警指示控制单元上部的冷却风扇电机过热。对这个风扇进行检查，发现根本没有旋转，检查风扇供电电源正常没有问题，检查冷却风扇发现已经损坏。

故障处理： 由于购买新的冷却风扇需要一定周期，所以采取应急方式，将机床数据 PRM8901.0 改为 "1"，先屏蔽 701 报警，然后采取替代措施，在外面加冷却风扇对系统进行强制冷却。待新的风扇到位后，更换风扇并将机床数据 PRM8901.0 改回 "0"，使系统恢复冷却风扇过热检测功能。

【案例 3-42】 一台数控加工中心主轴换刀时卡死。

数控系统： FANUC 0iMC 系统。

故障现象： 这台机床在主轴换刀时，出现故障，刀插入时卡死。

故障分析与检查： 观察故障现象，发现刀柄键槽与主轴键槽没有对正，分析应该是主轴定位不准造成的。

故障处理： 调整主轴电机的定位角度机床数据 PRM4077，从 150 调整到 165 后，机床恢复正常工作。

【案例 3-43】 一台数控加工中心出现报警 "446 SERVO ALARM：X AXIS HARD DISCONECT ALARM"（伺服报警：X 轴硬件断线报警）。

数控系统： FANUC 0iC 系统。

故障现象： 这台机床在工作时出现 446 号报警，指示 X 轴位置反馈断线。

故障分析与检查： 这台机床的 X 轴采用光栅尺进行位置反馈，构成位置全闭环系统控制。因为报警指示光栅尺信号断线，所以首先怀疑光栅尺反馈电缆有问题，但与 Y 轴的光栅尺反馈电缆互换，还是 X 轴报警，说明反馈电缆没有问题。在系统一侧上将 X 轴的反馈信号插头与 Y 轴对换插接，故障显示 Y 轴反馈断线，说明问题出在光栅尺上。

故障处理： 因为没有光栅尺备件，为了使机床尽快恢复工作，使用伺服电机内装编码器取代光栅尺，进行位置反馈，使机床正常工作。

首先将光栅尺屏蔽，机床数据调整如下：

① 将机床数据 PRM1815.1（OPI）修改为 "1"；

② 修改柔性传动比为 3/200。

设定编码器数据如下：

① 将伺服电机位置编码器脉冲数修改为"12500"；

② 将伺服电机位置脉冲数修改为"12000"。

修改后执行回零操作，这样就把全闭环改成了半闭环，恢复了机床的运行。

【案例 3-44】 一台数控加工中心开机后屏幕 X、Y、Z 坐标轴位置显示不准确。

数控系统：FANUC 18i 系统。

故障现象：这台机床开机后，发现 3 个坐标轴的位置数据有问题。

故障分析与检查：仔细观察屏幕上 3 个轴的坐标数值，正常坐标轴的数值小数点后是三位数字，而现在小数点后是四位数字，系统没有报警显示。对机床数据（参数）进行检查，发现 PRM0000.2（INI）为"1"（表示英制输入），而原来这个数据应该设定为"0"（表示公制输入）。

故障处理：将机床数据 PRM0000.2 更改为"0"，关机后数分钟后重新开机，系统屏幕显示恢复正常。

【案例 3-45】 一台数控加工中心在主轴换刀时卡死。

数控系统：FANUC 0iMC 系统。

故障现象：这台机床在主轴换刀时出现故障，刀具卡死。

故障分析与检查：经检查，由于机械手在插刀时主轴定位不准造成（刀柄键槽与主轴上的键没有对正）的。

故障处理：调出主轴电机定向角度 PRM4077 参数由 -100 改为 -120 后，重新执行 M19 主轴定向后，再分段执行换刀，动作正常，故障排除。

【案例 3-46】 一台数控加工中心，在 X 轴运行时出现报警"446 SERVO ALARM：X axis disconnection"（伺服报警：X 轴断开）。

数控系统：FANUC 0iMC 系统。

故障现象：这台机床在 X 轴运动时出现 446 报警，指示 X 轴位置检测装置断线。

故障分析与检查：该机床采用全闭环控制，采用分离型的光栅尺作为位置检测元件。首先交换 X 轴和 Z 轴位置反馈电缆，交换后故障没有消除，说明伺服模块及主板正常。检查光栅尺的电缆插头及连线没有发现问题，怀疑 X 轴光栅尺有问题。

故障处理：由于没有备件不能更换光栅尺，通过修改机床数据 PRM1815 及 SV 伺服等参数（柔性齿轮比、位置脉冲数和编码器一转脉冲数）重新调整栅格偏移量回参考点，利用伺服电机内装编码器代替光栅尺位置反馈，将光栅尺屏蔽掉报警解除，机床恢复正常运转。光栅尺屏蔽方法如下。

① 将参数 PRM1815.1 中 OPT 修改为"0"。

② 修改柔性传动比 N/M 为 3/200。

③ 将伺服电机位置脉冲数修改为 12500。

④ 将伺服电机参考计数器容量修改为 1200。

⑤ 修改完毕后再执行回零，如果有偏差，修改参数 PRM1850（栅格偏移量），这样就可把全闭环改为半闭环。

【案例 3-47】 一台数控车床刀补值无法输入。

数控机床：FANUC 0T-MATE 系统。

故障现象：这台机床在程序编辑、数据输入的过程中，发现刀补值无法输入。

故障分析与检查：根据数控系统的工作原理，虽然刀具补偿是数控系统的选择功能，但通常情况下，此功能几乎在所有数控系统上都应具备。在选择功能具备的情况下，刀补值无法输入与机床数据 PRM729 设置有关，该数据设定机床所使用的刀具补偿值范围，为了充分发挥系统的功能，通常应设定为最大值。如果这个机床数据设定为"0"，则认为系统不使用刀补功能。

检查机床数据 PRM729，发现被设定为"0"。

故障处理：将机床数据 PRM729 设定为最大值后，关机重新开机，刀补值可以正常输入。

FANUC 第4章

数控机床机床侧故障维修案例

4.1 FANUC 数控系统 PMC 故障报警

4.1.1 FANUC 数控系统 PMC 报警机理

很多机床侧故障数控系统都会显示报警信息，有些故障通过报警信息就可以直接查找到故障原因。而有些故障较复杂，不能通过报警信息找到故障原因。遇到这种情况，如果知道数控系统是如何检测机床侧故障的，就可以根据故障产生原理来分析故障的原因。

机床侧故障是 PMC 运行用户程序（即梯形图），根据机床的各种检测开关反馈回来的各种信息，进行逻辑判断，如果发现问题，停止相应操作并产生报警信号，数控系统接到报警信号调用报警信息，在屏幕上进行显示，告知操作人员和维修人员。

数控机床生产厂家按照具体机床的实际情况，编制适当的 PMC 用户程序，在运行时检测机床的各种反馈信号，当发现机床出现异常时就会产生 PMC 报警。

下面介绍 FANUC 0C 系统和 0iC 系统 PMC 报警的产生机理，这样可以更快地维修数控机床的机床侧故障。

(1) FANUC 0C 系统 PMC 报警的机理

FANUC0C 系统的报警是通过 PMC 用户程序综合各种检测元件、传感器反馈回来的机床侧状态信息，当出现异常时产生报警信号，报警信号传递给数控系统，数控系统通过 PMC 提供的报警文本进行显示。就是说 PMC 的机床侧报警信息的显示是 PMC 和 NC 配合完成的。

FANUC 0C 系统的 PMC 具有 PMC 报警显示指令（DISP），相应的报警标志位被置位后，该指令调用编制好的用户机床报警信息进行显示。

报警信号是数控系统规定好的，只要这些信号中的某个信号被置位，数控系统就会调用相应的报警信息进行显示，同时显示报警号。

FANUC 0C 系统 PMC 报警产生过程如下。

FANUC 0C 系统机床侧报警原则上分为机床报警和操作信息两大部分，它们是机床制造厂家根据机床实际的情况编写的，用 PMC 控制程序根据机床反馈信号进行自诊断。按照 FANUC 0C 系统 PMC 规定，机床侧故障报警的编号从 1000 到 1999，操作信息的编号从 2000 到 2999。原则上讲，出现机床报警时，数控系统立即进入进给暂停状态，而出现操作信息警示时，数控机床照常运行，仅对当前的操作给予说明，但具体还要看机床的 PMC 用户程序是如何编制的。

　　FANUC 0C 系统机床侧故障报警检测由 PMC 用户程序（即梯形图）来完成，出现报警时，将相应的报警位信息设置为"1"，报警显示由 NC 来执行。报警信息编制在 PMC 程序中，PMC 有专用信息显示指令根据报警位的置位情况，将相应的报警信息传送给 NC 系统，由 NC 系统将报警信息显示在屏幕上。

　　这个 PMC 指令为信息显示指令（DISP），下面介绍其功能和使用。

　　① 功能　用于将显示信息显示于 NC 的屏幕上，一条信息显示指令最多可以显示 16 条不同类型的显示信息。

　　② 格式　如图 4-1 所示。

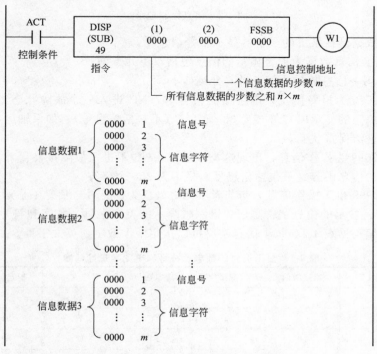

图 4-1　信息显示指令（DISP）的格式

　　③ 控制条件

　　a. ACT＝0：不作信息处理，W1 保持不变。

　　b. ACT＝1：指定信息被显示或删除。

　　④ 参数

　　a. 信息数据的步数总和为 $m \times n$，一条信息显示指令最多可以显示 16 条信息，所以 n 最大为 16。

　　b. 每条信息数据步数为 m，即每条显示信息由 m 个信息数据组成，设定步数后，一条信息显示指令中的每条显示数据的步数（数据数量）必须相同，如果少于 m，可用数字 0 来补充。

　　c. 信息控制地址：一条信息显示指令的控制地址要求使用 4 个连续字节的中间继电器 R，4 个字节的数据定义与分配如图 4-2 所示。

　　信息控制地址中，前两个字节的 16 位依次为 1～16 个信息请求，如果其中某位为"1"，表示有信息显示请求，NC 根据这个请求从信息数据中调用显示数据进行显示。

　　信息控制地址中，后两个字节的 16 位依次表示 1～16 个信息状态显示，其中为"1"的位

显示请求	指定地址	信息数据 8	信息数据 7	信息数据 6	信息数据 5	信息数据 4	信息数据 3	信息数据 2	信息数据 1
	指定地址 +1	信息数据 16	信息数据 15	信息数据 14	信息数据 13	信息数据 12	信息数据 11	信息数据 10	信息数据 9
显示状态	指定地址 +2	信息数据 8	信息数据 7	信息数据 6	信息数据 5	信息数据 4	信息数据 3	信息数据 2	信息数据 1
	指定地址 +3	信息数据 16	信息数据 15	信息数据 14	信息数据 13	信息数据 12	信息数据 11	信息数据 10	信息数据 9

图 4-2　信息控制地址

表示相应的信息数据已在系统的显示器显示报警信息了。

⑤ 信息数据　信息数据为报警显示的信息包括以下几方面。

a. 信息号：第一信息数据为信息号，分类如下。

（a）1000～1999 为报警信息，产生这类报警时，NC 进入一个故障状态。在 FANUC 0C 系统中这类显示信息的显示内容最多为 32 个字符（不包括信息号）。如果轴运动期间出现这类报警，系统进入进给保持状态。

（b）2000～2099 为操作信息，出现这类报警时，NC 不进入故障报警状态，信息号显示在显示器上，显示的信息内容（不包括信息号）最多为 255 个字符。

（c）2100～2999 也为操作信息，与前者不同之处仅为信息号，信息不显示在显示器上。

b. 信息字符：显示的信息字符是用二进制数表示的英文字母、数字和符号，常用的数字、符号和英文字母编码见表 4-1，每个信息字符可以指定两个数字或英文字母。

表 4-1　显示信息的数字、符号和英文字母编码表

指定数值	对应文字	指定数值	对应文字	指定数值	对应文字	指定数值	对应文字
47	/	58	.	69	E	80	P
48	0	59	;	70	F	81	Q
49	1	60	<	71	G	82	R
50	2	61	=	72	H	83	S
51	3	62	>	73	I	84	T
52	4	63	?	74	J	85	U
53	5	64	@	75	K	86	V
54	6	65	A	76	L	87	W
55	7	66	B	77	M	88	X
56	8	67	C	78	N	89	Y
57	9	68	D	79	O	90	Z

⑥ 处理结束标记 W1

a. W1＝0：处理结束。

b. W1＝1：正在处理中（ACT＝1 时，W1＝1）。

下面举一个实际机床的报警案例加以说明，这样会更容易理解。

【案例 4-1】　一台采用 FANUC 0TC 系统的数控车床出现 2041 号报警，2041 号报警为 X 轴超程报警。分析机床的工作原理，当 X 轴超程时，X 轴行程开关被压下，该限位开关的

常闭触点断开，该开关的常开触点进入 PMC 输入 X0.0，如图 4-3 所示，X0.0 的状态变为
"0"，使图 4-4 的梯形图的 R523.0 变为 "1"，产生 2041 报警信号。将 X 轴向相反方向运动，
离开限位开关，按故障复位按键后，机床 2041 号报警消除。

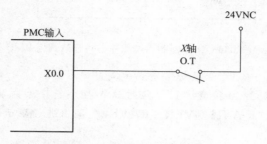

图 4-3 X 轴限位开关的连接

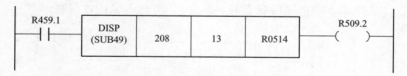

图 4-4 2041 报警产生梯形图

图 4-5 是 2001～2016 号报警的报警信息显示调用梯形图，该程序中的数值 "13" 代表该
指令下的每条报警信息步数为 13，而 "208" 为步数总和，那么就是说该条指令含有 208/13＝
16 条报警，R514 为信息控制地址，说明 R514.0～R515.7 为报警信号，R514.0～R515.7 共
有 16 个信号，恰好与 2001～2016 的 16 个报警号一一对应。当 R514 或 R515 中的相应位置
"1" 时，系统就会调用相应的报警信息进行显示。即 R514.0 置 "1" 时，显示 2001 号报警信
息；R514.1 置 "1" 时显示 2002 号报警信息……R515.6 置 "1" 时显示 2015 号报警信息；
R515.7 置 "1" 时产生 2016 号报警信息。

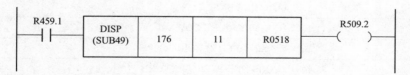

图 4-5 2001～2016 号报警与操作信息显示调用 PMC 程序

图 4-6 是 2017～2032 号报警的报警信息显示调用梯形图，只不过每条报警信息的步骤为
"11"，176/11＝16，所以也是传递 16 个报警信号，而报警信号为 R518 和 R519，共 16 个报警
信号，与 2017～2032 的 16 个报警号一一对应。

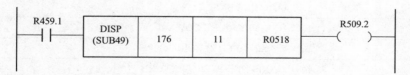

图 4-6 2017～2032 号报警与操作信息显示调用 PMC 程序

图 4-7 是 2033～2048 号报警的报警信息显示调用梯形图，每条报警信息的步骤为 "13"，
208/13＝16，所以也是传递 16 个报警信号，而报警信号为 R522 和 R523，共 16 个报警信号，

与 2033～2048 的 16 个报警号一一对应。

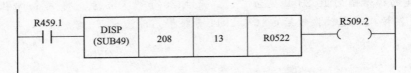

图 4-7　2033～2048 号报警与操作信息显示调用 PMC 程序

同样，图 4-8 为 2049～2064 号报警信息显示调用梯形图。

在这个案例中因为 R523.0 被置"1"，经过这个指令后，系统将该指令的第 9 条报警信息，即 2041 号报警信息"X-AXIS OVER TRAVEL"调出进行显示，指示 X 轴超行程。

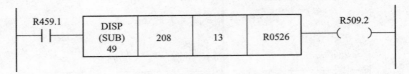

图 4-8　2049～2064 号报警与操作信息显示调用 PMC 程序

(2) FANUC 0iC 系统 PMC 报警产生机理

FANUC 0iC 系统也是具有 PMC 报警功能的，PMC 报警也是 PMC 用户程序通过检测各种检测开关的状态，结合指令信号和 PMC 的输出状态，产生报警信号，系统调用该报警的报警信息在屏幕上进行显示，以提醒机床操作人员和设备故障检修人员。

FANUC 0iC 系统规定，PMC 故障报警号 1000～1999，操作信息的编号为 2000～2999。原则上讲，出现 PMC 故障报警时数控系统立即进入暂停状态；而出现操作信息警示时，数控机床照常运行，仅对当前的操作给予说明。但具体进行什么操作还要看具体机床的 PMC 用户程序是如何编制的。

FANUC 0iC 系统的 PMC 报警（包括操作信息警示）是通过运行 PMC 用户程序检测出来的，然后将相应的 PMC 信息显示位 A×.×（A0.0～A24.7）置位，PMC 通过使用信息显示指令（图 4-9）将相应的信息显示在系统屏幕上，显示的信息存储在报警信息表（报警文本）中（表 4-2 为一台数控车床的报警信息表的一部分），由机床设计者编制。

图 4-9　信息显示（DISPB）指令格式

表 4-2　FANUC 0iC 系统 PLC（PMC）报警信息列表

显示信息请求地址位	显示信息
A0.0	1001 LUB OIL LEVEL LOW
A0.1	1002 HYD. PRESSURE DOWN
A0.2	1003 X AXIS NEED ZERO RETURN
A0.3	1004 Z AXIS NEED ZERO RETURN
A0.4	1006 TOOL SETTER DOWN
A0.5	1007 TOOL SETTER NOT UP
A0.6	1008 TURRET NOT CLAMP

显示信息请求地址位	显示信息
A0. 7	1010 DOOR OPEN ALARM
A1. 0	1009 TOOL SETTER FALL
A1. 1	1011 CHUCK NOT CLAMP
A1. 3	1014 TCODE ERROR
A1. 4	1015 TURRET ODD-EVEN ERROR
A1. 5	1005 X AXIS NEED ZERO RETURN FRIST
A1. 6	MOTER OVERLOAD
—	—
A3. 1	1026 PNEUMATIC DOOR OR DOOR LOCK ALARM
A3. 2	1027 +X OVER TRAVEL!!!
A3. 3	1028 −X OVER TRAVEL!!!
A3. 4	1029 +Z OVER TRAVEL!!!
A3. 5	1030 −Z OVER TRAVEL!!!
A4. 1	2002 EXTERNAL JAWS SELECT OK.
A4. 2	2003 INTERNAL JAWS SELECT OK.
A4. 3	2004 ILLEGAL OPERATION.
A4. 4	2005 DOOR KEY SWITCH ON!!!
—	—

报警文本是在 PMC（PLC）中编辑的，报警信息可以有 200 条，每条包含的字符最多可达 255 个字符。报警文本可通过在通用计算机上编制，然后传入数控系统，也可以在数控系统通过操作面板进行编制。

（3）FANUC 0iC 系统 PMC 报警文本的编辑

通过系统操作面板可以编辑 PMC 报警文本，编辑方法如下。

① 按 MDI 操作面板上的显示功能 [SYSTEM] 按键，进入系统管理和诊断菜单。

② 按屏幕〖PMC〗下方的软键，系统进入 PMC 编辑器操作菜单。

③ 按菜单扩展按键▶，在 PMC 编辑器操作扩展菜单中，按〖EDIT〗下面的软键，进入 PMC 编辑菜单。

④ 按屏幕〖MESSAGE〗下方的软键，进入 PMC 报警文本报警页面。

⑤ 在这个页面可以按照机床要求编辑、修改报警文本，见图 4-10。在这个页面中，使用系统面板上 [INPUT] 按键输入信息，或者按〖INPMOD〗软键选择〖INPUT〗（输入）、〖IN-SERT〗（插入）、〖ALTER〗（替换）软键进行操作；按〖DELETE〗软键进行删除，按〖COPY〗软键进行复制，按〖SRCH〗软键进行搜索，按〖DSPMOD〗软键可以选择输入文本的语言。为了便于理解，下面列举一个实际的 PMC 报警的检测程序。

图 4-11 是 PMC 报警信号生成梯形图，当某个报警条件满足时，将相应的内部继电器置"1"，例如 X 轴超程时，X 轴超程检测信号 X7.5 的状态变为"0"，使内部继电器 R850.4 置"1"。

PMC MESSAGE
PMC STOP
ALTER
NO.
MESSAGE
A000. 0
1001 LUBE OIL LEVER LOW
A000. 1
1002 HYD. PRESSURE DOWN
A000. 2
1003 X AXIS NEED ZERO RETURN
A000. 3
1004 Z AXIS NEED ZERO RETURN
A000. 4
1006 TOOL SETTER DOWN
A000. 5
1007 TOOL SETTER NOT UP
A000. 6
1008 TURRET NOT CLAMP
A000. 7
1010 DOOR INTERLOCK.
INPMOD
DELETE
SRCH
COPY
DSPMOD

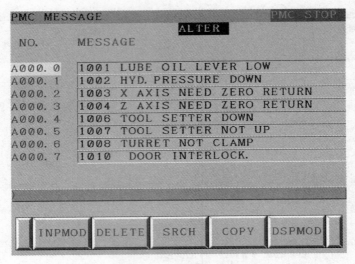

图 4-10　FANUC 0iC 系统报警文本输入页面

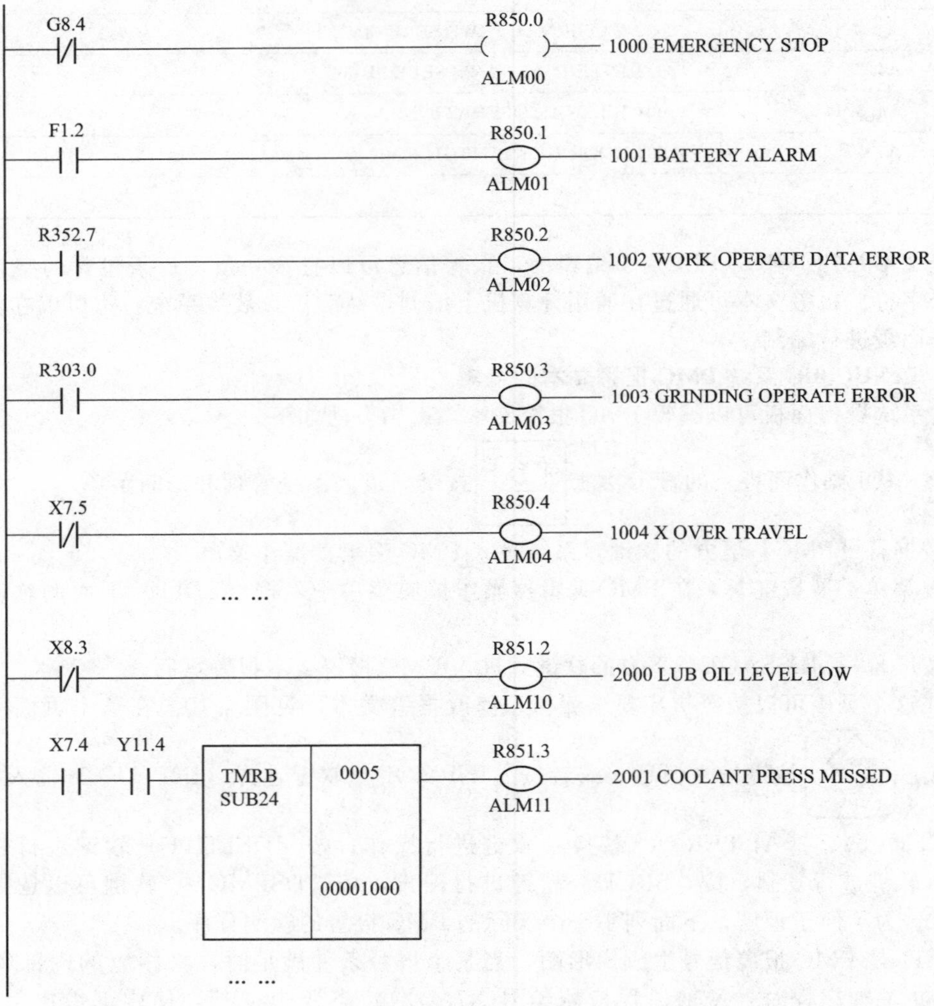

G8.4
R850.0
1000 EMERGENCY STOP
ALM00
F1.2
R850.1
1001 BATTERY ALARM
ALM01
R352.7
R850.2
1002 WORK OPERATE DATA ERROR
ALM02
R303.0
R850.3
1003 GRINDING OPERATE ERROR
ALM03
X7.5
R850.4
1004 X OVER TRAVEL
ALM04
... ...
X8.3
R851.2
2000 LUB OIL LEVEL LOW
ALM10
X7.4
Y11.4
TMRB
SUB24
0005
00001000
R851.3
2001 COOLANT PRESS MISSED
ALM11
... ...

图 4-11　PMC 报警信号生成梯形图

图 4-12 是 PMC 报警信号传送程序，通过指令 MOVN 将内部继电器 R850.0～R853.7（4个字节）的内容传送到报警信息显示请求位 A0.0～A3.7。程序中的"0004"代表传送 4 个字节。因为 X 轴超程，R850.4＝1，传送后 A0.4 就变为"1"了。

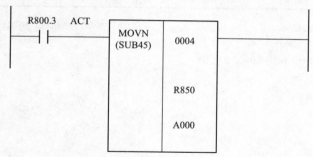

图 4-12　PMC 报警信号传送梯形图

通过图 4-13 的显示信息调用程序，调用相应的报警信息。这时 A0.4 为"1"，所以调用 A0.4 的报警信息，显示报警号和报警信息"1004 X OVER TRAVEL"（X 轴超行程）。

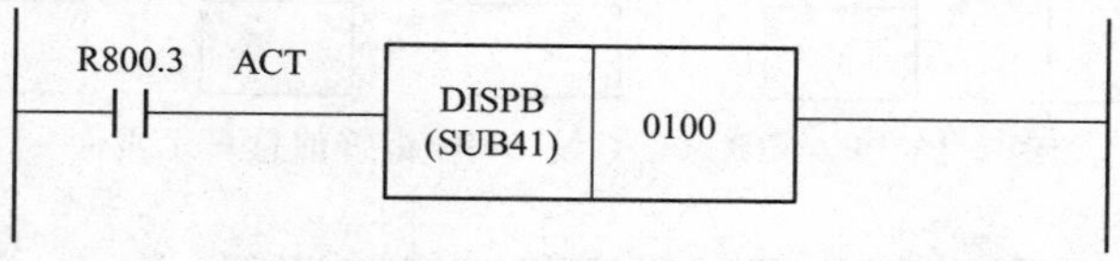

R800.3　ACT
——| |————[DISPB (SUB41)　0100]————

图 4-13　PMC 报警与操作信息显示调用梯形图

这个实际程序没有直接使用报警显示请求位 A×.×，而是使用了内部继电器 R×.×生成报警信号，然后通过数据传送指令，将报警信号传递给报警显示请求位 A×.×，从而进行报警信息显示。

4.1.2　FANUC 0C 数控系统 PMC 报警信息的调用

FANUC 0C 系统的 PMC 用户程序检测到机床问题后，在系统屏幕上显示报警信息，但在报警行只能显示一条报警信息。如果有系统报警或者有多个 PMC 报警时，其他报警只能在报警显示页面显示，进行如下操作可以查看所有 PMC 报警信息。

按控制面板右侧的 [OPR ALARM] 按键可进入报警信息显示页面，如图 4-14 所示。按〖ALARM〗

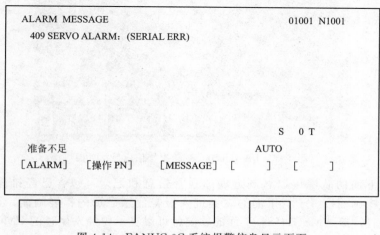

图 4-14　FANUC 0C 系统报警信息显示页面

下面的软键，进入系统报警页面，显示系统报警信息，即图 4-14 所示的页面；按〖操作 PN〗下面的软键进入软件开关显示页面，可以操作一些功能的开、关；按〖MESSAGE〗下面的软键进入 PMC 报警显示页面，显示 PMC 的报警信息，如图 4-15 所示。

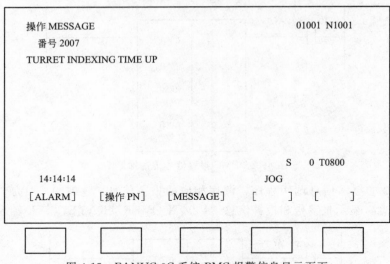

图 4-15　FANUC 0C 系统 PMC 报警信息显示页面

4.1.3　FANUC 0iC 数控系统 PMC 报警信息的调用

FANUC 0iC 系统的 PMC 检测到机床故障后，在系统的显示器上显示报警信息或者操作信息，一些故障通过这些信息就可以发现问题。但在显示器的报警行只能显示一条报警信息，为了查看所有的报警信息，FANUC 0iC 系统应该进行如下操作。

按系统面板上的 〔?〕 MESSAGE 按键进入报警信息和操作信息显示页面，如图 4-16 所示。

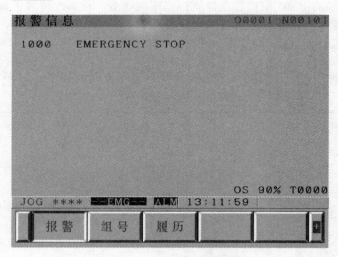

图 4-16　FANUC 0iC 系统报警信息显示页面

按〖履历〗下面的软键可以看到近期的报警信息和记录，包含已经排除的故障，如图 4-17 所示。在这个画面按〖＋〗下面的软键进入报警信息显示的扩展画面，如图 4-18 所示。在显示这个画面时，按〖MSGHIS〗下面的软键就可以显示曾经发生过的 PMC 操作信息（也就是操作信息履历），如图 4-19 所示。

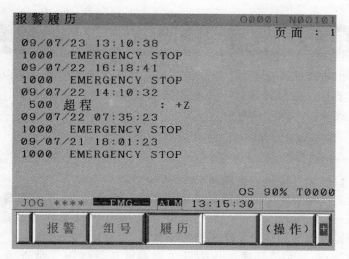

图 4-17　FANUC 0iC 系统报警履历

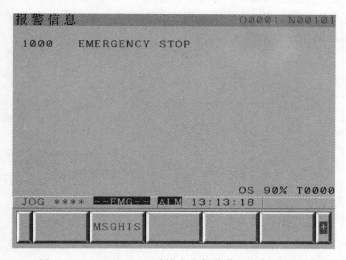

图 4-18　FANUC 0iC 系统含有操作信息软键的页面

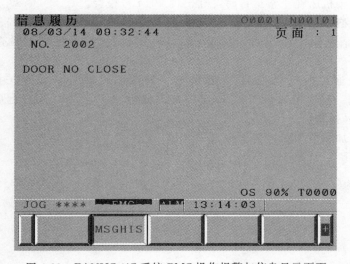

图 4-19　FANUC 0iC 系统 PMC 操作报警与信息显示页面

4.2 利用 PMC 报警信息维修案例

数控机床的很多机床侧故障 PMC 都能检测出来并产生报警信息，所以数控机床出现故障时要首先检查系统上有什么报警信息，一些故障根据报警信息就可判断出原因，从而排除故障。下面是这方面故障的实际维修案例。

【案例 4-2】 一台数控车床出现 2043 号报警。

数控系统：FANUC 0TC 系统。

故障现象：这台机床开机后，出现 2043 号报警。

故障分析与检查：利用系统的报警信息显示功能，查看 2043 号的报警信息，该报警的报警信息为 "Hydrauic pressure down"（液压压力低），指示液压系统压力低。为此，首先检查液压系统的压力表显示的实际压力，发现确实偏低。

根据机床工作原理，PMC 是通过压力开关检测液压系统压力是否满足机床要求，如图 4-20 所示，检测液压系统压力的压力开关 P4.3 接入 PMC 的输入 X4.3，压力低时压力开关断开，X4.3 输入没有电压输入，PMC 的用户程序检测到这个信号后，就会产生液压压力低报警（当然前提是液压泵启动信号已经发出）。

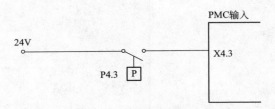

图 4-20 PMC 液压压力检测连接原理

故障处理：因为故障原因已经非常明了，就是液压泵的输出压力过低。为此，对液压系统的液压泵进行调整，使压力提高符合机床要求后，机床报警消失。

【案例 4-3】 一台数控车床在运行时出现 2014 号报警。

数控系统：FANUC 0TC 系统。

故障现象：这个机床在正常运行时突然出现 2014 号报警。

故障分析与检查：FANUC 0C 系列数控系统 2014 号报警为 PMC 报警，检查报警信息，2014 的报警信息为 "Lubrication oil no enough（润滑油不足）"，检查润滑油箱发现油位过低。

润滑油不足是通过液位开关 L2.7 检测的，如图 4-21 所示，该开关接入 PMC 的输入 X2.7，当油位低时，这个开关断开，X2.7 的状态变为 "0"，PMC 用户程序检测到这一状态后就会产生 2014 号报警。

故障处理：添加润滑油后报警消除。

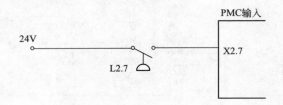

图 4-21 PMC 润滑油位检测连接原理

【案例 4-4】 一台数控车床出现 2038 号报警。

数控系统： FANUC 0TC 系统。

故障现象： 这台机床开机出现 2038 号报警，2038 报警的报警信息为 "BATTERY ALARM"（电池报警），指示后备电池电压不足。

故障分析与检查： 这个报警是 NC 系统检测出来的，当 NC 系统发现后备电池电压低时，将 NC 输出到 PMC 的标志信号 F149.2 置 "1"，PMC 用户程序检测到 F129.2 信号变为 "1" 后，就会产生 2038 号报警，指示系统后备电池电压低。

在系统开机的情况下，拆下系统后备电池进行测量，发现电池电压确实偏低。

故障处理： 在系统通电的情况下，用高质量的碱性电池（1 号电池）更换电池盒中的失效电池，复位操作后故障报警消除。

【案例 4-5】 一台数控磨床出现 1008 号报警。

数控系统： FANUC 0iTC 系统。

故障现象： 这台机床工作时突然出现 1008 号报警。

故障分析与检查： 检查报警信息，1008 报警的内容为 "MIST OIL FAULT"（油雾故障），指示润滑油雾有故障，根据报警信息对油雾器进行检查发现油雾器内油太少。

故障处理： 添加润滑油后，复位故障报警，机床恢复正常工作。

4.3 利用数控系统的 PMC 状态显示功能诊断机床侧故障维修案例

FANUC 数控系统都具有 PMC 输入、输出和标志位的状态显示功能，当数控机床出现机床侧故障报警时，可以通过查看 PMC 的状态来诊断故障。

【案例 4-6】 一台数控车床工件不卡紧。

数控系统： FANUC 0TC 系统。

故障现象： 在进行自动操作时，踩下脚踏开关，但工件没有卡紧操作。

故障分析与检查： 根据机床工作原理，第一次踩下脚踏开关时，工件应该卡紧，第二次踩下脚踏开关时，松开工件。脚踏开关接入 PMC 输入 X2.2，如图 4-22 所示。

图 4-22 PMC 输入 X2.2 的连接图

首先利用系统 PMC 状态显示功能检查 X2.2 的状态，按下 [DGNOS PARAM] 键后，再按〖诊断〗下面的软键进入图 4-23 所示的 PMC 状态显示页面，在踩下脚踏开关时，观察 PMC 输入 X2.2 的状态，发现一直为 "0"，不发生变化。所以怀疑脚踏开关有问题。检查脚踏开关发现确实损坏。

故障处理： 更换脚踏开关后，机床恢复正常工作。

诊断			01001 N1001

番号	数值	番号	数值
X 0 0 0 0	0 0 0 0 0 0 0 0	X 0 0 1 0	0 0 0 0 0 0 0 0
X 0 0 0 1	0 0 0 0 0 0 0 0	X 0 0 1 1	0 0 0 0 0 0 0 0
X 0 0 0 2	0 0 0 0 0 0 0 0	X 0 0 1 2	0 0 0 0 0 0 0 0
X 0 0 0 3	0 0 0 0 0 0 0 0	X 0 0 1 3	0 0 0 0 0 0 0 0
X 0 0 0 4	0 0 0 0 1 0 0 0	X 0 0 1 4	0 0 0 0 0 0 0 0
X 0 0 0 5	0 0 0 0 0 0 0 0	X 0 0 1 5	0 0 0 0 0 0 0 0
X 0 0 0 6	0 0 1 0 0 1 1 1	X 0 0 1 6	1 0 1 0 0 0 0 0
X 0 0 0 7	0 0 0 0 0 0 0 0	X 0 0 1 7	1 0 0 0 0 0 0 0
X 0 0 0 8	0 0 0 0 0 0 0 0	X 0 0 1 8	1 0 1 1 0 0 0 0
X 0 0 0 9	0 0 0 0 0 0 0 0	X 0 0 1 9	0 0 0 0 0 0 0 0

番号0000　　　　　　　　　　　　　　　　　　　　S　　　0 T

14:14:14　　　　　　　　　　　　　　AUTO

[参数]　　　[诊断]　　　[　]　　　[SV-PRM]　　　[　]

图 4-23　FANUC 0TC 系统 PMC 状态显示页面

【案例 4-7】　一台数控车床出现报警"2041 X-axis over travel"（X 轴超行程）。

数控系统： FANUC 0TC 系统。

故障现象： 这台磨床开机就出现 2041 报警，指示 X 轴超行程。

故障分析与检查： 因为是 X 轴超行程报警，但对 X 轴进行检查，发现 X 轴滑台却在行程范围内，并没有压上行程限位开关，根据行程限位开关的连接图（图 4-24），X 轴行程限位开关连接到 PMC 输入 X0.0 上，利用系统 DGNOS PARAM 功能，检查 PMC 输入 X0.0 的状态，发现为"1"，表示 X 轴行程限位开关已经被压上，说明是 X 轴行程限位开关的问题引起的误报警，将 X 轴行程限位开关拆下检查发现开关已经损坏。

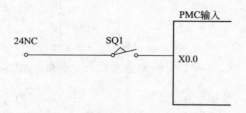

图 4-24　X 轴行程限位开关的连接

故障处理： 更换 X 轴行程限位开关，机床恢复正常工作。

【案例 4-8】　一台数控车床出现报警"2012 CHUCK UNCLAMP"（卡盘没有卡紧）。

数控系统： FANUC 0TC 系统。

故障现象： 一次这台机床出现故障，在自动加工时，出现 2012 报警，加工程序中止。

故障分析与检查： 根据"卡盘没有卡紧"的报警提示信息，检查卡盘时发现确实没有卡紧工件。

根据机床工作原理，卡盘的卡紧是电磁阀控制的，PMC 的输出 Y49.1 通过一个直流继电器控制此电磁阀，如图 4-25 所示，利用 DGNOS PARAM 功能观察 PMC 输出 Y49.1 的状态，在卡盘卡紧时其状态为"1"没有问题，那么可能是继电器 R16 或者电磁阀 Z16 损坏，测量继电器 R16 线圈上有 24V 电压，但其常开触点却没有闭合（测量触点两端有 AC 110V 电压），说明继电器 R16 损坏。

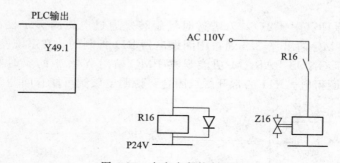

图 4-25　卡盘卡紧控制原理

故障处理： 更换继电器 R16，机床恢复正常使用。

【**案例 4-9**】　一台数控车床在自动加工过程中出现报警"2007 TURRET INDEXING TIME UP"（刀塔分度时间超）。

数控系统： FANUC 0TC 系统。

故障现象： 观察故障现象，在刀塔旋转启动后，刀塔旋转不停，并出现 2007 号报警，指示刀塔旋转超时。按系统复位按键后，刀塔旋转停止，但出现报警"2031 TURRET NOT CLAMP"（刀塔没有卡紧），指示刀塔没有卡紧。观察故障现象，发现刀塔根本没有回落的动作。

故障分析与检查： 根据刀塔的工作原理和电气原理图（图 4-26），PMC 输出 Y48.2 通过继电器控制刀塔推出电磁阀工作。对故障进行分析检查，首先怀疑数控系统没有发出刀塔回落命令，但利用系统 DGNOS PARAM 功能观察 PMC 输出 Y48.2 的实时状态，在刀塔旋转找到第一把刀后，Y48.2 的状态变成"0"，说明刀塔回落的命令已发出，检查刀塔推出的电磁阀的电源也已断开，但刀塔并没有回落，说明电磁阀 Z9 有问题。

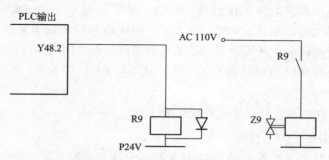

图 4-26　刀塔推出控制原理

故障处理： 更换电磁阀 Z9 后，机床故障消除。

【**案例 4-10**】　一台数控车床在自动加工过程中出现报警"2007 TURRET INDEXING TIME UP"（刀塔分度超时）。

数控系统：FANUC 0TC 系统。

故障现象：这台机床在执行自动加工过程中出现 2007 报警，指示刀塔分度出现问题。

故障分析与检查：观察故障现象，将系统操作方式改为手动，这时旋转刀塔没有问题。但再执行加工程序时还是出现 2007 报警，观察故障现象，原来手动操作刀塔只能顺时针旋转，而出现故障时是执行加工程序刀塔逆时针旋转的操作。

使用 MDI 方式编辑刀塔逆时针旋转分度的语句，这时观察故障现象，发现刀塔浮起后，没有进行旋转分度操作，过一会儿就出现了 2007 报警。从而确定故障是刀塔不能逆时针旋转分度。

分析机床工作原理（图 4-27），刀塔逆时针旋转是通过电磁阀 Z11 控制液压马达来完成的，电磁阀 Z11 是 PMC 输出 Y48.4 通过中间继电器 R11 控制的。在系统发出刀塔逆时针操作指令后，通过系统 DGNOS PARAM 功能观察 PMC 输出 Y48.4 的实时状态，其状态变为"1"，R11 继电器线圈得电，R11 的常开触点闭合，说明电磁阀可能有问题。

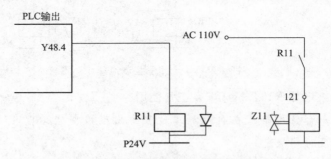

图 4-27　刀塔逆时针旋转控制原理图

将机床防护罩打开对 Z11 电磁阀进行检查，发现 Z11 电磁阀上接线端子的一根导线脱落。

故障处理：把这根导线连接并紧固后，这时进行刀塔逆时针旋转试运行操作，旋转恢复正常，故障消除。

【案例 4-11】　一台数控加工中心出现报警"2040 B AXIS CLAMP DETECT"（B 轴卡紧检测）。

数控系统：FANUC 16i-M 系统。

故障现象：这台机床开机出现 2040 报警，这时 B 轴卡紧报警。

故障分析与检查：根据机床工作原理，B 轴卡紧压力检测开关 SW70 接入 PMC 的输入 X4.4，通过系统诊断功能检查 X4.4 状态为"0"，说明没有检测到卡紧压力。检查液压系统，发现压力开关前级电磁阀没有液压油流出，说明电磁阀可能有问题。

故障处理：更换电磁阀后，压力开关 SW70 闭合，PMC 输入 X4.4 的状态变为"1"，机床报警消除。

【案例 4-12】　一台数控铣床开机出现报警"2017 Indexer not down"（分度器没在下面）。

数控系统：FANUC 0iMC 系统。

故障现象：这台机床开机就出现 2017 报警指示分度装置没有落下归位。

故障分析与检查：检查分度装置，已经落下。检测分度装置落下的接近开关 SQ50 接入 PMC 输入 X5.0，利用数控系统 DGNOS PARAM 功能检查 X5.0 的状态为"0"，继续检查发现开关 SQ50 已经松动，检测距离变大。

故障处理：将接近开关 SQ50 的位置调整好，并紧固后，机床恢复正常工作。

【案例 4-13】 一台数控外圆磨床在自动加工时出现报警"2022 Dress arm lower time-out"(修整臂降低超时),自动循环中止。

数控系统:FANUC 0MC 系统。

故障现象:这台机床在自动加工时出现 2022 报警,指示砂轮修整器工作不正常。

故障分析与检查:观察修整臂确实没有落下,根据机床工作原理,修整臂落下是由电磁阀 V48.2 控制的,检查这个电磁阀确实无电。PMC 输出 Y48.2 通过中间继电器 K48.2 控制电磁阀 V48.2,利用数控系统 DGNOS PARAM 功能检查 Y48.2 的状态为"1"没有问题。检查中间继电器 K48.2 的触点已烧坏。

故障处理:更换继电器,机床恢复正常工作。

【案例 4-14】 一台数控内圆磨床开机控制电源给电后,磨轮修整器就开始旋转,不停止。

数控系统:FANUC 0iMC 系统。

故障现象:这台机床开机,液压启动后磨轮修整器就开始旋转。

故障分析与检查:根据机床工作原理,磨轮修整器是靠液压马达来驱动旋转的。PMC 输出 Y53.4 通过继电器 K53.4 控制旋转电磁阀,利用数控系统 DGNOS PARAM 功能检查 Y53.4 的状态,为"0"没有问题,但是电磁阀有电。检查继电器 K53.4 发现其常闭触点闭合。

故障处理:更换新的继电器后,机床故障消除。

【案例 4-15】 一台数控内圆磨床加工时出现报警"2040 X axis not enable:arm not up"(X 轴不能使能:机械手臂没在上面)。

数控系统:FANUC 0iTC 系统。

故障现象:这台机床在自动加工时出现 2040 报警,指示机械手臂没有抬起。

故障分析与检查:出现故障时,检查机械机械手的位置,发现已经抬起。根据机床工作原理检测机械手臂是否在上面是由无触点开关 SQ8.5 来完成的,接入 PMC 的输入 X8.5,利用数控系统 DGNOS PARAM 功能检查 X8.5 的状态为"0",继续检查发现是 SQ8.5 无触点开关损坏了。

故障处理:更换新的开关后故障消除。

【案例 4-16】 一台数控车床出现报警"2045 CHUCK UNCLAMP"(卡盘没有卡紧)。

数控系统:FANUC 0TC 系统。

故障现象:一次这台机床出现故障,在自动加工时,出现 2045 报警,加工程序终止。

故障分析与检查:根据"卡盘没有卡紧"的报警显示,检查卡盘发现确实没有卡紧工件。

根据机床工作原理,卡盘的卡紧是电磁阀 Z16 控制的,PMC 的输出 Y49.1 通过一个直流继电器 R16 控制这个电磁阀,如图 4-28 所示,利用 DGNOS PARAM 功能观察 PMC 输出 Y49.1 的状态,在卡盘卡紧时其状态为"1"没有问题,那么可能是中间继电器 R16 损坏,检

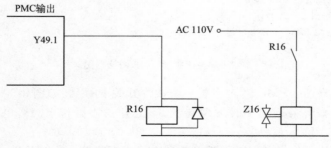

图 4-28 卡盘卡紧控制原理

查继电器 R16 线圈有电压，但触点没有闭合，说明确实是 R16 继电器损坏。

故障处理：更换继电器，机床恢复正常使用。

4.4 利用梯形图诊断机床侧故障案例

FANUC 数控系统的 PMC 是通过运行用户程序（梯形图）来检测机床侧故障的，所以出现比较复杂的故障时应该分析检查产生故障的梯形图，从而来确定产生故障的各种原因，然后逐个排除最后确诊故障原因，FANUC 数控系统可以在线显示梯形图的运行，利用这一功能，可以诊断比较复杂的机床侧故障。

对于数控机床的维修人员来说，应该熟练掌握所使用数控系统的 PMC 编程语言，以便在分析机床 PMC 梯形图时轻车熟路。另外要有梯形图的图纸文件，便于离线查阅。

使用梯形图诊断机床侧故障是数控机床维修人员必须掌握的技能。

利用梯形图诊断数控机床的故障通常有两种方式。

（1）从结果出发

从结果出发就是从报警的结果或者没有执行的动作作为出发点，找到相应的梯形图，根据梯形图的运行状态，发现条件没有满足的原因，然后以这个原因作为下一个结果再根据梯形图找到另一个原因，从一个结果到一个原因，再以这个原因作为结果查找另一个原因，从下至上（逻辑关系）最终查到故障的根本原因。在这个过程中，始终以 PMC 梯形图作为主线。这种方法是诊断数控机床机床侧故障比较常用的方法。

（2）从指令信号出发

从指令信号出发就是以动作的指令信号作为出发点，根据梯形图从上至下（逻辑关系）向下查，最终找到故障原因。

下面通过几个故障维修案例介绍使用梯形图检测机床侧故障的方法。

【案例 4-17】 一台数控车床出现报警"2046 X AXIS CLUTCH OPEN"（X 轴离合器打开）。

数控系统：FANUC 0TC 系统。

故障现象：这台开机出现 2046 号报警，不能运行加工程序。

故障分析与检查：FANUC 0TC 系统的 2046 报警属于 PMC 报警，所以，可以利用系统梯形图显示功能查看报警原因。关于 2046 报警的梯形图如图 4-29 所示，由于 PMC 输入 X0.2 的常开触点闭合，导致中间标志位 R523.5 有电，从而产生了 2046 报警。

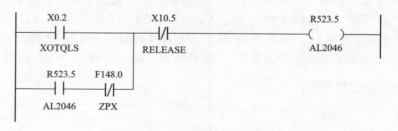

图 4-29　关于报警 2046 的梯形图

根据机床电气原理图，PMC 输入连接一个位置开关 PRS1，如图 4-30 所示，检查这个开关并没有闭合，检查该开关的连接时发现端子 65 上有一铁屑与 +24V 电源端子短接，造成 X0.2 输入为"1"。

故障处理：清除这个铁屑并对接线端子排和电缆进行防护，这时开机，机床故障排除。

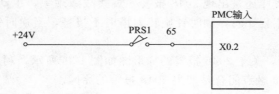

图 4-30　PMC 输入 X0.2 的连接图

【案例 4-18】　一台数控外圆磨床出现报警"1010 LOAD ARM ERROR"（装载臂故障）。

数控系统： FANUC 0iTC 系统。

故障现象： 这台机床一次在自动加工时出现 1010 报警，指示装载臂出现问题。

故障分析与检查： 观察故障现象，发现装载机械手停在磨削位置，没有将加工完的工件带出。

利用系统梯形图功能，观察关于 1010 的报警梯形图（图 4-31），由于 Y8.5 和 X8.5 一直连通，使 R851.4 带电产生 1010 报警。

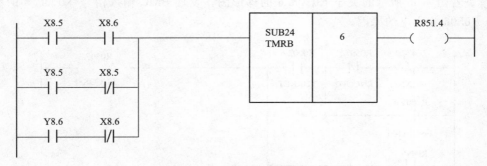

图 4-31　1010 报警梯形图

根据机床电气原理图，PMC 输出 Y8.5 控制电磁阀 V8.5 使装载臂向上料口旋转，如图 4-32 所示，而 PMC 输入 X8.5 连接的检测开关用来检查装载臂是否达到上料口。Y8.5 闭合说明装载臂向出料口旋转的指令已经发出，检查电磁阀 V8.5 线圈也有 110V 电压，检查电磁线圈烧断，确认为电磁阀 V8.5 损坏。

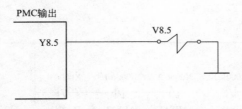

图 4-32　PMC 输出 Y8.5 的连接图

故障处理： 更换电磁阀 V8.5，机床恢复正常。

【案例 4-19】　一台数控车床出现报警"2048 TURRET ENCODER ERROR"（刀塔编码器错误）。

数控系统： FANUC 0TC 系统。

故障现象： 一次机床出现故障，在执行加工程序旋转刀塔后，出现 2048 报警，指示刀塔编码器有问题。

故障分析与检查： 出现故障后将操作方式改为手动，复位报警，这时旋转刀塔没有问题。

改为自动方式执行加工程序还是出现 2048 报警。观察故障现象，手动转动刀塔时，刀塔只能顺时针旋转，而执行加工程序时，顺时针旋转刀塔时不报警，当逆时针找刀时，刀号找到后，出现 2048 报警。

查看 PMC 的梯形图，关于 2048 报警的梯形图如图 4-33 所示，利用系统 PMC 梯形图在线显示功能，发现 R0507.3 触点闭合是产生 2048 报警的原因。

图 4-33　关于报警 2048 的梯形图

查看如图 4-34 所示的关于 R0507.3 的梯形图发现 R0506.6 触点闭合是 R0507.3 得电的原因。继续查看图 4-35 所示的关于 R0506.6 的梯形图，发现 PMC 输入信号 X0006.5 的状态为 "0"，是 R0506.6 得电的原因。

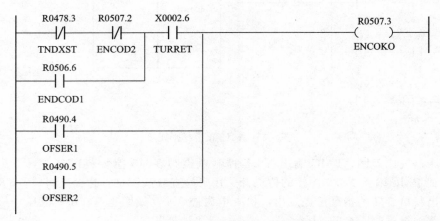

图 4-34　关于 R0507.3 的梯形图

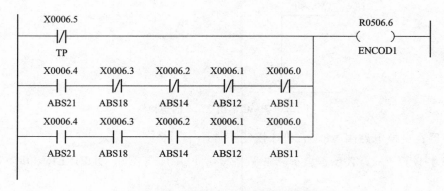

图 4-35　关于 R0506.6 的梯形图

根据机床工作原理，X0006.5 连接刀塔编码器的 TP 信号，刀塔到位时这个信号应该为 "1"，手动操作转动刀塔，发现这个信号 "0""1" 变化正常，说明编码器没有什么问题，编码器位置需要调整。

故障处理： 将刀塔后盖打开，将编码器固定螺栓松开，调整编码器的位置后，机床故障排除。

【**案例 4-20**】 一台数控外圆磨床出现报警 "2001 COOLANT PRESS MISSED"（冷却压力丢失）。

数控系统： FANUC 0iTC 系统。

故障现象： 这台机床在自动加工时出现 2001 报警，加工程序中止。

故障分析与检查： 因为报警指示冷却压力有问题，对机床磨削冷却液系统进行检查，发现冷却液压力和流量都没有问题。

检查产生 2001 报警的梯形图（图 4-36），发现 PMC 输入 X9.1 常闭触点没有断开产生了 2001 报警，PMC 输入 X9.1 连接的是检测冷却的压力开关（图 4-37），其状态为 "0"，说明没有冷却压力达到信号，检查压力开关，发现已经损坏。

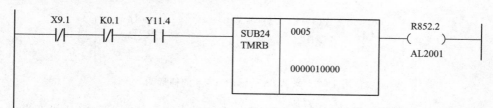

图 4-36　关于 2001 报警的梯形图

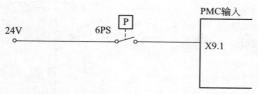

图 4-37　PMC 输入 X9.1 的连接图

故障处理： 更换压力开关 6PS，机床恢复正常工作。

4.5 机床侧无报警故障维修案例

数控机床的有些故障没有报警信息显示，只是某些动作不执行。诊断这类故障，要熟练掌握数控机床的工作原理，仔细观察故障现象，根据数控系统的工作原理和 PMC 的梯形图来诊断故障。图 4-38 是这类故障的一般检测流程图。

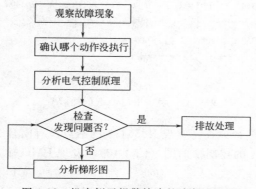

图 4-38　机床侧无报警故障的诊断流程图

下面介绍几个实际维修案例，从中可以了解到维修数控机床没有报警的故障方法、经验和技巧。

【**案例 4-21**】　一台数控外圆磨床机械手不动作。

数控系统：FANUC 0iTC 系统。

故障现象：这台机床在正常加工时，突然出现故障，机械手不上行。

故障分析与检查：这台机床是一台全自动外圆磨削数控机床，采用机械手送、取工件。出现故障时，工件已磨削结束，等待机械手上行取出工件。

根据机床工作原理 PMC 输出 Y8.6 控制机械手上行电磁阀，通过 PMC 信号检查功能发现 PMC 输出 Y8.6 没有输出。

将 PMC 的梯形图调出进行在线显示，关于 Y8.6 的梯形图如图 4-39 所示，发现 R0340.4 触点没有闭合是 Y8.6 不能得电的原因。

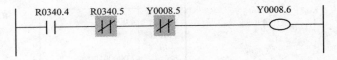

图 4-39　关于 PMC 输出 Y8.6 的梯形图

调出关于 R0340.4 的梯形图（图 4-40），R0340.2 没有闭合使得 R0340.4 没有得电。

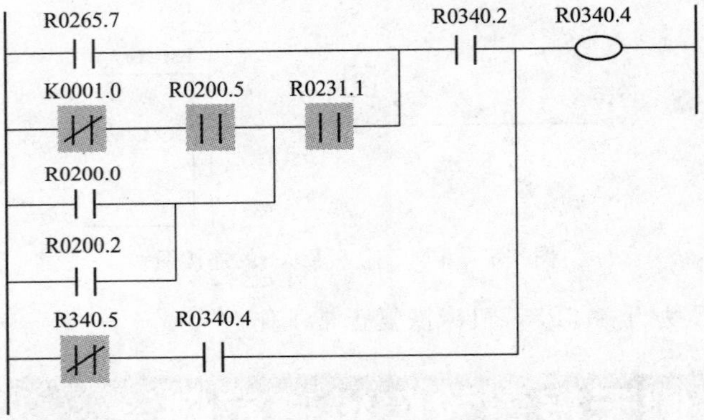

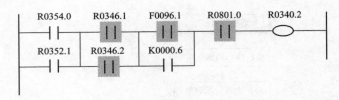

图 4-40　关于 R0340.4 的梯形图

R0340.2 是机械手上行的条件，其梯形图见图 4-41，查看这个梯形图的运行，发现触点 R0354.0 没有闭合。

图 4-41　关于 R0340.2 的梯形图

根据图 4-42 的梯形图进行检查，发现 R0354.1 的触点没有闭合。

继续检查关于 R0354.1 的控制梯形图（图 4-43），发现 PMC 输入 X9.4 的状态为 "0" 导致 R0354.1 不能得电。

根据机床电气原理图进行检查，发现 PMC 输入连接继电器 KA14 的触点信号，如图 4-44

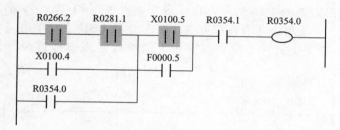

图 4-42 关于 R0354.0 的梯形图

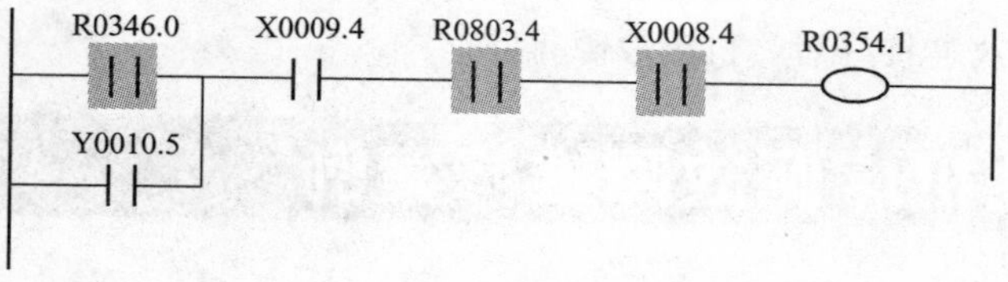

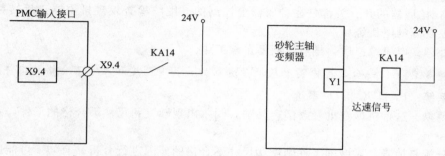

图 4-43 关于 R0354.1 的梯形图

所示，而继电器 KA14 受砂轮主轴变频器的运行信号 Y1 控制，Y1 是砂轮主轴达速信号，检查这个信号已输出没有问题，KA14 线圈也有电，继续检查发现 KA14 的触点损坏。

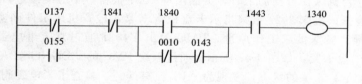

图 4-44 PMC 输入 X9.4 连接图

故障处理：更换继电器 KA14 后，机械手恢复正常工作。

【**案例 4-22**】 一台数控加工中心，三个轴都不动。

数控系统：FANUC 11M 系统。

故障现象：这台机床开机后，在 JOG 和 HANDLE 方式下，X、Y 和 Z 三轴都不动，显示器上没有报警。

故障分析与检查：检查 NC 装置及 NC 与各接口的连接单元都没有问题，系统初始化自检也正常。查看系统 PMC 的 I/O 诊断页面，发现联锁信号 ∗ITX、∗ITY 和 ∗ITZ 都为"0"。从 PMC 梯形图在线显示观察 ∗ITX（0594）、∗ITY（0595）和 ∗ITZ（0596）也确实没有接通。根据梯形图进行检查发现 1340 没有闭合是三轴无法运动的原因，图 4-45 是关于 1340 的梯形图，从这个梯形图在线显示观察，1840 触点没有闭合导致 1340 无电。

```
    0137    1841    1840         1443    1340
  ──┤/├────┤/├────┤ ├──────────┤ ├────( )──
    0155          0010  0143
  ──┤ ├────      ──┤/├──┤/├──
```

图 4-45 关于 1340 的梯形图

关于 1840 的梯形图如图 4-46 所示，在线观察，发现 0074 和 0075 都没有接通。0074 和 0075 连接两个工作台卡紧和松开的行程开关 LS10-10 和 LS10-11，在正常工作状态下这开关 LS10-10 应该闭合，开关 LS10-11 应该断开。继续检查发现连接这两开关的公共电源地线断开。

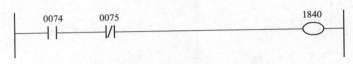

图 4-46　关于 1840 的梯形图

故障处理：将断线连接好后，机床故障排除。

4.6　其他机床侧故障维修案例

【案例 4-23】　一台数控车床排屑器不转。

数控系统：FANUC 0TC 系统。

故障现象：这台机床启动排屑器不转。

故障分析与检查：分析这台车床的控制原理，这台机床的排屑器是独立装置，不需要 PMC 控制，排屑器的开、关都是在排屑器上控制的。继续检查发现排屑器正反转都不转，检查排屑器发现驱动电机烧坏。

故障处理：电机维修后，排屑器恢复正常工作。

【案例 4-24】　一台数控内圆磨床批量磨削的产品有圆度和尺寸不合格的工件。

数控系统：FANUC 0iTC 系统。

故障现象：这台机床在批量磨削产品中，偶尔出现圆度和尺寸不合格的工件，系统无任何报警。

故障分析与检查：对磨削工件圆度和尺寸不合格的原因进行分析，有如下可能原因。

① 进给伺服系统"爬行"造成的。

② 滚珠丝杠润滑不良或联轴器与滚珠丝杠连接松动。

③ 电磁吸盘瞬间失灵或者有时吸力不足。根据上述分析，首先检查伺服系统，正常没有问题；检查联轴器与滚珠丝杠，均没有发现问题；检查工件电磁吸盘电磁线圈控制电路，发现控制电磁线圈直流继电器的常开触点发黑，反复进行手动给磁操作，监控检查电磁线圈和这个继电器常开触点间电压，发现有时继电器得电，该常开触点间有电压，电磁线圈无电压，说明这个继电器触点已不能可靠吸合。

故障处理：更换电磁吸盘控制继电器后，机床加工工件稳定合格，故障消除。

【案例 4-25】　一台数控车床在自动加工时出现报警"2021 CHUCK UNCLAMP"（卡盘没有卡紧）。

数控系统：FANUC 0TC 系统。

故障现象：这台机床在自动加工时，突然出现 2021 报警，不能继续进行自动加工。

故障分析与检查：机床 2021 报警指示卡盘没有卡紧，检查机床工件确实没有卡紧，因此自动加工不能进行。根据机床工作原理，PMC 输出 Y48.1 通过直流继电器 K5 控制电磁阀 YV5，YV5 控制卡盘卡紧，如图 4-47 所示。通过系统 PMC 的"DGNOS PARAM"状态显示功能检查 PMC 输出 Y48.1 的状态，发现为"1"没有问题，检查卡紧电磁阀 YV5 线圈上也有电压，对线圈进行检查发现卡紧电磁阀线圈烧坏。

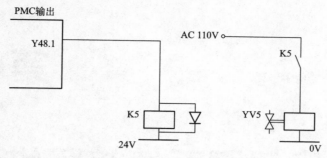

图 4-47　卡盘控制原理图

故障处理：更换电磁阀的线圈后，机床恢复正常工作。

【案例 4-26】　一台数控铣床经常出现报警"530 OVER TRAVEL：＋Z AXIS"（Z 轴正向超限位）。

数控系统：FANUC 0MC 系统。

故障现象：这台机床在操作过程中有时出现 530 报警指示 Z 轴超软件限位。

故障分析与检查：根据这台机床的工作原理，通常情况下由于有轴向限位开关的保护，不会出现软件超程报警。为此，首先检查软件超程机床数据的设置，正常没有发现问题。那么是不是硬件限位开关失效呢？将机床防护罩打开对 Z 轴正向行程限位开关进行检查，用手按下限位开关，这时系统产生超硬件限位报警，没有问题。在手动操作方式下移动 Z 轴，观察到当 Z 轴限位撞块压上限位开关时，机床并没有产生报警，而是继续运行直到产生 530 报警。

检查 Z 轴限位撞块没有松动，当将限位开关拆下检查时发现该开关紧固螺孔的一角断裂，致使限位撞块压上限位开关时，开关产生了移位，开关的触点不能动作。

故障处理：更换 Z 轴限位开关后，机床故障消除。

FANUC 第5章

数控机床伺服系统故障维修案例

伺服是英文单词"Servo"的音译，英文的本意为"服从"，与中文伺服的含义也是相同的。

数控机床的伺服系统（servo system）是以机床移动部件的位移和速度为直接控制目的的自动控制系统，也称为位置随动系统，简称伺服系统。形象地说就是伺服系统按照数控系统的要求，让伺服系统以规定的速度移动多少距离（旋转多少角度），伺服系统就坚决"服从"，按数控系统规定的设定速度移动指定的距离（旋转指定的角度）。

常见的伺服系统有开环系统和闭环系统之分、直流伺服系统和交流伺服系统之分、进给伺服和主轴驱动系统之分、电液伺服系统和电气伺服系统之分。

进给伺服系统控制机床移动部件的位移，以直线运动为主，控制速度和位移量。

主轴驱动系统控制主轴的旋转，以旋转运动为主，主要控制速度。

如果把数控系统比作数控机床的"大脑"，是发布"命令"的指挥机构，那么伺服系统就是数控机床的"四肢"，是执行"命令"的机构，它忠实而准确地执行由数控系统发来的运动命令。

驱动系统是由驱动执行元件和驱动装置组成的。驱动执行元件由交流或者直流伺服电动机、速度电流检测元件及相关的机械传动和运动部件组成。

数控机床伺服系统的性能很大程度上决定了数控机床的性能。数控机床的最高移动速度、跟踪速度、定位精度等重要指标取决于伺服系统的动态和静态特性。

伺服系统的作用接收来自数控系统的指令信号，经过放大和转换，驱动数控机床的执行元件跟随指令信号运动，实现预期的运动，并保证动作的快速、稳定和准确。伺服系统本身是一个速度和电流的双闭环控制系统，从而保证运行时速度和力矩的稳定。

5.1 伺服控制系统故障维修案例

伺服驱动系统是一种执行机构，它能够准确地执行来自数控装置的运动指令。典型数控机床的伺服系统基本构成如图5-1所示，数控系统通过测量模块向伺服单元发出运动指令，伺服单元接收到来自数控系统的指令信号后，经过电流、速度双闭环控制，通过伺服放大器控制伺服电机的运行，同时位置反馈元件将位置信号反馈到数控系统的伺服轴控制模块（轴卡），形成半闭环或者全闭环的位置控制系统。PMC（PLC）起运行监视作用：一方面监视伺服系统中的伺服电机是否过载过热；另一方面监视行程是否在规定范围内，是否到达干涉区，如果出现异常，立即报警，并且停止伺服轴运行。

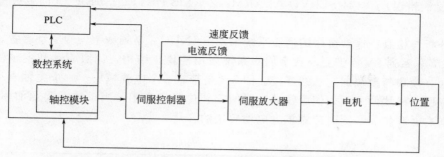

图 5-1　典型数控机床伺服系统的基本构成

　　根据伺服系统的构成，伺服系统的故障可分为伺服控制单元的故障、位置反馈部分的故障、伺服电机的故障和其他故障。图 5-2 是诊断数控机床伺服故障的流程图。

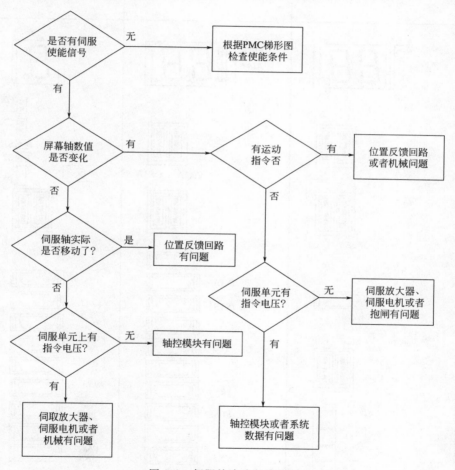

图 5-2　伺服故障诊断流程图

【案例 5-1】　一台数控车床出现伺服报警。

数控系统： FANUC 0TC 系统。

故障现象： 这台机床一次出现故障，在自动加工时出现报警 "401 SERVO ALARM：（VRDY OFF）"（伺服报警，没有 VRDY 准备好信号）、"409 SERVO ALARM：（SERIAL ERR）"（伺服报警，串行主轴错误）、"414 SERVO ALARM：X AXIS DETECT ERR"（伺服

报警 X 轴检测错误）、"424 SERVO ALARM：Z AXIS DETECT ERR"（伺服报警 Z 轴检测错误）。

故障分析与检查： 这台机床的伺服系统采用 FANUC α 系列数字伺服驱动装置。

FANUC α 系列 SVM 型交流数字伺服系统采用模块化结构，伺服驱动和主轴驱动共用一个电源模块，模块与模块通过总线连接。图 5-3 是带有一个电源模块、一个主轴驱动模块与一个双轴伺服驱动模块的 α 系列伺服驱动装置的安装位置示意图，当系统需要增加驱动模块时，可以依次向右并联扩展，同时应该扩大电源模块的容量。

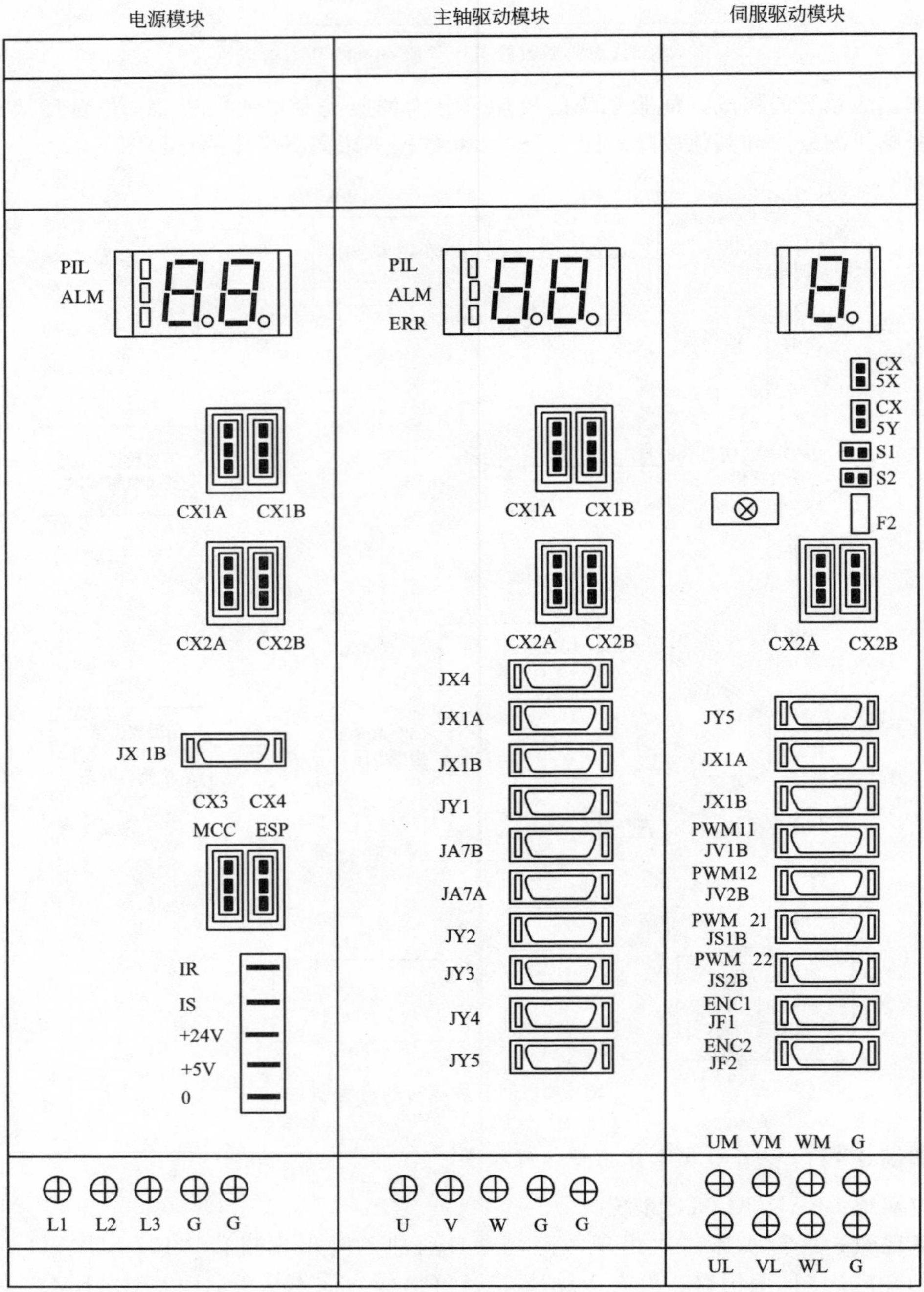

图 5-3 FANUC α 系列交流数字伺服系统

在 FANUC α 系列驱动装置中，模块按照规定的次序排列安装，由左向右依次为电源模块（PSM）、主轴驱动模块（SPM）、伺服驱动模块（SVM）。其中电源模块通常固定为一个，容量可以根据需要选择，主轴与伺服驱动模块可以安装多个。各组成模块共用电源模块提供的直流电源母线，每个模块有独立的数码管和指示灯显示其工作状态。

图 5-4 是 α 系列 SVM 型交流数字伺服系统的连接示意图。电源模块和进给伺服驱动模块上各个连接端子的用途和作用如下。

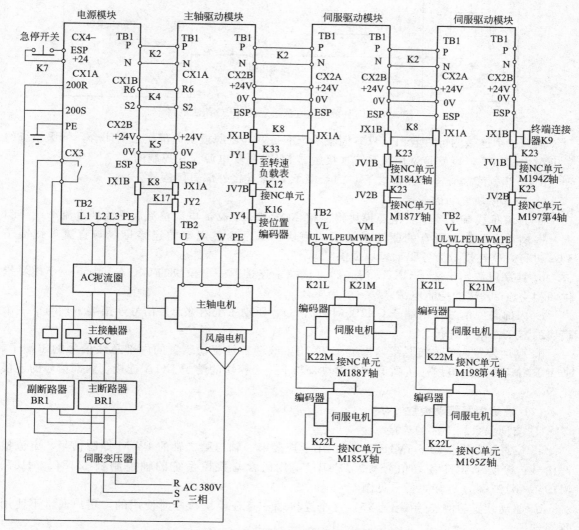

图 5-4　FANUC α 系列 SVM 型交流数字伺服系统的基本配置和连接

（1）电源模块

① 与伺服系统的外部连接

a. 电源连接端子 TB2：三相交流 200V/230V（－15％，＋10％）电源接入电源连接端子 TB2 的 L1/L2/L3/PE，所以通常电源模块的交流电源都是经过三相变压器降压的。但在采用高电压驱动的 α 系列 SVM 型交流数字伺服装置时，可以直接连接三相交流 380～460V 的电源，而不需采用伺服变压器进行降压处理。但在这种情况下进线 AC 扼流圈还是需要的。另外，必须根据不同的电源模块规格，采用规定的电缆可靠接地。

b. 控制电源输入端子 CX1A（1、2）：端子 CX1A 为控制电源输入端子，两相交流 200V

电源通过端子 CX1A 接入伺服装置作为控制电源。

c. MCC 主接触器控制输出端子 CX3（1、3）：端子 CX3 控制伺服驱动系统动力电源输入回路的主接触器 MCC，触点输出，触点驱动能力 AC 250V/2A，图 5-5 是典型的连接图。

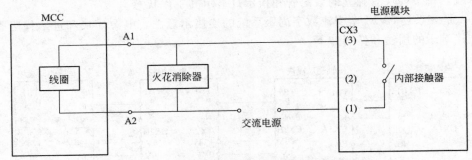

图 5-5　伺服系统主电源接触器 MCC 控制电路

根据这个连接图可以看出，只有伺服系统准备好，电源模块内部接触器闭合，伺服系统的主电源才能加上，也就是说伺服系统主接触器 MCC 是受电源模块控制的。

d. 外部急停信号输入连接端子 CX4：端子 CX4 连接外部急停信号。

② 内部模块之间的连接

a. 直流母线端子 TB1：电源模块将三相 200V/230V 交流电源整流后连接到直流母线 TB1 上，提供直流电源。所有的驱动系统组成模块都必须通过规定的连接母线与直流母线端子 TB1 进行并联连接，为各驱动模块提供电源。

b. 控制电源输出端子 CX1B（1、2）：该端子连接下一个模块的 CX1A，为下一个模块提供两相交流 200V 的控制电源。

c. 内部急停信号输出端子 CX2B（1、2、3）：驱动系统内部急停信号连接端子，与下一个模块的 CX2A 端子连接。

d. 驱动装置内部连接总线输出端子 JX1B：该端子是驱动装置的内部总线信号输出端子，通过 FANUC 专用电缆连接到下一个模块，与下一个模块的端子 JX1A 连接，内部信号的连接见图 5-6。

（2）进给伺服驱动模块 SVM

① 与伺服系统外部的连接

a. 控制信号连接端子 JV1B/JV2B：用于连接第一轴与第二轴的 PWM 控制信号、电流检测信号、控制单元准备好信号等。JV1B/JV2B 通常与数控系统的轴控制板 M184、M187、M194、M197 端子连接，信号见图 5-7。

b. 驱动装置检测连接端子 JX5：这个连接端子是在模块检修时使用的，用户通常不使用这个端子。

c. 控制信号连接端子 JS1B/JS2B：当驱动装置与 FANUC 20/21/16B/18B 等系统配套使用时，由于接口规定的标准不同（B 型接口），驱动装置与数控系统之间的 PWM 控制信号、电流检测信号、控制单元准备好信号等，需要通过 JS1B/JS2B 进行连接。FANUC 0C 系统不使用这两个接口。

d. 编码器反馈连接端子 JF1/JF2：当驱动装置与 FANUC 20/21/16B/18B 等系统配套使用时，这两个接口用于连接电机内置编码器。FANUC 0 系统不使用这两个接口。

e. 伺服电机电源连接端子 TB2：通过端子 TB2-U/V/W/PE 供给伺服电机电源（两轴模块和三轴模块的第一、第二、第三轴用 L、M、N 区分）。

② 模块之间的连接

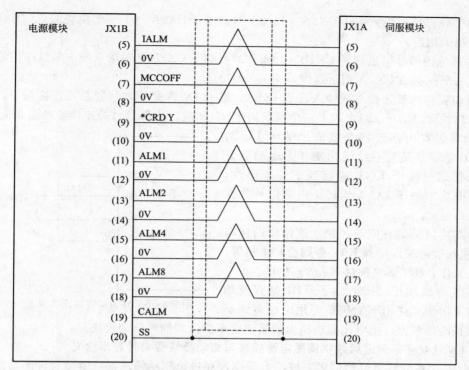

图 5-6　驱动系统控制信号总线连接

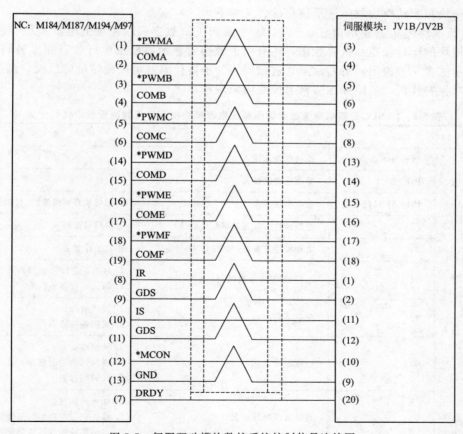

图 5-7　伺服驱动模块数控系统控制信号连接图

a. 内部急停信号输入端子 CX2A（1、2、3）：端子 CX2A 与上一个模块的 CX2B 内部急停信号连接端子相连。

b. 内部急停信号输出端子 CX2B（1、2、3）：端子 CX2B 是驱动系统内部急停信号连接端子，与下一个模块的 CX2A 端子连接。

c. 驱动装置内部连接总线输入端子 JX1A：端子 JX1A 是驱动装置总线连接端子，驱动装置的内部总线通过端子 JX1A 与上一个模块的 JX1B 相连。内部信号的连接参见图 5-6。

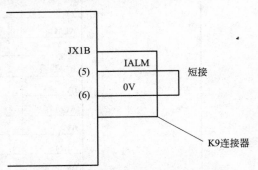

d. 驱动装置内部连接总线输出端子 JX1B：端子 JX1B 是驱动装置总线输出端子，驱动装置的内部总线通过端子 JX1B 连接到下一个模块，与下一个模块的端子 JX1A 连接。内部信号的连接见图 5-6。

如果本模块是最右侧的模块，该模块的接口 JX1B 必须插接终端连接器 K9，否则会产生报警，系统无法工作，图 5-8 是插接 K9 的连接图。

e. 直流母线端子 TB1：端子 TB1 是直流动力电源输入端子，使用 FANUC 专用电缆将该端子连接到直流母线上，把电源模块输出的直流电源引入到伺服驱动模块。

图 5-8　JX1B 插接终端连接器 K9 的连接

（3）FANUC α 系列进给数字伺服电源模块与驱动模块数码管显示含义

FANUC α 系列数字进给伺服系统的电源模块和进给驱动模块都有故障自诊断功能，当检测出故障时，通过模块上的指示灯和数码管指示报警。

电源模块和驱动模块故障显示信息的含义如下。

① 电源模块的状态显示信息　FANUC α 系列进给数字伺服系统的电源模块有三个指示灯，指示模块的运行状态和报警状态，还有两个数码管显示器显示运行状态和报警码，表 5-1 是信息显示的含义和说明，有些故障通过数码管的报警代码就可以确定故障原因，例如数码管显示"02"报警代码，故障原因通常为模块内风扇损坏。

表 5-1　FANUC α 系列交流数字伺服系统电源模块指示灯与数码管显示代码含义

状态显示		含　义	原　因
指示灯状态	所有显示都不亮	控制电源未接入	
	PIL 亮	控制电源已接入	
	PIL、ALM 同时亮	电源模块报警	电源模块存在故障，见数码管显示
数码管显示状态	—	电源模块未准备好（MCC OFF）	急停信号接通
	00	电源模块准备好（MCC ON）	正常工作状态
	01	主回路 IPM 检测错误	1. IGBT 或 IPM 故障； 2. 输入电抗器不匹配
	02	风机不转	1. 风机故障； 2. 风机连接错误
	03	电源模块过热	1. 风机故障； 2. 模块污染引起散热不良； 3. 长时间过载
	04	直流母线电压过低	1. 输入电压过低； 2. 输入电压存在短时下降； 3. 主回路缺相或断路器断开

状态显示		含　义	原　因
数码管显示状态	05	主回路直流母线电容不能在规定的时间内充电	1. 电源模块容量不足； 2. 直流母线存在短路现象； 3. 充电限流电阻问题
	06	输入电源不正常	电源缺相
	07	直流母线过电压或过电流	1. 再生制动能量太大； 2. 输入电源阻抗过高； 3. 再生制动电路故障； 4. IGBT 或 IPM 故障

② 伺服驱动模块的状态显示信息　伺服驱动模块上有一个 8 段数码管指示伺服模块的运行状态和报警代码，显示信息含义见表 5-2，通过报警信息的显示可以初步判断伺服系统故障的原因。

表 5-2　FANUC α 系列交流数字伺服系统伺服驱动模块状态显示代码含义表

数码管显示	含　义	说　明
—	驱动模块未准备好	
0	驱动模块准备好	
1	风机报警	
2	驱动模块 5V 欠电压报警	
5	直流母线欠电压报警	
8	L 轴电机过电流	单轴或双、三轴模块的第一轴
9	M 轴电机过电流	双、三轴模块的第二轴
A	N 轴电机过电流	三轴模块的第三轴
B	L/M 轴电机同时过流	
C	M/N 轴电机同时过流	
D	L/M 轴电机同时过流	
E	L/M/N 轴电机同时过流	
8.	L 轴的 IPM 模块过热、过流、控制电压低	单轴或双、三轴模块的第一轴
9.	M 轴的 IPM 模块过热、过流、控制电压低	双、三轴模块的第二轴
A.	N 轴的 IPM 模块过热、过流、控制电压低	三轴模块的第三轴
B.	L/M 轴的 IPM 模块过热、过流、控制电压低	
C.	M/N 轴的 IPM 模块过热、过流、控制电压低	
D.	L/N 轴的 IPM 模块过热、过流、控制电压低	
E.	L/M/N 轴的 IPM 模块过热、过流、控制电压低	

因为这台机床 X、Z 轴和主轴都产生报警，所以首先怀疑的是伺服系统的公共部分伺服电源模块有问题，检查伺服装置，发现在电源模块的数码管上显示"01"报警代码，查看表5-1，"01"报警代码指示"主回路 IPM 检测错误"，说明应该是电源模块损坏。与其他机床互换电源模块后，故障转移到另一台机床上，证明确实是电源模块损坏。

故障处理： 电源模块维修后，机床恢复正常运行。

【案例 5-2】　一台数控车床出现报警"400 SERVO ALARM：1.2TH OVERLOAD"

（伺服报警第一、二轴过载）和"401 SERVO ALARM：1.2TH AXIS VRDY OFF"（伺服报警第一、二轴没有 VRDY 信号）。

数控系统：FANUC 0TC 系统。

故障现象：这台机床开机就显示报警 400 号和 401 号，指示伺服系统有问题。

故障分析与检查：因为系统开机就出现 400 号报警，指示一、二轴过载，实际上两个轴都没有动，说明这个报警并不是真实的过载的报警。关于 401 号报警系统说明书的解释为数控系统没有得到伺服控制的准备好信号（Ready）信号。

根据机床控制原理图进行检查，伺服系统电源模块上没有三相电源输入，进一步检查发现接触器 MCC 没有吸合，而 MCC 是受伺服系统的电源模块控制的，检查模块的供电没有问题，因此怀疑伺服系统的电源模块损坏，采用互换法与另一台机床的电源模块对换，证明确实是伺服电源模块损坏。

故障处理：将损坏的电源模块维修后，机床恢复了正常工作。

【**案例 5-3**】 一台数控车床出现 401 等伺服报警。

数控系统：FANUC 0TC 系统。

故障现象：这台机床在自动加工时机床出现报警"401 SERVO ALARM：VRDY OFF"（伺服报警：VRDY 信号关断）、"409 SERVO ALARM：（SERIAL ERR）"（伺服报警：串行主轴故障）、"414 SERVO ALARM：X AXIS DETECT ERR"（伺服报警：X 轴检测错误）、"424 SERVO ALARM：Z AXIS DETECT ERR"（伺服报警：Z 轴检测错误）。

故障分析与检查：这台机床采用的伺服系统是 FANUC 的 α 数字伺服装置，在出现故障时检查伺服装置上数码管的报警信息，电源模块的显示器显示代码"05"，主轴模块显示器显示代码"33"。

电源模块"05"代码报警指示"主回路母线电容不能在规定的时间内充电"。可能的原因有：

① 电源模块容量不足；

② 直流母线存在短路现象；

③ 充电限流电阻问题。

主轴模块"33"代码指示"直流母线电压过低"。可能的原因有：

① 输入电压低于额定值的 -15%；

② 主轴驱动装置连接错误；

③ 驱动装置控制板有问题。

根据故障现象分析，该机床的伺服系统 3 个轴——X 轴、Z 轴和主轴都报警，说明可能为公共故障。

另外，根据报警信息的说明，指示母线电压有问题，为此，怀疑伺服电源模块可能有问题，与其他机床互换电源模块后，确定就是电源模块的问题。

故障处理：维修电源模块后，恢复了该机床的正常使用。

【**案例 5-4**】 一台数控车床出现报警"424 SERVO ALARM：Z AXIS DETECT ERR"（伺服报警，Z 轴检测错误）。

数控系统：FANUC 0TC 系统。

故障现象：这台机床一次出现故障，屏幕显示 424 号报警，指示 Z 轴伺服有故障。

故障分析与检查：这台机床采用 FANUC α 系列数字伺服装置，X 轴和 Z 轴使用一块双轴伺服驱动模块，在出现报警时检查伺服系统，发现伺服驱动模块的数码管上显示"9"报警代码。查阅 FANUC 伺服系统技术手册得知，伺服驱动装置的"9"号报警代码指示"第二轴——

Z 轴过流"。

查阅数控系统报警手册，424 报警为 Z 轴的数字伺服系统有错误，在伺服出现 424 报警时，通过诊断数据 DGN721 可以查看一些故障的具体原因，利用系统的诊断功能调出诊断数据 DGN721 进行查看，发现 DGN721.4（HCAL）变为了"1"，通常没有报警时应该为"0"，这位变为"1"指示"伺服驱动出现异常电流"。

这个报警有如下原因。

① Z 轴负载有问题，将 Z 轴伺服电机拆下，手动转动滚珠丝杠，发现很轻没有问题，这时开机，只让伺服电机旋转，也出现报警，所以不是机械故障。

② 伺服电机有问题，将 X 轴伺服电机与 Z 轴伺服电机对换，还是 Z 轴出现报警，证明伺服电机没有问题。

③ 伺服驱动模块出现问题，与其他机床互换伺服驱动模块，故障转移到另一台机床上，这台机床恢复正常，证明是伺服驱动模块出现故障。

将伺服模块拆开进行检查，发现 Z 轴 W 相的晶体管模块损坏。

故障处理： 更换 W 相晶体管模块后，故障排除。

【案例 5-5】 一台数控车床出现报警"414 SERVO ALARM：X-AXIS DETECTION SYSTEM ERROR "（X 轴检查系统错误）。

数控系统： FANUC 21i-T 系统。

故障现象： 这台机床开机时出现 414 号报警，指示 X 轴伺服装置有问题。

故障分析与检查： 这台机床的伺服装置采用 FANUC α 系列数字伺服系统，出现故障时，检查伺服系统，发现电源模块数码管显示"07"报警代码，指示"直流母线电压有问题"。

电源模块"07"报警代码的原因有：

① 再生制动能量太大；

② 输入电源阻抗过高；

③ 再生制动电路故障；

④ 电源模块 IGBT 或 IPM 故障。

主轴驱动模块上的数码管显示"11"代码，也指示直流母线电压不正常。因此，首先怀疑伺服电源模块有问题，输出的直流电压不正常。与其他机床的电源模块互换，证实确实是电源模块损坏。

故障处理： 电源模块维修后，机床恢复正常工作。

【案例 5-6】 一台数控车床出现报警"603 X AXIS INV. IPM ALARM"（X 轴 INV. IPM 报警）。

数控系统： FANUC 0iTC 系统。

故障现象： 这台机床在加工时出现 603 报警，指示 X 轴 IPM（智能模块电源模块）过热。

故障分析与检查： 因为报警指示 X 轴伺服模块有问题，拆开 X 轴伺服模块检查，发现一光电耦合器损坏，更换后通电开机，还是出现 603 报警。继续检修 X 轴伺服驱动模块，发现 IPM（6MBP20PTA060-01）各脚阻值均衡，于是把该模块的 6 个触发信号引至示波器进行测量，把机床工作方式设置选择为"手轮"方式，进给倍率设置为 0.001，慢慢摇动手轮，观测 6 个触发信号的波形，发现信号完整，而且 6 个波形一致，说明触发信号正确没有问题，但测量输出信号却没有，说明该 IPM 模块损坏。

故障处理： 更换损坏的 IPM 模块后，机床恢复正常使用。

【案例 5-7】 一台立式数控加工中心开机出现 $X/Y/Z$ 轴和主轴的报警"432 CNV. LOW VOLT CON"（变换器控制电压低）。

数控系统： FANUC 0iTC 系统。

故障现象： 这台机床开机 X、Y、Z 轴和主轴都出现 432 报警。

故障分析与检查： 因为机床上的四个轴都出现 432 报警，说明是公共部分的故障，这个轴的公共部分就是伺服电源模块，检查伺服电源模块的三相输入电源正常，直流母线电压也正常，怀疑电源模块内部的硬件出现了问题。根据报警内容分析，可能是电源模块的检测部分没有检测到合适的电压，因此分两步进行检查，第一步检查控制部分的直流 24V 电源，经过检查测试，模块内的各个电路板的电压都正常；第二步检查主电源部分，进线端 R、S 和 T 电源正常，但检查发现从这个接线端引到控制板上的电压三相中 R 相没有电压，经过分析，电压检测是分别从 R、S 和 T 经过 6 个串联的贴片元件 2401 到达测量点的。测量每个贴片电阻都正常，但发现这三相的 18 个电阻周围都有不同程度发热引起的电路板油漆变色的状况，检测 R 相的电阻 R_3 与 R_4 及 R_4 与 R_5 之间的印刷线路的连线已烧断。

故障处理： 将这两处烧断的印刷电路板连线焊接上后，组装系统，然后开机测试，机床恢复正常运行。

5.2 伺服电机故障维修案例

【案例 5-8】 一台数控车床出现报警"401 SERVO ALARM：（VRDY OFF）"（伺服报警，没有 VRDY 准备好信号）和"424 SERVO ALARM：Z AXIS DETECT ERR"（伺服报警：Z 轴检测错误）。

数控系统： FANUC 0TC 系统。

故障现象： 这台机床在加工过程中出现 401 号报警和 424 号报警，且 Z 轴伺服电动机有异响。

故障分析与检查： 关机重开，机床报警消除，但一运行 Z 轴就又出现上述报警。为此认为可能是 Z 轴伺服驱动系统有问题，首先更换 Z 轴伺服电机的伺服驱动模块，没有解决问题。

将 Z 轴伺服电动机从机床上拆下，这时运行，Z 轴还是出现上述报警，因此确定可能是 Z 轴伺服电动机有问题。

对伺服电动机进行检查，发现一相绕组有问题。打开伺服电动机后盖，发现电动机内有很多积水，原来是机床防护不好使加工切削液浸入 Z 轴伺服电机，使一相绕组损坏。

故障处理： 维修伺服电机后进行重新安装，并采取防范措施防止切削液再次进入伺服电机，这时开机，机床故障消除。

【案例 5-9】 一台数控无心磨床加工尺寸不稳。

数控系统： FANUC 0GC 系统。

故障现象： 这台机床自动模式下砂轮修整补偿不准确，有时多补，有时少补，导致零件外圆尺寸控制不稳定，系统无任何报警。

故障分析与检查： 首先怀疑机械传动有间隙，但经检查同步皮带、联轴器及丝杠等皆正常，检查绝对位置编码器反馈电缆，也未发现异常，初步确认伺服电机（型号为 A06B-0533-B272）有问题。

故障处理： 更换伺服电机后（注意：更换电机后，绝对位置数据会丢失，需重新设定原点坐标），经多天运行未再出现补偿不准确问题。

【案例 5-10】 一台数控磨床出现报警"436 Y 轴：软件热保护（OVC）"。

数控系统： FANUC 0iMate-TC 系统。

故障现象： 这台机床开机就出现 436 号报警，指示 Y 轴伺服电机过热。

故障分析与检查： 因为开机就出现 Y 轴伺服电机过热报警，所以怀疑可能是伺服电机的温度检测元件有问题，检查伺服电机发现其没有发热，却发现伺服电机淋有很多磨削液，是机床密封出现问题将磨削液漏到伺服电机上。

故障处理： 将伺服电机拆开进行维修，更换热敏元件，清除磨削液并进行绝缘处理，然后对机床的密封进行维修并采取防漏措施，这时安装上伺服电机，机床恢复正常工作。

5.3　编码器故障维修案例

对于大多数数控机床都使用编码器作为位置反馈元件，形成半闭环位置控制系统，编码器出现故障也是影响数控机床运行的重要原因。下面是几个关于编码器故障的实际维修案例。

【**案例 5-11**】　一台数控车床出现报警"329 SPC Alarm Z Axis Coder"（Z 编码器报警）。

数控系统： FANUC 0TC 系统。

故障现象： 这台机床开机之后出现 329 号报警，指示 Z 轴编码器有问题。

故障分析与检查： 数控系统出现编码器报警有如下几种可能。

一是数控系统的伺服控制模块（轴卡）有问题，出现的是假报警，但与另一台机床的伺服控制模块对换，故障依旧；

二是编码器的连接线路有问题，但对线路进行检查，也没有发现问题；

三是编码器出现问题，数控系统确认的是真正的编码器故障，因前两种可能已经排除，所以问题可能出在编码器上。

故障处理： 更换新的编码器后，机床故障消除。

【**案例 5-12**】　一台数控铣床出现报警"319 SPC Alarm：X Axis Coder"（SPC 报警，X 轴编码器）。

数控系统： FANUC 0MC 系统。

故障现象： 这台机床在加工中出现 319 号报警，指示 X 轴编码器故障。

故障分析与检查： 查维修手册，提示故障原因为 X 轴脉冲编码器异常或通信错误，检查诊断状态数据 DGN760，发现很多位都是置位，维修手册提示为脉冲编码器不良或反馈电缆不良。首先检查 X 轴编码器电缆插头 M185 连接正常，故判断是 X 轴串行编码器可能有问题。在电柜内将系统伺服轴控制模块上 M184 与 M194、M185 与 M195 及相应伺服电动机三相驱动电缆进行交换，这时通电开机，发现故障报警变为 339，故障变为 Z 轴，证实确实是原 X 轴编码器有问题。

故障处理： 更换新编码器后，故障排除。

【**案例 5-13**】　一台数控车床 Z 轴移动时出现剧烈振动。

数控系统： FANUC 0TC 系统。

故障现象： 这台机床以移动 Z 轴就出现剧烈振动，系统没有报警，机床无法正常工作。

故障分析与检查： 观察故障现象，Z 轴小范围（2.5mm 以内）移动时，工作正常，运动平稳无振动，一旦运动范围加大时，机床就发生剧烈振动。据此分析，初步判定系统的位置控制和伺服驱动装置本身应该没有问题，应该与位置反馈系统有关。

这台机床采用编码器作为位置反馈元件，编码器安装在伺服电机上。为便于操作与 X 轴伺服电机整体互换，这时 X 轴运动时出现振动，说明确实是原 Z 轴伺服电机的脉冲编码器出现故障。

按下机床急停开关，手动转动伺服电机轴，观察系统显示器上坐标轴数值的变化正常，说明编码器的 A、B、*A 和 *B 信号正常。Z 轴滚珠丝杠的螺距为 5mm，Z 轴只要超出 2.5mm

左右运动时产生振动，说明故障原因可能与伺服电机转子的位置有关，即编码器的转子位置检测信号 C1、C2、C4 及 C8 信号不良。因为在 2.5mm 以内运动正常，就是 Z 轴电机旋转 180°，说明故障部位是转子位置检测信号的 C8 出现问题。拆下编码器，在电源引脚 N/T、J/K 加入 5V 电源，旋转编码器的轴，检查 C1、C2、C4 及 C8 信号，发现 C8 的状态没有变化，继续检查发现编码器内部的 C8 输出驱动集成电路损坏。

故障处理： 更换新的集成电路，重新安装编码器，调整好转子位置后，通电开机，机床恢复稳定运行。

【案例 5-14】 一台数控车床移动 Z 轴时出现报警 "421 SERVO ALARM：Z AXIS EXCESS ERROR"（Z 轴超差）。

数控系统： FANUC 0iTC 系统。

故障现象： 这台机床在移动 Z 轴时出现 421 报警，指示 Z 轴位置偏差过大。

故障分析与检查： 关机重新开机，机床报警消除，此时调用系统伺服监控页面，观察 Z 轴移动时的误差数值，发现 Z 轴低速时，位置偏差的数值随轴的移动而变化，高速移动时，位置偏差的数值尚未来得及调整完就出现了 421 报警。该报警是 NC 系统发送到伺服电机的指令和实际的反馈值不对应造成的，可能原因如下。

① 位置偏差的机床数据发生改变；

② 负载过重，运动速度上不来；

③ 编码器故障，脉冲丢失。

检查机床数据没有发现问题；移动 Z 轴时观察伺服监控页面的电流（%）项，数值在 15%～20% 之间变化，负载没有问题。因此说明编码器可能有问题。

故障处理： 更换 Z 轴编码器后，机床恢复正常运行。

【案例 5-15】 一台数控磨床出现报警 "321 APC ALARM：Y axis communication"（APC 报警，Y 轴通信错误）。

数控系统： FANUC 0iMC 系统。

故障现象： 这台机床开机就出现 321 号报警，指示 Y 轴编码器通信错误。

故障分析与检查： FANUC 0iMC 数控系统的 321 号报警属于数字伺服报警，该报警的含义为 "串行脉冲编码器通信出现错误"。

首先检查伺服驱动器编码器插头插接没有问题，按 "SYSTEM" 键进入系统自诊断功能，检查诊断数据 DGN0203，发现 Y 轴诊断数据第 7 位显示为 "1"，即 DGN0203.7（DTE）＝1，提示为串行脉冲编码器无响应。导致此类状况的原因有以下几个。

① 信号反馈电缆断线；

② 串行脉冲编码器的 5V 电压过低；

③ 串行脉冲编码器出错。

检查编码器信号反馈电缆，拆下 Y 轴信号反馈电缆插头即发现插头内有数根电线脱落。

故障处理： 对电缆接头重新连接后再开机，报警解除，机床恢复正常工作。

【案例 5-16】 一台数控车床在加工螺纹时出现乱扣的现象。

数控系统： FANUC 0iTC 系统。

故障现象： 这台机床在加工螺纹时出现乱扣。

故障分析与检查： 根据机床工作原理，在加工螺纹时，轴向进给与主轴转速相关，首先检查主轴实际速度，稳定没有问题。主轴转速稳定没有问题，那么是否是 Z 轴编码器有问题呢，因为如果编码器有问题，造成进给数值不准也会出现这个问题，对编码器进行检查，发现编码器的输出信号不正常。

故障处理：更换新的编码器后，机床正常工作，说明原编码器有问题。

【案例 5-17】 一台数控车床出现报警"366 X Axis Pulse Miss（INT）"（X 轴内置编码器出现脉冲丢失）。

数控系统：FANUC 0iTC 系统。

故障现象：这台机床开机就出现 366 号报警，指示 X 轴伺服电机编码器故障。

故障分析与检查：因为开机就出现 366 号 X 轴编码器故障报警，所以首先检查电气柜内伺服模块的电缆连接情况，正常没有问题；检查 X 轴编码器的反馈电缆也没有发现问题；检查 X 轴伺服电机编码器时发现编码器的保护盖上有一个裂缝，怀疑是粉尘进入编码器产生了故障。

故障处理：拆开编码器进行清洗，然后封装，这时开机，机床故障消除。

5.4 伺服系统其他故障维修案例

【案例 5-18】 一台立式加工中心快速移动时出现报警"414 SERVO ALARM：X AXIS EXCESS ERROR"（伺服报警：X 轴检测错误）和"401 SERVO ALARM：（VRDY OFF）"（伺服报警，没有 VRDY 准备好信号）。

数控系统：FANUC 0MC 系统。

故障现象：这台机床在 X 轴快速移动时出现 414 号和 401 号报警。

故障分析与检查：414 号和 401 号报警的含义是"X 轴超差"和"伺服系统没有准备好"。出现故障后关机重开，报警消除，但每次执行 X 轴快速移动时就报警，故初步判定故障与 X 轴伺服系统有关。首先检查 X 轴伺服电动机电源线插头，发现存在相间短路问题。

故障处理：对电源插头短路问题进行处理，重新连接后，故障排除。

【案例 5-19】 一台数控车床开机出现报警"414 SERVO ALARM：X AXIS EXCESS ERROR"（伺服报警：X 轴检测错误）。

数控系统：FANUC 0TC 系统。

故障现象：这台机床一次出现故障，一开机就出现 414 号报警，指示 X 轴伺服系统出现问题。

故障分析与检查：根据系统工作原理，伺服驱动装置在每次启动时都会自检，还要对伺服电机和编码器的连接进行检测。因为开机就出现报警，肯定自检就没有通过，为此首先检查电缆连接情况，没有发现问题。然后拆下 X 轴伺服电机的电缆连接插头进行检查，发现插头烧焦，其中的两个接头已与外壳相通。

故障处理：更换电缆插头，这时开机报警消除，机床恢复正常。

【案例 5-20】 一台数控曲轴无心磨床出现报警"424 SERVO ALARM：Z AXIS DETECTOR ERROR"（Z 轴检测错误）。

数控系统：FANUC 0GC 系统。

故障现象：这台机床在执行自动循环时频繁出现 424 号报警，没有规律。

故障分析与检查：FANUC 0GC 系统的 424 号报警为伺服驱动方面的综合报警，具体原因可以通过查看诊断数据 DGN721 获得，在出现故障时，检查诊断数据 DGN721 发现 DGN721.5（OVC）＝1，指示过流。

首先怀疑机械过载，为此脱开负载，单独试验伺服电机，还是报警，说明机械部分没有问题；为排除驱动模块的问题对其进行更换，更换后故障依旧；进一步检查伺服电机，用摇表测量绕组对地情况，发现对地绝缘较差，不到 0.5MΩ，为判断是伺服电机本身绝缘不好或者是动力电缆影响，将航空插头从 Z 轴伺服电机上拔下，测量伺服电机本身绝缘良好，确认是伺服电机的动力电缆有问题。

故障处理：更换 Z 轴伺服电机的动力电缆后，机床恢复正常运行。

【**案例 5-21**】 一台数控车床出现报警"408 SERVO ALARM：(SERIAL NOT RDY)"（伺服报警，串行主轴没有准备）。

数控系统：FANUC 0TC 系统。

故障现象：这台机床一次出现故障，出现 408 号报警，伺服系统不能工作。

故障分析与检查：出现报警后，对系统进行检查，除了 408 号报警外还有报警"414 SERVO ALARM：X AXIS DETECT ERR"（伺服报警 X 轴检测错误）和"424 SERVO ALARM：Z AXIS DETECT ERR"（伺服报警 Z 轴检测错误）。其中 408 号报警是主轴报警，X 轴、Z 轴和主轴都报警说明是共性故障。因此，怀疑伺服系统的电源模块可能有问题，对电源模块进行检查，发现电源模块的直流母线松动，通电时接触不好，产生火花，从而产生报警。

故障处理：将直流母线紧固好后通电试车，机床恢复正常工作。

【**案例 5-22**】 一台数控卧式加工中心在加工过程中出现报警"424 SERVO ALARM：Y AXIS DETECT ERR"（伺服报警：Y 轴超差错误）。

数控系统：FANUC 0MC 系统。

故障现象：这台机床在 Y 轴移动过程中出现 424 号报警，指示 Y 轴运动时位置超差。

故障分析与检查：分析这台机床的工作原理，这台机床采用的是全闭环位置控制系统。以安装在导轨侧和立柱上的光栅尺作为位置反馈元件，形成全闭环位置控制系统。检查 Y 轴光栅尺和电缆连接没有发现问题。

根据机床构成原理，Y 轴伺服电动机是通过联轴器与滚珠丝杠直接连接的，检查联轴器发现联轴器有些松动，原来紧固螺钉松了。

故障处理：紧固 Y 轴伺服电机联轴器的所有螺钉，之后开机，机床稳定工作，再也没有发生同样的报警。

【**案例 5-23**】 一台数控车床出现报警"421 SERVO ALARM：Second axis excess error"（伺服第二轴超差报警）。

数控系统：FANUC 0TC 系统。

故障现象：这台机床一移动 Z 轴就出现 421 号报警，指示 Z 轴出现超差故障。

故障分析与检查：仔细观察故障现象，当摇动手轮让 Z 轴运动时，屏幕上 Z 轴的数据从 0 变化到 0.1 左右时就出现 421 号报警，从这个现象来看是数控系统让 Z 轴运动，但没有得到已经运动的反馈，当指令值与反馈值相差一定数值时，就产生了 421 号报警。

421 号报警通常包含两个问题：

① Z 轴已经运动但反馈系统出现问题，没有将反馈信号反馈给数控系统，但观察故障现象，这时 Z 轴滑台并没有动，说明不是位置反馈系统的问题；

② 虽然数控系统已经发出运动的指令，但由于伺服模块、伺服驱动单元或者伺服电机等出现问题，最终没有使 Z 轴滑台运动。

根据上面的分析，首先更换数控系统的伺服模块，没有解决问题；检查伺服驱动模块也没有发现问题；最后在检查 Z 轴伺服电机时发现其电源插头由于经常振动而脱落。

故障处理：将伺服电机的电源插头插接上并锁紧后，重新开机，机床故障消失，恢复正常运行。

【**案例 5-24**】 一台数控车床出现伺服报警"401 SERVO ALARM：(VRDY OFF)"

（伺服报警，没有 VRDY 准备好信号）、"409 SERVO ALARM：（SERIAL ERROR）"（伺服报警，串行主轴错误）、"414 SERVO ALARM：（X AXIS DETECT ERROR）"（伺服报警，X 轴检测错误）、"424 SERVO ALARM：Z AXIS DETECT ERROR"（伺服报警，Z 轴检测错误）。

数控系统： FANUC 0TC 系统。

故障现象： 这台机床一次出现故障，在自动加工时出现 401 号、409 号、414 号和 424 号伺服报警。

故障分析与检查： 这台机床的伺服系统采用 FANUC α 系列数字伺服驱动装置，因为 X、Z 轴和主轴都产生报警，怀疑伺服系统的公共部分——电源模块有问题。对伺服装置进行检查，发现在电源模块的数码管上显示 "01" 报警信息，"01" 报警代码指示 "主回路 IPM 检测错误"。

电源模块 "01" 报警代码原因有：①IGBT 或 IPM 故障；②输入电抗器不匹配。

所以，首先对电源模块的输入电路（参考图 5-9）进行检查，发现有一相电压较低，在电抗器前测量还是有一相电压低，测量输入电源 R、S、T 的三相电压正常没有问题，说明主接触器 MCC 可能有问题，对主接触器 MCC 进行检测发现有一个触点烧蚀导致接触不良，产生压降。

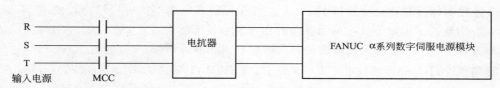

图 5-9 伺服电源模块电源输入连接图

故障处理： 更换主接触器 MCC 后，机床恢复正常工作。

【案例 5-25】 一台数控磨床出现报警 "331 APC ALARM：Z axis communication"（APC 报警，Z 轴通信错误）。

数控系统： FANUC 0iMC 系统。

故障现象： 这台机床国庆长假后第一次开机就出现 331 号报警，指示 Z 轴编码器通信错误。

故障分析与检查： FANUC 0iMC 数控系统的 331 号报警属于数字伺服报警，该报警的含义为 "串行脉冲编码器通信出现错误"。向机床操作人员了解情况后得知，放假前对该机床进行了维护、保养，并对电气柜进行了打扫。因此首先怀疑是工作人员在打扫过程中误碰驱动器的连接线导致该报警的产生。

故障处理： 将驱动器的连接插头重新连接牢固后开机，报警解除。

【案例 5-26】 一台数控磨床开机出现报警 "401 SERVO ALARM：1.2TH AXIS VRDY OFF"（伺服报警第一、第二轴没有 VRDY 信号）。

数控系统： FANUC Power Mate 系统。

故障现象： 这台机床开机后出现 401 号报警。

故障分析与检查： FANUC 数控系统的 401 号报警属于数字伺服报警，该报警的含义为 "X、Z 轴伺服放大器未准备好"。遇到此类报警通常作如下检查：首先查看伺服放大器的 LED 有无显示，若有显示，则故障原因有以下 3 种可能。

① 伺服放大器至 Power Mate 之间的电缆断线；

② 伺服放大器出故障；

③ 基板出故障。

若伺服放大器的 LED 无显示，则应检查伺服放大器的电源电压是否正常，电压正常则说明伺服放大器有故障；电压不正常就基本排除了伺服放大器有故障的可能，应继续检查强电电路。

根据上述排查故障的思路进行诊断，经检查发现伺服放大器的 LED 无显示，检查伺服放大器的输入电源电压，发现＋24V 的输入连接线已脱落。

故障处理： 重新连接＋24V 电源连线后，通电开机，机床恢复正常工作。

【**案例 5-27**】 一台数控车床出现报警 "424 SERVO ALARM：Z AXIS DETECT ERR" （伺服报警 Z 轴检测错误）。

数控系统： FANUC 0TC 系统。

故障现象： 这台机床一移动 Z 轴就出现 424 报警，指示 Z 轴移动时位置超差。

故障分析与检查： 在出现故障后，关机重开，报警消除，但一移动 Z 轴还是出现 424 报警，观察故障现象，Z 轴滑台根本就没有移动。根据故障现象分析，故障原因如下。

第一，数控系统发出的指令信号是否系统没有接收到；

第二，伺服系统没有执行移动的指令。

这台机床采用 FANUC α 系列数字伺服系统，Z 轴伺服指令信号是通过伺服轴控制模块接口 M187 连接到伺服驱动模块接口 JV2B 上，首先对信号电缆连接进行检查，发现 M187 插接得不好，可能造成了接触不良，伺服移动的指令信号发不出去。

故障处理： 将 M187 插头重新插接并紧固后，机床故障消除。

【**案例 5-28**】 一台数控车床出现报警 "411 SERVO ALARM：X axis excess error" （伺服报警：X 轴超差错误）和 "414 SERVO ALARM：X axis detect error" （伺服报警：X 轴检测错误）。

数控系统： FANUC 0TC 系统。

故障现象： 这台机床在 X 轴移动时出现 411 号和 414 号报警，指示 X 轴伺服驱动故障。

故障分析与检查： 据操作人员反映，故障是机床开机运行一段时间之后发生的。出现故障后，关机过一会再开机，机床还可以运行一段时间。

出现故障后利用系统诊断功能检查诊断数据 DGN720，发现 DGN720.7 (OVL) 为 "1"，指示 X 轴伺服电动机过热。这时检查 X 轴伺服电动机发现确实很热。

根据这些现象分析可能是机械负载过重，将 X 轴伺服电动机拆下，手动转动 X 轴滚珠丝杠，发现阻力很大，由此判断故障原因确实是机械问题。

拆开 X 轴滑台防护板，发现导轨上切屑堆积很多，导轨磨损也很严重。

故障处理： 清除切屑并对 X 轴导轨进行维护润滑，加强护板密封，防止切屑进入导轨，这时开机测试，机床恢复稳定运行。

【**案例 5-29**】 一台数控加工中心出现报警 "401 SERVO ALARM：（VRDY OFF）" （伺服报警，没有 VRDY 准备好信号）。

数控系统： FANUC 0MC 系统。

故障现象： 这台机床开机后，在自动方式下运行时，出现 401 号报警，指示伺服系统没有准备。

故障分析与检查： 查阅系统报警手册，401 报警说明伺服系统没有准备好，检查伺服驱动装置，L/M/N 轴的伺服驱动装置的状态指示灯 PRDY 及 VRDY 均不亮。检查伺服驱动电源 AC 100V 和 AC 18V 均正常。测量驱动控制板的±24V 和±15V 异常，说明故障原因与伺服控制部分有关。检查伺服驱动装置，发现 X 轴输入电源的熔断器熔断。检查控制电路没有发现短路现象。

故障处理： 更换熔断器，通电开机，±24V 和 ±15V 恢复正常，状态指示灯 PRDY 及 VRDY 也恢复正常显示，运行机床，再也没有出现 401 报警，机床故障排除。

【**案例 5-30**】 一台数控车床开机出现报警 "414 SERVO ALARM：X axis detection related error"（X 轴伺服错误）。

数控系统： FANUC 21i-T 系统。

故障现象： 这台机床开机就出现 414 报警，指示 X 轴伺服系统故障。

故障分析与检查： 因为报警指示伺服系统故障，对伺服系统进行检查。这台机床采用 FANUC α 系列数字伺服系统，检查发现伺服电源模块显示器显示 "07" 报警代码，指示 "直流母线过电压或者过流"；主轴驱动模块显示 "11" 报警代码，指示 "直流母线电压过低"。因此，认为伺服电源模块损坏的可能性比较大。

故障处理： 更换伺服电源模块后，机床恢复正常运行。

【**案例 5-31**】 一台数控车床开机出现报警 "401 SERVO ALARM：X、Z axis VRDY off"（伺服报警：X 和 Z 轴没有 VRDY 信号）。

数控系统： FANUC 0TD 系统。

故障现象： 这台机床开机就出现 401 报警，指示伺服系统没有准备好。

故障分析与检查： 因为报警指示伺服系统故障，首先对该机床的伺服系统进行检查，发现所有伺服模块的显示器都显示 "—"，而正常时应该显示 "0"，即伺服系统主电源没有提供，伺服系统主电源是受伺服电源模块控制的，更换电源模块没有解决问题。检查电源模块的控制信号，发现急停信号没有释放，根据机床电气原理图进行检查，发现一急停开关损坏，触点不能闭合。

故障处理： 更换损坏的急停开关后，机床报警消除。

【**案例 5-32**】 一台数控立式加工中心出现报警 "434 SEVO ALARM：Z AXIS DETECT ERROR"（伺服报警：Z 轴检测错误）。

数控系统： FANUC 0MC 系统。

故障现象： 这台机床 Z 轴移动时出现 434 报警，指示 Z 轴伺服系统有问题。

故障分析与检查： 查阅系统报警手册，434 报警出现后，需要查看诊断数据 DGNOS720～727 来进一步确认故障。查看系统 Z 轴诊断数据 DGN722，发现 DGN722.7（OVL）为 "1"，说明 Z 轴过载，Z 轴采用带有抱闸的伺服电机，首先检查抱闸线圈是否得电，抱闸线圈使用 DC 90V 供电，发现线圈上没有电源电压，进一步检查发现为抱闸线圈供电的直流电源的整流器损坏。

故障处理： 更换损坏的整流器，这时开机运行，机床报警消除。

【**案例 5-33**】 一台数控加工中心在自动加工时突然出现报警 "414 SERVO ALARM：X AXIS DETECT ERROR"（伺服报警：X 轴检测错误）。

数控系统： FANUC 0MC 系统。

故障现象： 这台机床在自动加工时突然出现 414 报警，关机再开，报警消除，但一移动 X 轴就又出现此报警。

故障分析与检查： 因为报警指示 X 轴伺服故障，首先检查系统诊断数据 DGN720，发现 DGN720.4 为 "1"，指示过流报警。过流故障产生的原因可能有伺服驱动器、伺服电机、伺服电机动力电缆连接、机械故障等。首先检查伺服电机，发现伺服电机的三条动力线与盖板接触部分已漏出铜线，并且有明显的放电痕迹。

故障处理： 拆下动力线重新进行绝缘处理并采取防磨措施，电缆连接后开机测试，机床故障消除。

【案例 5-34】 一台数控铣床经常出现报警"416 SERVO ALARM：X AXIS DISCONNECTION"（伺服报警，X 轴断开）。

数控系统： FANUC 0MC 系统。

故障现象： 这台机床在自动加工过程中经常出现 416 报警，指示 X 轴编码器连接错误。

故障分析与检查： 出现报警时按复位按键不起作用，只有关机再开报警才能消除。出现故障时观察系统诊断数据发现 DGN730.7（ALD）为"1"，DGN730.4（EXP）为"0"，这种情况下说明 X 轴伺服电机内装编码器出现断线故障。检查 X 轴编码器没有发现明显损坏，更换备用系统伺服轴控制模块（轴卡）后，故障依旧。检查 X 轴编码器反馈电缆，发现局部出现磨损现象，电缆线防护损坏。

故障处理： 更换损坏的 X 轴编码器反馈电缆后，机床故障消除。

【案例 5-35】 一台卧式数控加工中心在自动加工时出现 414、350、351、749 报警。

数控系统： FANUC 0iMC 系统。

故障现象： 这台机床一次出现故障，在自动加工过程中突然出现 414、350、351、749 报警，关机后重新启动，工作一段时间又出现同样的报警。

故障分析与检查： 查阅系统报警手册，414 报警属于数字伺服系统异常报警或轴检测系统出错。检查系统 DGN200＃诊断数据，发现 DGN200.3 为"1"，指示驱动器过压报警。当 350 和 351 报警同时出现时应重点检查 351 报警，该报警指示轴串行脉冲编码器通信异常，检查诊断 DGN203＃诊断数据，发现 DGN203.7 为"1"，指示轴串行脉冲编码器通信无应答故障；749 报警指示串行主轴通信错误。根据以上报警信息和报警内容分析，轴串行脉冲编码器和串行主轴脉冲编码器的通信方面同时出现了问题，但四个驱动轴的脉冲编码器与主轴伺服模块同时出现故障的概率非常小，因此重点检查机床的公共电源部分。打开机床的电气控制柜，发现为电源模块提供电源控制的接触器（KM10）没有吸合，这个接触器受伺服电源模块控制，当伺服电源模块没有准备好或出现故障时，切断电源模块的电源输入。检查该接触器没有问题，与其他机床互换伺服电源模块也没有消除故障。最后在检查所有的电源连线时，发现电源变压器的三相 200V 输出端有一相端子螺钉松动，致使系统电源有瞬间缺相现象，从而造成了系统报警。

故障处理： 将变压器上这个松动的螺钉紧固后，通电开机，机床恢复正常运行。

【案例 5-36】 一台数控立式铣床出现报警"401 SERVO ALARM：（VRDY OFF）"（伺服报警，没有 VRDY 准备好信号）、"409 SERVO ALARM：（SERIAL ERROR）"（伺服报警，串行主轴错误）。

数控系统： FANUC 0MD 系统。

故障现象： 这台机床在夏季长时间停机后，再开机当主轴转速超过 500r/min 时，系统出现 401 和 409 报警。

故障分析与检查： 这台机床的伺服电源模块采用 FANUC 的 A06B-6077-A111，主轴驱动模块采用 FANUC A06B-6102-H211＃H520，伺服驱动模块采用 FANUC A06B-6079-H203。出现故障时检查伺服系统，伺服电源模块的数码显示器上显示"01"报警代码，主轴驱动模块的数码显示器上显示"30"报警代码。检查数控系统，底板上 LD2 报警灯亮。

伺服电源模块"01"报警代码指示"主回路 IPM 检测错误"，故障原因有 IGBT 或 IPM 故障，输入电抗器不匹配。

主轴驱动模块"30"报警代码指示"大电流输入报警"，故障原因有驱动模块 IPM 有问题，或者伺服电源模块输入回路有大电流流过。首先将伺服电源模块拆开检查，发现控制板上 IPM 损坏。

故障处理：更换新的 IPM 后，机床恢复正常使用。

【**案例 5-37**】 一台数控加工中心出现报警 "440 SERVO ALARM：4th axis excess error"（伺服报警，第四轴超差报警）。

数控系统：FANUC PM0 系统。

故障现象：这台机床开机出现 410 号报警，指示第四轴超差报警。

故障分析与检查：查看系统报警手册，该报警的含义为"停止时的位置偏差量超过了机床数据 PRM1829 设定值"。检查机床数据，没有发现问题。分析故障产生的过程，回想起在出现故障前曾经检修过第四轴转台，故首先对第四轴转台与进行电动机进行检查，发现第四轴的伺服电动机动力线连接不良。

故障处理：重新连接第四轴伺服电动机动力电缆后，通电开机，机床报警消除。

【**案例 5-38**】 一台数控车床出现报警 "5136 FSSB：放大器数量不足"。

数控系统：FANUC 0iTC 系统。

故障现象：这台机床通电开机，启动系统后出现如图 5-10 所示的报警。

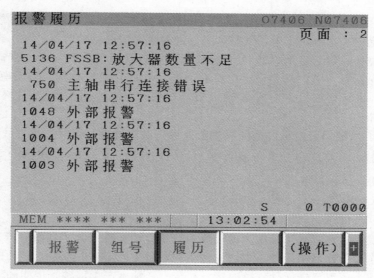

图 5-10　FANUC 0iTC 系统 5136 报警页面

故障分析与检查：对报警信息进行分析，即有 5136 关于伺服轴的报警，还有 750 关于串行主轴的报警，说明是公共故障。这台机床伺服系统采用 FANUC αi 系列交流数字伺服驱动装置，对伺服系统进行检查，发现伺服系统所有模块上的数码管都没有显示。继续检查电气柜，发现空气开关 QF3 跳闸。根据机床工作原理，QF3 控制伺服系统的 AC 200V 控制电源，此开关跳闸，伺服系统没有了 AC 200V 电源，所以出现了伺服系统报警。

故障处理：检查空气开关 QF3 没有问题，负载回路也没有问题，将 QF3 合上后，再通电开机，机床恢复正常工作。

【**案例 5-39**】 一台数控加工中心出现报警 "434 SERVO ALAR：Z AXIS DETECT ERR"（伺服报警，Z 轴检测错误）。

数控系统：FANUC 0MC 系统。

故障现象：这台机床在自动加工时经常出现 434 报警，指示 Z 轴伺服系统故障。

故障分析与检查：观察故障现象，出现故障时，按系统复位按键，机床还可以工作一段时间，之后还是出现 434 报警，工作时间的长短不定，没有规律。

根据 FANUC 数控系统工作原理，在出现伺服报警时，可以通过检查诊断数据进一步确认故障，为此，在出现故障时对诊断数据进行检查，发现 Z 轴的诊断数据 DGN722.2（DCAL）的状态为"1"，该状态为"1"指示"放电单元故障"，故障原因如下。

① 放电晶体管或伺服放大器故障。因为机床可以工作，只是偶尔报警，说明放电晶体管和伺服放大器都应该没有损坏。

② 伺服放大器功能开关设定错误。检查没有发现问题。

③ 加减速频率太高。检查加工程序没有这种问题。

④ 分离式再生放电单元连接不良。对伺服放大器进行检查，发现再生放电电阻的压线螺钉松动。

故障处理：紧固再生放电电阻的压线螺钉，这时运行机床，故障消除。

【**案例 5-40**】 一台数控加工中心 X 轴运动时出现报警"400 SERVO ALARM：1.2TH OVERLOAD"（伺服报警：第一、第二轴伺服过载）和"414 SERVO ALARM：X AXIS DETECT ERR"（伺服报警：X 轴检测错误）。

数控系统：FANUC 0MC 系统。

故障现象：这台机床 X 轴运动时出现 400 和 414 报警，指示 X 轴伺服系统有问题。

故障分析与检查：这台机床采用 FANUC α 系列数字伺服驱动装置，在出现故障时检查伺服驱动装置，发现显示器上显示"5"号报警代码。"5"号报警代码指示"直流母线欠电压"，故障原因可能为伺服驱动模块或者伺服电机有问题，利用互换法检测，伺服驱动模块和 X 轴伺服都没有问题。最后仔细检查发现 X 轴伺服电机的动力电缆插头受潮，造成电机一加速就产生报警。

故障处理：将 X 轴伺服电机电缆插头烘干并进行防潮处理，这时开机，故障消除。

【**案例 5-41**】 一台数控立车出现报警"416 SERVO ALARM：Z AXIS DISCONNECTION"（伺服报警，Z 轴断开）。

数控系统：FANUC 0TD 系统

故障现象：这台机床一移动 Z 轴就出现 416 报警，指示位置反馈元件断线。

故障分析与检查：这台机床采用光栅尺作为位置反馈元件，为了判断故障，首先使用伺服电机内部编码器作为位置反馈元件。方法是将机床数据 PRM37.1 改为"0"，即设定使用伺服电机内置编码器作为位置反馈元件。这时运行机床，Z 轴不产生报警，说明问题应该出在 Z 轴光栅尺或者光栅尺反馈电缆上。检查 Z 轴光栅尺和反馈电缆，发现固定光栅尺检测头的螺钉松动。

故障处理：紧固固定光栅尺检测头的螺钉，恢复光栅尺的作用后，这时运行机床，故障消除。

【**案例 5-42**】 一台数控车床出现报警"401 SERVO ALARM：1.2TH AXIS VRDY OFF"（伺服报警，第一、第二轴没有 VRDY 信号）。

数控系统：FANUC 0TC 系统

故障现象：这台机床在开机移动伺服轴时出现 401 报警，指示伺服系统没有准备好。

故障分析与检查：这台机床的伺服系统采用 FANUC S 系列伺服装置，检查伺服装置发现驱动器状态指示灯 PRDY 不亮。

检查伺服驱动装置的电源 AC 100V、AC 18V 均正常。

测量伺服驱动控制板上的辅助控制电压，发现没有 24V 和 ±15V 电压。对伺服驱动装置进行检查发现辅助电源熔断器 F1 熔断，检查负载电路没有短路现象。

故障处理：更换 F1 熔断器后，通电开机，机床恢复正常运行，故障消除。

【案例 5-43】 一台数控车床出现报警"414 SERVO ALARM：X AXIS DETECT ERR"（伺服报警：X 轴检测错误）。

数控系统：FANUC 0iTD 系统。

故障现象：这台机床开机出现 414 报警，指示 X 轴伺服装置出现问题。

故障分析与检查：这台机床采用 FANUC α 系列数字伺服驱动装置，出现故障时检查伺服驱动模块与伺服电机的连接没有发现问题，调用诊断数据发现 X 轴和 Z 轴的诊断数据 DGN200.6（LV）的状态为"1"，指示伺服驱动电压不足，进一步检查发现伺服系统电源模块没有三相输入电压，最后检查确认故障原因为伺服系统供电的空气开关 QF2 损坏。

故障处理：更换空气开关 QF2 后，机床报警消除。

【案例 5-44】 一台数控车床出现报警"401 SERVO ALARM：（VRDY OFF）"（伺服报警，没有 VRDY 准备好信号）。

数控系统：FANUC 0iTD 系统。

故障现象：这台机床开机出现 401 报警，指示伺服系统有问题。

故障分析与检查：这台机床采用 FANUC α 系列数字伺服驱动装置，出现故障时检查伺服驱动模块，发现数码显示器没有任何显示。检查伺服电源模块输入电源电压正常，后发现伺服驱动模块的 24V 电源插头连接不良。

故障处理：将 24V 电源插头连接处理后，重新插接，通电开机，机床报警消除。

5.5 数控机床参考点返回故障维修案例

5.5.1 FANUC 0C 系统返回参考点相关机床数据

数控系统通过设定一些机床数据来控制返回参考点的过程，表 5-3 是 FANUC 0C 系统与返回参考点过程相关的机床数据，了解这些数据的含义和作用对返回参考点的过程的理解会更深刻一些。

表 5-3 FANUC 0C 系统返回参考点相关机床数据

机床数据号 名称 \ 轴名	X 轴	第二轴（T 系统为 Z 轴，M 系统为 Y 轴）	第三轴（M 系统 为 Z 轴）	第四轴
回参考点方向	PRM3.0	PRM3.1	PRM3.2	PRM3.3
参考点偏移	PRM508	PRM509	PRM510	PRM511
返回参考点快速	PRM518	PRM519	PRM520	PRM521
寻找参考点慢速 FL	PRM534	PRM534	PRM534	PRM534
参考点数值	PRM708	PRM709	PRM710	PRM711
参考计数器	PRM4	PRM5	PRM6	PRM7

5.5.2 FANUC 0C 系统返回参考点相关信号

数控机床的返回参考点操作是 NC 与 PMC 配合完成的，FANUC 0C 系统返回参考点过程参考图 5-11，与这个过程相关的信号见表 5-4，了解这一过程对维修使用 FANUC 0C 系统数控机床的返回参考点故障是非常有帮助的。

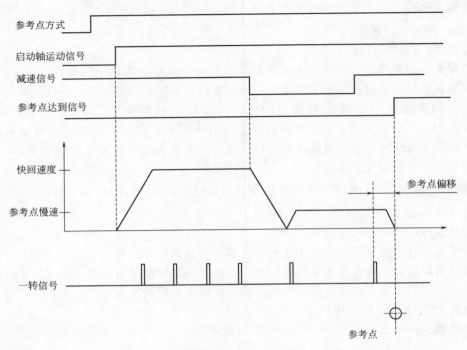

图 5-11　FANUC 0C 系统返回参考点

表 5-4　FANUC 0C 系统返回参考点相关信号

信号地址 信号名称	公用	X 轴	第二轴	第三轴	第四轴
参考点方式	G120.7				
轴驱动信号		G116.7 或 G116.6	G117.7 或 G117.6	G118.7 或 G118.6	G119.7 或 G119.6
减速信号		X16.5	X17.5	X19.7(X16.7)	X19.5(X17.7)
参考点完成信号		F148.0	F148.1	F148.2	F148.3

下面介绍使用 FANUC 0C 系统的数控机床返回参考点的过程，在回参考点时，首先将机床的工作状态设定到返回参考点方式，即 G120.7 的状态为 "1"（此信号由 PMC 发出），若 X 轴回参考点，应启动 X 轴，这时轴启动信号 G116.7 或 G116.6（哪个信号有效依赖机床数据 PRM3.0 的设置）的状态变为 "1"（此信号 PMC 给出），这时 X 轴以 "返回参考点快速（机床数据 PRM518 的设定）" 开始运动，当压上减速开关时，减速信号 X16.5 的状态变为 "0"，NC 直接接收这个信号。接收到这个信号后，减速轴运动速度到 "寻找参考点慢速 FL（机床数据 PRM534 的设定）"，当离开减速开关 X16.5 变回 "1" 状态后，系统开始接收编码器的零脉冲信号，当接收到零脉冲信号后继续移动，移动距离为机床数据 PRM508 设定数值（参考点偏移），然后停止运动，设定 X 轴的参考点坐标数值（机床数据 PRM708 设定的数值），并将参考点达到信号 F148.0 的状态置 "1"（此信号 NC 发出），通知 PMC，X 轴回参考点结束。其他轴回参考点的过程与此相同，只不过使用相应轴的机床数据和信号。

5.5.3 FANUC 0iC 系统返回参考点相关机床数据

数控系统通常设定一些机床数据来控制返回参考点的过程，表 5-5 是 FANUC 0iC 系统与返回参考点过程相关的机床数据，了解这些数据的含义和作用对返回参考点的过程的理解会更深刻一些。

表 5-5 FANUC 0iC 系统回参考点相关机床数据

机床数据号 名称	X 轴	第二轴(T 系统为 Z 轴，M 系统为 Y 轴)	第三轴(M 系统为 Z 轴)	第四轴
回参考点方向	PRM1006.5	PRM1006.5	PRM1006.5	PRM1006.5
减速信号极性	PRM3003.5	PRM3003.5	PRM3003.5	PRM3003.5
参考点数值	PRM1240	PRM1240	PRM1240	PRM1240
参考点偏移	PRM1850	PRM1850	PRM1850	PRM1850
回参考点快速	PRM1428	PRM1428	PRM1428	PRM1428
寻找参考点慢速	PRM1425	PRM1425	PRM1425	PRM1425
参考计数器容量	PRM1821	PRM1821	PRM1821	PRM1821

5.5.4 FANUC 0iC 系统返回参考点相关 PMC 信号

数控机床的返回参考点操作是 NC 与 PMC 配合完成的，FANUC 0iC 系统返回参考点的过程参考图 5-12，与这个过程相关的信号见表 5-6。

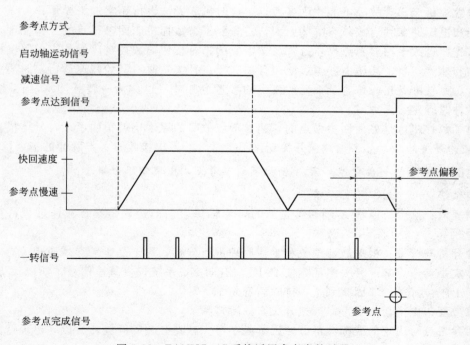

图 5-12 FANUC 0iC 系统返回参考点的过程

表 5-6　FANUC 0iC 系统返回参考点相关信号

信号地址 信号名称	公用	X 轴	第二轴	第三轴	第四轴
参考点方式	G43.7				
轴驱动信号		G100.0 或 G102.0	G100.1 或 G102.1	G100.2 或 G102.2	G100.3 或 G102.3
减速信号		X 9.0	X9.1	X9.2	X9.3
参考点到达信号		F94.0	F94.1	F94.2	F94.3
参考点完成信号		F120.0	F120.1	F120.2	F120.3

下面介绍使用 FANUC 0iC 系统的数控机床返回参考点的过程，在回参考点时，首先将机床的工作状态设定到返回参考点方式，即 G43.7 的状态为"1"（此信号由 PMC 发出），若让 X 轴回参考点，则启动 X 轴，这时轴启动信号 G100.0 或 G102.0（哪个信号有效依赖机床数据 PRM1006.5 的设置）的状态变为"1"（此信号 PMC 给出），这时 X 轴以"返回参考点快速（机床数据 PRM1428 的设定）"开始运动，当压上减速开关时，减速信号 X9.0 的状态变为"0"（信号的极性可由机床数据 PRM3003.5 改变），NC 接收到这个信号后，减速轴运动速度到"寻找参考点慢速（机床数据 PRM1425 的设定）"，当离开减速开关 X9.0 变回"1"状态后，系统开始接收编码器的零脉冲信号，当接收到零脉冲信号后继续移动，移动距离为机床数据 PRM1850 设定数值（参考点偏移），然后停止运动，设定 X 轴的参考点坐标数值（机床数据 PRM1240 设定的数值），并将参考点达到信号 F94.0 和参考点完成信号 F120.0 的状态置"1"（此信号 NC 发出），通知 PMC，X 轴回参考点结束，至此 X 轴返回参考点过程完成。其他轴回参考点的过程与此相同，只不过使用相应轴的机床数据和信号。

5.5.5　数控机床返回参考点故障有哪些原因

有时数控机床出现故障不能找到参考点，这时机床无法进行正常加工操作。

要想知道返回参考点故障有哪些原因，首先要了解数控机床回参考点的工作原理。返回参考点时首先要进入返回参考点操作方式，按需要的指令按钮，数控机床的相应伺服轴按回参考点的方向和速度运行，当压上参考点减速开关（零点开关）时，开始减速运行，脱离参考点减速开关后，系统准备接收位置反馈元件发出的参考点脉冲（也称为一转脉冲），当系统接收到第一个脉冲时确定参考点。

知道了数控机床是如何回参考点的，回参考点故障的原因也就很明了了，具体描述如下。

① 减速开关故障，参考点减速开关动作不正常，给不出接收参考点脉冲的指令信号。

【案例 5-45】　一台数控车床 X 轴找不到参考点，出现超限位报警。

数控系统： FANUC 0TC 系统。

故障现象： 这台机床在 X 轴回参考点时，X 轴一直向前运动，没有减速过程，直到压上限位开关。

故障分析与检查： 根据故障现象和工作原理进行分析，肯定是参考点减速开关有问题，检查发现确实是参考点减速开关损坏，使 PMC 没有向 NC 系统提供减速信号，所以 X 轴一直运动直到压上限位开关。原因找到了，排除就容易了。

故障处理： 更换新的参考点减速开关，故障排除。

返回参考点时出现的故障大部分原因都是参考点减速开关的问题，所以，出现返回参考点故障时，首先要注重对参考点减速开关的检修。

② 位置反馈元件有问题，发不出参考点脉冲。

如果位置反馈元件发不出参考点脉冲，数控机床肯定找不到参考点，但这种故障相对来说比较少。

【案例 5-46】 一台数控磨床开机 Z 轴找不到参考点。

数控系统： FANUC 0MC 系统。

故障现象： 这台机床开机回参考点时，X 和 Y 轴回参考点没有问题，Z 轴找不到参考点。

故障分析与检查： 仔细观察发生故障的过程，Z 轴首先快速负向运动，然后减速正向运动，一直压到限位开关，产生报警。

根据故障现象，因为 Z 轴能减速运动，说明参考点减速开关没有问题，问题可能出在参考点脉冲上。用示波器检查编码器的参考点脉冲，确实没有发现有参考点脉冲，肯定是编码器出现了问题。将编码器从轴上拆下检查，发现编码器内有很多油，原因是机床磨削工件时采用油冷却，油雾进入编码器，沉淀下来将编码器的参考点标记遮挡住，参考点脉冲不能输出，从而找不到参考点。

故障处理： 用高标号汽油将编码器清洗干净并进行密封，重新安装，这时开机进行返回参考点操作，故障消除。

③ 系统有问题，接收不到参考点脉冲。

有时由于系统出现问题，接收不到位置反馈元件发出的参考点脉冲，也会造成参考点不能返回的故障。

【案例 5-47】 一台数控车床开机回参考点时出现报警 "90 Reference return incomplete"（参考点返回没有完成）。

数控系统： FANUC 0TC 系统。

故障现象： 这台机床在开机回参考点时出现 90 号报警，指示不能完成返回参考点的操作。

故障分析与检查： 查阅 FANUC 维修手册，90 号报警的含义为参考点返回时，起始点与参考点靠得太近或速度太慢。

首先怀疑回参考点的速度可能被改变了，数值太小，速度过慢，使位置偏差量小于 128 个脉冲，但检查机床数据 PRM534 无误，将其数值改大也没有排除故障。

然后调出诊断页面观察诊断数据 DGN800，发现回参考点时 X 轴的位置偏差量大于 128 个脉冲，也没有问题。

进而怀疑系统伺服轴控制模块（轴卡）有问题，没有检测到参考点脉冲，或者编码器有问题没有发出参考点脉冲。与其他机床互换伺服轴控制模块，证明确实是伺服轴控制模块故障。

故障处理： 维修伺服轴控制模块后，机床恢复正常工作。

另外，伺服系统有问题、机床数据有问题、一些伺服条件没有满足或者位置反馈元件与参考点减速开关配合不好也会引起数控机床回参考点的故障。

5.5.6 数控机床返回参考点故障的维修

怎样检修数控机床出现的返回参考点故障呢？首先要了解返回参考点的工作原理，还要了解产生此故障的原因（上节已经讲到）。了解了这两个问题，故障就很容易排除。当然"望、闻、问、切"的诊断方法是必不可少的，这里"望"是指观察回参考点的过程，"闻"是听一下机床操作人员对故障的描述，"问"是向机床操作人询问故障情况，"切"是利用系统的诊断资源对参考点减速开关和位置检测元件进行诊断检查。

总的来说，根据数控机床回参考点的过程，机床不回参考点故障的主要原因有伺服系统故障、参考点减速开关损坏、参考点脉冲丢失、数控系统伺服轴控制模块（轴卡）故障以及外围故障，另外有时因为参考点脉冲与参考点减速开关和限位开关位置调整不好回参考点也会出现故障。其故障诊断流程如图 5-13 所示。

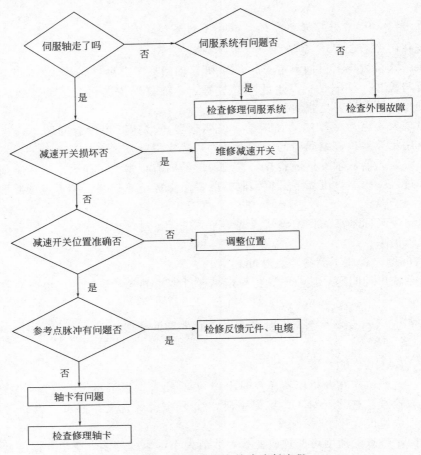

图 5-13　返回参考点故障诊断流程

　　如果是编码器或者光栅尺有问题，在换上新的编码器或者光栅尺后，机床的坐标原点一般都会发生变化。在自动加工之前要进行检查和校对，如果发生了变化，要及时调整加工程序或进行机床的零点补偿。另外，重新换上参考点减速开关或编码器后，要调整好参考点脉冲与参考点减速开关的距离，最好压上参考点减速开关后编码器再转半圈左右发出参考点脉冲，否则，太近或太远都可能造成回参考点不准的故障。

5.5.7　零点开关引发回参考点故障维修案例

【案例 5-48】　一台数控加工中心出现 2050 号报警。

数控系统： FANUC 0MC 系统。

故障现象： 这台数控机床在开机之后回参考点时出现报警 "2050 X AXIS OVER TRAV-EL"（X 轴超行程），并停机。

故障分析与检查： 观察故障现象，在机床开机之后，回参考点时，X 轴先走，按＋X 键后 X 轴正向运动，屏幕上显示 X 轴运动的数值，在压上零点开关后，X 轴减速后一直运动直到压上限位开关，出现 2050 报警。

　　因为能减速运动说明零点开关应该没有问题，那么可能是 X 轴脉冲编码器有问题，更换编码器故障依旧。

更换数控系统的伺服轴控制模块，故障也没有消除。

重新分析回参考点的工作原理，在回参考点时，压上零点开关后，开始减速，在离开零点开关之后，再接收编码器的零点脉冲，以确定参考点。

压上零点开关能减速只能说明减速开关能够压上断开，利用系统 DGNOS PARAM 功能检查 X 轴零点开关的输入 X16.5 的状态，压上零点开关后其状态从"1"变成"0"，但离开开关后没有马上变回"1"，而是在报警出现之后才变成"1"。说明零点开关有问题，常闭触点能断开，但可能簧片弹性有问题不能及时闭合，将开关拆开检查，发现机床的冷却液进入开关内，使开关失灵。

故障处理：将零点开关内的油污清除，把开关修复。零点开关重新安装上后，机床故障消除。

【**案例 5-49**】 一台数控车床 X 轴找不到参考点。

数控系统：FANUC 0TC 系统。

故障现象：这台机床在开机回参考点时，X 轴找不到参考点，出现报警"2041 X-AXIS OVER TRAVEL"（X 轴超行程）。

故障分析与检查：观察寻找参考点的过程，X 轴一直向前运动，没有减速过程，直到压上限位开关。

根据故障现象和工作原理进行分析，怀疑参考点减速开关有问题，使用系统 DGNOS PARAM 功能检查 X 轴参考点减速开关的输入 X16.5 的状态，发现 X16.5 的状态一直为"1"没有改变，即使参考点碰块已经压上参考点减速开关。因此，怀疑参考点减速开关损坏。

拆下参考点减速开关进行检查，发现确实是参考点减速开关损坏，使 NC 系统根本没有接收到减速信号，所以 X 轴一直运动直到压上限位开关。

故障处理：更换新的开关，故障排除。

提示：FANUC 0TC 系统将 PMC 输入 X16.5 直接定义为 X 轴减速开关输入，X17.5 定义为 Z 轴减速开关输入。所以，两个轴减速开关的常闭触点必须分别接入这两个输入点，在回参考点时，系统直接接收减速信号，当接收到触点断开的信号时就会立即减速到寻找参考点慢速。

【**案例 5-50**】 一台数控车床在回参考点时 Z 轴向相反方向运行。

数控系统：FANUC 0iTC 系统。

故障现象：这台机床在回参考点时，本应向正方向运行，但 Z 轴却一直向负方向运行。

故障分析与检查：询问操作人员，在机床关机重新开机回参考点时出现的这个故障。按照这台机床回参考点的原理，在没有压上参考点减速开关时，Z 轴回参考点向正方向运行，压上参考点减速开关后减速向负方向运行，离开参考点减速开关后，开始接收参考点脉冲以确定参考点。

但虽然开机回参考点时操作人员已经手动使 Z 轴向负方向移动，按正常已经脱离参考点减速开关，但回参考点时还是向负方向运行。

根据上述分析，首先怀疑参考点减速开关有问题，利用系统功能检查参考点减速开关的输入信号，发现一直为"0"，对参考点减速开关进行检查，最后确认为 Z 轴参考点减速开关损坏。

其实这种故障还有一种原因，回参考点的方向是在机床数据中设定的，但机床正常运行时，这种机床数据被改变的可能性非常小。

故障处理：更换 Z 轴参考点减速开关后，机床恢复正常运行。

5.5.8 编码器故障引发回参考点故障维修案例

【**案例 5-51**】 一台数控车床出现报警"319 SPC Alarm：X Axis Coder"（SPC 报警，X 轴编码器）。

数控系统：FANUC 0TC 系统。

故障现象：这台机床开机 X 轴回参考点时出现 319 号报警，指示 X 轴编码器有问题。

故障分析与检查：根据数控系统的报警信息，说明 X 轴编码器连接系统可能有问题。FANUC 数控系统出现编码器报警有几种可能。

一是数控系统的伺服轴控制模块（轴卡）有问题，出现的是假报警，但与另一台机床的伺服轴控制模块对换，故障依旧；

二是编码器的连接线路有问题，但对线路进行检查，也没有发现问题；

三是编码器出现问题，数控系统确认的是真正的编码器故障，因前两种可能已经排除，所以问题可能出在编码器上。

故障处理：更换新的 X 轴编码器后，X 轴返回参考点正常进行，机床故障被排除。

维修总结：FANUC 数控系统关于编码器报警信息比较明确，OC/D 系统关于这个报警的报警号为 3 * 9，* 代表数字 1、2、3 等，1 代表 X 轴，2 代表 Z 轴（M 系统为第二轴——Y 轴）等。

【**案例 5-52**】 一台数控磨床 Z 轴找不到参考点。

数控系统：FANUC 0MC 系统。

故障现象：这台机床在 Z 轴回参考点时，Z 轴首先快速负向运动，然后减速正向运动，一直压到限位开关，产生报警。

故障分析与检查：根据故障现象，因为 Z 轴能减速运动，说明参考点减速开关没有问题，问题可能出在参考点脉冲上。用示波器检查编码器的参考点脉冲，确实没有发现参考点脉冲，肯定是编码器出现了问题。将编码器从伺服电机上拆下进行检查，发现编码器内有很多油，原因是机床磨削工件时采用油冷却，油雾进入编码器，沉淀下来将编码器的参考点标记遮挡住，参考点脉冲不能输出，从而机床找不到参考点。

故障处理：将编码器清洗干净并进行密封，重新安装后，机床通电开机，返回参考点正常进行，机床恢复正常工作。

【**案例 5-53**】 一台加工中心在 B 轴回参考点时出现报警"441 SERVO ALARM：B AXIS EXCESS ERROR"（B 轴超差错误）和"446 B AXIS：SOFT THERMAL（OVC）"（B 轴软件检测过热）。

数控系统：FANUC 18i-MB 系统。

故障现象：这台机床在开机 B 轴回参考点出现 441 和 446 报警，指示 B 轴伺服故障，并且 B 轴实际上没有旋转。

故障分析与检查：开关后重新开机，这时手动操作方式下转动 B 轴，B 轴不转，也是出现这两个报警。说明与回参考点方式无关。

这台机床 B 轴采用圆光栅作为 B 轴旋转角度的反馈元件，对反馈电缆线进行检查校对，没有发现导线断裂或接触不良的现象。为了确认位置反馈元件是否有问题，可以将机床所采用的全闭环反馈改为半闭环反馈，即将机床所用的圆光栅作为位置反馈关闭，而将全闭环反馈中作为测速用的伺服电机所带编码器改为半闭环反馈中的位置反馈元件。将机床数据 PRM1815.1 的设定由"1"改为"0"，然后关闭机床后重新开机，这样机床数据修改生效，B 轴改为了半闭环控制系统，这时再转动 B 轴，还是出现相同报警，说明故障与圆光栅无关。

根据机床工作原理，B 轴锁紧/松开均靠液压系统完成的，电磁阀 YA52 为控制 B 轴锁紧/松开的电磁阀，电磁阀由 PMC 输出 Y5.2 通过直流继电器 KA52 控制的。通过系统诊断功能观察 Y5.2 的状态，在给出该阀松开指令时，Y5.2 的状态由 0 变为 1，说明 PMC 已经给出指令。然后用手触摸电磁阀 YV52 所在的液压管路，可以感觉到当阀体动作时管路中有液压油流过的振动。可以断定锁紧/松开电磁阀动作正常，当系统给出旋转指令时圆盘确实处于松开状态。

机械传动系统出现故障也能导致圆盘不旋转，这台机床是 B 轴伺服电机通过联轴器与蜗杆相连，蜗杆旋转带动蜗轮从而带动圆盘旋转。如果蜗杆与蜗轮之间存在机械磨损，圆盘定位将不会准确，如果蜗杆与蜗轮啮合之处有铁屑或其他杂物将可能导致机床圆盘运动时负载增大引起报警。为了确认机床传动是否有故障，拆下联轴器将伺服电机脱离负载，在没有负载的情况下采取半闭环反馈方式给 B 轴下达旋转指令，还是出现相同报警，说明机械部分没有问题。

将 B 轴伺服驱动模块与其他机床更换，这台机床故障依旧，说明伺服驱动模块也没有问题。

下面只有伺服电机和电机编码器没有确定了，拆下 B 轴伺服电机，首先打开编码器的后盖，发现编码器中渗入很多润滑油。

故障处理：将编码器中的润滑油清除并采取防范措施，重新进行安装，这时开机运行 B 轴，报警消除，将 B 轴恢复全闭环，这时机床正常运行。

5.5.9　控制系统出现问题引发回参考点故障维修案例

【案例 5-54】　一台数控车床 Z 轴找不到参考点。

数控系统：FANUC 0TD 系统。

故障现象：这台机床在开机回参考点时，Z 轴找不到参考点，最后出现超行程报警。

故障分析与检查：观察机床回参考点的过程，X 轴回参考点正常没有问题。Z 轴回参考点时，先正向运动，压上零点开关后，减速，然后慢速运动，但不停直到压上限位开关。

根据这些现象分析，零点开关没有问题，问题可能出在系统伺服轴控制模块（轴卡）、编码器或者编码器反馈电缆连接上。

为了确定故障原因，在系统上，把 X 轴伺服电机的动力电缆和编码器反馈电缆与 Z 轴的互换插接，然后进行回参考点操作。这时 X 轴回参考点实际是 Z 轴滑台运动，没有问题，说明 Z 轴的编码器和编码器反馈电缆没有问题。Z 轴回参考点时，X 轴滑台运动，最后出现 X 轴超行程报警，说明系统伺服轴控制模块有问题。

故障处理：更换系统伺服轴控制模块，机床恢复正常运行。

【案例 5-55】　一台数控车床开机回参考点时出现报警"90 Reference return incomplete"（参考点返回没有完成）。

数控系统：FANUC 0TC 系统。

故障现象：这台机床在开机 X 轴回参考点时出现 90 号报警，指示不能完成返回参考点的操作。

故障分析与检查：查阅 FANUC 维修手册，90 号报警的含义为参考点返回时，起始点与参考点靠得太近或速度太慢。

首先怀疑回参考点的速度可能被改变了，数值过小，速度太慢，使位置偏差量小于 128 个脉冲，但检查机床数据 PRM534 无误，将其数值改大也没有排除故障。

然后调出诊断页面观察诊断数据 DGN800，发现回参考点时 X 轴的位置偏差量大于 128

个脉冲，也没有问题。

进而怀疑系统伺服轴控制模块（轴卡）有问题，没有检测到参考点脉冲，或者编码器有问题没有发出参考点脉冲。与其他机床互换伺服轴控制模块，证明是伺服轴控制模块故障。

故障处理： 维修伺服轴控制模块后，机床恢复正常工作。

5.5.10 零点脉冲距离问题引发参考点故障维修案例

【案例 5-56】 一台数控车床回参考点时，参考点经常出现偏移。

数控系统： FANUC 0iTC 系统。

故障现象： 这台机床回参考点时经常出现偏移，经检测都是 10mm 左右。

故障分析与检查： 多次进行返回参考点的操作，发现如果这次参考点向前偏移了 10mm，下次出问题时是向后偏移 10mm，多次进行操作发现参考点不是一个，也不是多个，而是两个。据此分析，应该是编码器的参考点脉冲与参考点撞块距离太近，造成有时参考点减速开关压上撞块马上就能找到参考点，有时刚好错过，只好等下一个参考点脉冲，这样这个参考点与上一个参考点就相差一个滚珠丝杠的螺距 10mm。

故障处理： 这种故障有两种处理方法，其一是将参考点减速开关撞块移动 5mm 左右；其二是将编码器旋转半圈。

本案例中将该撞块移动 5mm 左右，这时机床正常，不再发生类似故障。

【案例 5-57】 一台数控球道磨床有时 B 轴找不到参考点。

数控系统： FANUC 0iMC 系统。

故障现象： 这台磨床有时 B 轴回参考点时，出现超限位报警，找不到参考点。

故障分析与检查： 检查参考点减速开关没有问题，参考点脉冲也没有问题，后发现参考点减速开关与参考点脉冲距离太近，有时离开减速开关早一点就可以找到参考点，若稍微晚一点就错过参考点脉冲，之后压限位报警。

故障处理： 将撞块位置进行调整，使参考点减速开关与参考点脉冲之间有一段距离，这之后这台机床正常运行，不再出现类似故障。

维修提示： 通过这两个案例可以看出，如果参考点减速开关与参考点脉冲之间的距离没有调整好，也会出现回参考点故障，或者参考点不准。

编码器的参考点脉冲距离参考点减速开关太近时，还有可能使参考点的位置不定，每次回参考点的实际位置可能不是一个位置。如图 5-14 所示，因为每次离开参考点挡块的时机不可能完全一致，当稍早些（例如，开关在 A 点恢复闭合），刚一离开挡块，就接收到编码器的参考点脉冲（Z）见图 5-14（编码器回参考点时顺时针旋转），这时立即找到了参考点。如果参考点减速开关稍微慢一些断开，在图 5-14 中 B 点断开，这时参考点脉冲刚刚错过，编码器旋转接近一周才能发出下一个参考点脉冲，这时找到的参考点与前一种情况下找到的参考点的距离为一个丝杠螺距。所以编码器在参考点脉冲附近离开参考点挡块是不合理的，在图 5-14 中的圆弧 EFG 内是比较合理的，如果恰好在与参考点脉冲距离半周的 F 附近是最佳位置。

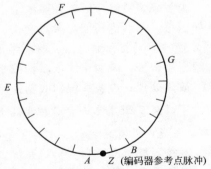

图 5-14 编码器参考点脉冲位置

【案例 5-58】 一台数控加工中心转台回零不准。

数控系统： FANUC 0MC 系统。

故障现象：这台机床转台回零不准，回零后工作台歪斜。

故障分析与检查：出现这种故障一般是由于转台回零开关不良、回零开关撞块松动或开关松动。关机后将转台侧盖打开，用手压回零开关正常，检查回零开关撞块正常，检查开关座正常，估计回零行程开关常开触点断开点的位置发生变化。

故障处理：将开关座向正方向调整小段距离（4mm 左右）后开机，故障消除。

【案例 5-59】 一台数控车床在 X 轴回参考点时经常出现零点漂移。

数控系统：FANUC 0TC 系统。

故障现象：这台机床在 X 轴回参考点时，经常出现零点漂移的现象，每次漂移量在 10mm 左右。

故障分析与检查：分析机床故障现象，每次出现参考点漂移时都在 10mm 左右，再回参考点又可能没有漂移，且 X 轴滚珠丝杠的螺距就是 10mm。

检查与回参考点相关的机床参数数据没有发现问题。因此怀疑 X 轴回参考点的减速撞块压上零点开关的时刻与编码器的零点脉冲直接的距离太近，有时压上零点开关不久就能收到编码器的零点脉冲，有时零点开关动作时刚好错过零点脉冲，需要等待接收下一个零点脉冲，所以就产生了零点漂移，并且漂移数值在 10mm（即滚珠丝杠一个螺距）左右。

故障处理：调整 X 轴减速撞块的位置，向负方向（因为回参考点是向负方向运动）调整 4mm（即接近滚珠丝杠螺距的一半）左右，这时反复执行 X 轴回参考点操作，再也没有出现参考点漂移的故障。

【案例 5-60】 一台数控车床 X 轴零点不准。

数控系统：FANUC 0TD 系统。

故障现象：这台机床偶尔出现 X 轴回参考点后，加工的工件在直径上相差 12mm。

故障分析与检查：首先检查 X 轴滑台的反向间隙为 0.01mm，这么小的间隙不可能在正常直径方向上有那么大的误差。检查 X 轴的重复定位精度，在误差范围内，说明机械传动链没有问题。反复执行回参考点的操作，发现偶然 X 轴零点位置半径方向偏差 6mm，刚好是滚珠丝杠的一个螺距，说明是零点出现偏差引起的故障。

观察 X 轴回参考点的过程，先以回参考点快速运行，压上零点减速开关后，低速运行，当离开零点减速开关后，接收编码器的第一个零点脉冲，确定参考点，即零点，过程正常没有问题。

对 X 轴回参考点减速开关进行检查，发现固定开关的螺钉松动，造成了参考点减速撞块压合减速开关的时机经常变化，加之编码器零点脉冲与减速开关的位置有些接近，造成有时离开减速开关时马上就接收到零点脉冲，偶尔离开减速开关时刚好错过了零点脉冲，需要接收接近一转后的零点脉冲，出现了零点位置相差一个螺距的故障。

故障处理：将固定减速开关的螺钉锁紧，再将减速撞块移动 2mm，这时反复执行回参考点的操作，经过检测，零点位置再也没有发生变化，机床故障排除。

5.5.11 FANUC 0iC 系统绝对编码器零点丢失故障恢复案例

使用 FANUC 0iC 系统的数控机床，如果伺服轴使用绝对值编码器，当零点丢失或者更换编码器时，需要重新设定参考点。下面介绍重新设置参考点的方法和步骤。

① 在 MDI 方式，将机床数据（参数）写入开关设置为可以（即设置为"1"）。

② 在手动或者手轮方式将相应的轴移动到需要指定为零点的位置。

③ 在 MDI 方式下调出对应轴 PRM1815 机床数据进行检查，如果该数据的 APZ 位改为"1"，先将其改为"0"。

④ 再将对应轴的 1815 数据的 APZ 改为"1"，这时对应轴的机床坐标将变为"0"。

⑤ 将系统数据写入开关设置为不可以（即设置为"0"）。

⑥ 关闭系统重新上电即可。

设定参考点的前提就是事先应该标定机床坐标零点的大概机械位置，确定零点后，如果不准，可以通过零点补偿进行调整。

注意：在零点调整时机床最好要有移动，调整后应重新对刀，重新修改机床软件保护数据，防止零点设错后对设备或人身造成损伤。

下面列举一个维修案例。

【案例 5-61】　一台数控磨床出现报警"300 APC 报警：Y 轴需回零"和"306 APC 报警：Y 轴电池电压低"。

数控系统： FANUC 0iMATE TC 系统。

故障现象： 这台机床在停用一段时间后，开机出现报警 300 号和 306 号，机床不能进行自动操作。

故障分析： 因为该机床各坐标轴采用绝对值编码器，在系统长时间停机时，Y 轴伺服后备电池电量不足，造成 Y 轴坐标数据丢失，产生 300 号报警，指示 Y 轴坐标零点丢失，并产生 306 号报警指示 Y 轴后备电池需要更换，检查电池发现确实电量不足。

故障处理： 首先更换 Y 轴伺服驱动模块上的后备电池，然后进行重新确认零点的操作。操作步骤如下。

① 移动 Y 轴到机械零点附近。

② 将机床数据（参数）写入保护开关更改为允许，这时系统产生报警提示"100 允许写入参数"。

③ 找到机床数据 PRM1815，发现 X 轴的数据为"0011 0000"，Y 轴的参数为"0010 00000"，即 Y 轴机床数据 PRM1815.4——APZ 为"0"。

④ 将 Y 轴的 APZ 改为"1"，这时机械位置就被设定为坐标零点。

⑤ 将机床数据写入保护开关更改为不允许。

关机数分钟，重新开机，机床报警消除，恢复正常工作。

【案例 5-62】　一台数控加工中心出现超差报警。

数控系统： FANUC 16M 系统。

故障现象： 这台机床长时间关机导致系统数据和参考点数据丢失。

故障处理： 用计算机将备份文件输入到数控系统中，但移动各轴时，都出现超行程报警。这台机床采用绝对脉冲编码器，因为后备电池没电，参考点数据肯定也丢失了，必须恢复参考点，步骤如下。

① 在 OFFSET 菜单下，设置 PWE＝1。

② 将系统机床数据 PRM1815 的各轴（X/Y/Z）数据都设置为 0000 0000。

③ 手动将 X/Y/Z 各轴都移动到机械原点附近。

④ 在参考点方式，各轴手动回参考点。

⑤ 仔细观察各轴是否在参考点位置上，特别是 ATC、APC 等有关系的轴参考点位置伺服准确。如果设置有误差，重复③～④步直至准确。

⑥ 将系统机床数据 PRM1815 的各轴（X/Y/Z）数据都设置为 0011 0000。

⑦ 在 OFFSET 菜单下，设置 PWE＝0。

⑧ 关机数分钟后开机，机床运行正常，超程报警消除。

【案例 5-63】　一台数控磨床出现报警"310 X axis origin return"（X 轴返回原点）。

数控系统：FANUC 0GC 系统。

故障现象：这台机床开机后出现 310 报警，指示 X 轴重新回原点。

故障分析与检查：这台机床采用绝对脉冲编码器，出现此报警，说明系统认为 X 轴原点已丢失。检查屏幕 X 轴的坐标数值与实际位置相符，说明原点实际并没有丢失，记录此时的坐标数值，然后重新设置 X 轴的坐标原点。

故障处理：重新设置 X 轴原点步骤如下。

① 在 EDIT 方式下，将 PWE 设置为"1"。

② 将机床数据位 PRM21.0 和 PRM22.0 改为"0"。

③ 关机数分钟后重新启动机床，将建立参考点的机床数据位 PRM22.0 改为"1"。

④ 关机数分钟后重新启动机床，用手轮将 X 轴移动到此前记录的坐标数值。

⑤ 将机床数据位 PRM21.0 改为"1"。

⑥ 在 EDIT 方式下，将 PWE 设置为"0"。

⑦ 关机数分钟后重新启动机床，这时报警消除，机床恢复正常运行。

5.5.12 FANUC 数控系统零点如何进行调整

如果想要调整数控机床零点（参考点）的位置，可以有很多方法，主要可以分为硬件和软件两类。

（1）硬件方法

① 调节编码器位置　如果调整范围比较小（小于 4mm），可以松开编码器的固定螺钉（但不要松开编码器的联轴器），然后转动编码器（系统可以开机，但急停按钮必须按下），观察屏幕上的数值，满足要求即可。

② 调整参考点减速开关的位置　如果需要调整的距离比较大，可以调节参考点减速开关（或者参考点挡块）的位置，但距离不太容易掌握。

这两种硬件的方法维修人员容易理解，但不建议采用，因为调整起来比较烦琐，不容易达到理想的效果。

（2）软件方法

现在的数控系统都具有零点调整功能，方法也很多，操作起来也很容易，下面介绍几种比较实用的方法。

① 利用参考点坐标调整零点位置　数控机床找到参考点后，屏幕上的坐标数值显示为机床数据（参数）设定的参考点坐标值，不一定就是"0"，所以调整参考点坐标的机床数据设定数值就可以达到调整零点的目的。

例如 FANUC 0C 系统的参考点设定数值的机床数据见表 5-7。

表 5-7　FANUC 0C 系列数控系统参考点坐标设定机床数据

轴	X 轴	第二轴（T 系统为 Z 轴、M 系统为 Y 轴）	第三轴（M 系统的 Z 轴）	第四轴
机床数据号	PRM708	PRM709	PRM710	PRM711

FANUC 0iC 系统的参考点设定数值的机床数据为 PRM1240，可以分别对每个轴进行设定。

② 利用参考点偏移机床数据调整零点位置　数控系统接收到参考点脉冲后，很多数控系统（包括 FANUC 系统）都可以通过参考点偏移机床数据的设定来调节参考点的位置，同时也就是调整了数控机床坐标零点的位置。

例如 FANUC 0C 系统的参考点偏移设定数值的机床数据见表 5-8。

表 5-8　FANUC 0C 系列数控系统参考点偏移设定机床数据

轴	X 轴	第二轴(T 系统为 Z 轴、M 系统为 Y 轴)	第三轴(M 系统的 Z 轴)	第四轴
机床参数号	PRM508	PRM509	PRM510	PRM511

FANUC 0iC 系统的参考点偏移设定数值的机床数据为 PRM1850，分别对数控机床的每个轴的参考点偏移进行设定。

③ 还可以利用零点补偿来调整数控机床零点的位置　这种方法机床操作人员应该熟练掌握的。

5.5.13　其他原因引发回参考点故障维修案例

【案例 5-64】　一台数控车床在 Z 轴回参考点时出现报警"520 OVER TRAVEL：＋ Z AXIS"（Z 轴运动超正向限位）。

数控系统：FANUC 0TC 系统。

故障现象：这台机床在开机回参考点时出现 520 号报警。关机再开回参考点时还是出现这个报警。

故障分析与检查：根据系统手册关于这个报警的解释，这个报警指示 Z 轴回参考点时超正向软件限位。解决这个故障通常可以采用以下两种方式。

第一种方式是将 Z 轴正向软件限位设定参数 PRM702 更改成 9999999，回参考点后，再将其改回原来的数值，这种方式比较烦琐。

第二种方式在开机时，同时按住数控系统面板上 CAN 键和 P 键，过一会松开，这时再回参考点就可以正常运行了。

但按照正常的工作原理，机床在开机回参考点之前，不应出现 5n0 和 5n1 报警，这种报警是属于数控系统失误造成的。如果是开机回参考点后，再运行 X 轴或 Z 轴时出现此报警，可向相反方向运动这个轴，然后按 RESET 按键，故障报警即可消除。如果消除不掉，则说明是数控系统有问题，可关机，然后开机同时按住 CAN 键和 P 键，过一会松开，这时再回参考点故障即可消除。

故障处理：通电开机的同时按住 CAN 键和 P 键，过一会松开，这时回参考点，正常完成，故障消除。

【案例 5-65】　一台数控车床 Z 轴找不到参考点。

数控系统：FANUC 0TC 系统

故障现象：观察故障的发生过程，当回参考点时首先 X 轴回参考点，没有问题，然后 Z 轴回参考点，这时 Z 轴一直正向运动，直至运动到压上限位开关，产生超限位报警。

故障分析与检查：根据故障现象和工作原理进行分析，可能是零点开关有问题。利用系统的 DGNOS PARAM 功能检查 Z 轴零点开关的输入 X17.5 的状态，发现其状态为 0，在回参考点的过程中一直没有变化，更证明是零点开关出现了问题；但检查零点开关却没有问题，再检查其电气连接线路，发现这个开关的电源线折断，使 PMC 得不到零点开关的变化信号而没有产生减速信号以接收零点脉冲。

故障处理：重新连接线路，故障消除。

【案例 5-66】　一台数控车床在回参考点时出现 91 号报警。

数控系统：FANUC 6M 系统。

故障现象：这台机床在开机回参考点时出现 91 号报警，无法返回参考点。

故障分析与检查：根据 FANUC 数控系统检修手册可知，91 号报警为"脉冲编码器同步出错",可能的原因如下。

① 编码器"零脉冲"有问题;

② 回参考点时位置跟随误差值小于128。

首先对跟随误差、位置环增益、回参考点速度等机床数据（参数）进行检查，均属于正常范围，排除了机床数据设定的问题。

然后对编码器进行检查，发现编码器电源（5V 电压）只有 4.5V 左右，但伺服单元上的电压为 5V 没有问题。因此怀疑连接电缆可能有问题，对编码器的连接电缆进行检查，发现编码器电缆插头的电源线虚焊。

故障处理：对电源线重新焊接后，机床恢复正常工作。

【**案例 5-67**】 一台数控三轴铣床 A 轴不回参考点。

数控系统：FANUC 0MB 系统。

故障现象：这台机床开机第四轴即 A 轴（旋转轴）不能找参考点，点动也不运行，其他轴运行正常，系统无任何报警。

故障分析与检查：点动时按压机床控制面板上 A＋或 A－按钮，观察诊断信号 DGN119.2 或 DGN119.3 无响应，检查按钮是好的，面板与系统 I/O 板的连线也正常，怀疑某些条件未满足，仔细询问操作者，反映故障发生前曾更换过启动按钮，测量相关信号，发现 PMC 输入 X8.1 与地之间有 10V 左右的电压，这是不对的，X8.1 连接双手启动按钮之一的信号，而此时按钮并没压下，进一步检查输入信号电路，确认为一润滑浮子开关漏电所致。

故障处理：对润滑浮子开关进行绝缘处理后，再试机，机床恢复正常运行。

【**案例 5-68**】 一台数控无心磨床开机时出现报警"310 X 轴请求返回参考点"和"320 Y 轴请求返回参考点"。

数控系统：FANUC 0GC 系统。

故障现象：这台机床开机出现 310 和 320 报警，系统提示 X 轴和 Z 轴需手动回零。

故障分析与检查：此报警出现，说明串行编码器的绝对位置数据已经丢失，一般是由于电池失效引起的。为此，首先检查电池，发现其电量偏低，更换新电池。

故障处理：根据系统提示，X 轴和 Z 轴都需回零，其步骤如下。

首先将参数 701、702 和 704、705 分别设定为－1 和 1，即取消软限位（注意：一定要确保机床硬件限位开关可靠）。

再用手轮将 Z 轴（即修整补偿轴）移到适当位置，该位置应确保回退时碰到参考点开关，且碰后有一定余程。

选择"ZRN"模式，按压"＋Z"按钮，Z 轴即开始回零，碰到参考点开关减速并走一段距离后停止，观察参数 P22.1＝1，说明回零成功。

同理执行 X 轴回零，观察 P22.0＝1，确认回零成功后按压"reset"按钮，可以消除 310 和 320 报警。

接下来是"对刀"，即建立编程原点，以 Z 轴为例，先选择"HANDLE"模式，用手轮将 Z 轴移到轻微接触砂轮表面的位置，再选择"ZRN"模式，按压面板上的"position record 位置记录"按钮，然后再进入"OFFSET"菜单，输入 MZ0.00000，确认后即建立了 Z 轴的编程原点。

按上述过程建立 X 轴编程原点，并根据此时实际位置设定机床数据 PRM701、PRM702 和 PRM704、PRM705，恢复软限位超程保护功能。

至此，全部处理工作完成，机床恢复正常运行。

【**案例 5-69**】 一台数控车床开机不回参考点。

数控系统： FANUC 0TC 系统。

故障现象： 这台机床一次开机回参考点时 X 轴不走，但显示屏幕上 X 轴的坐标数值一直在变。

故障分析与检查： 手动移动 X 轴也是滑台不走，只是屏幕坐标数值在变化，并且没有报警。试验 Z 轴也是如此。对机床操作面板进行检查，发现一个按钮被按下，这个按钮是进给保持按钮，恰巧这个按钮的指示灯损坏，所以机床操作人员没有注意到这个误操作。

故障处理： 将进给保持按钮按开后，机床进给恢复正常。

【案例 5-70】 一台数控车床开机回参考点时出现报警"424 SERVO ALARM：Z AXIS DETECT ERR"（伺服报警：Z 轴检测错误）。

数控系统： FANUC 0TC 系统。

故障现象： 这台机床在开机回参考点时，X 轴没有问题，Z 轴回参考点时出现 424 号伺服报警，指示 Z 轴检测错误。

故障分析与检查： 检查 Z 轴的参考点减速开关，没有问题。将回参考点慢速机床数据 PRM534 从 300 改到 400，又改到 600 都没有解决问题，但随着 PRM534 的数值增大，诊断数据 DGN0801 的数值从 2698 降低到 1056，说明 Z 轴运行阻力太大。对 Z 轴滑台进行检查，发现滑台下面铁屑过多。

故障处理： 将铁屑清除干净，这时 Z 轴回参考点恢复正常运行，诊断数据 DGN0801 也变为 200 左右，机床恢复了正常运行。

【案例 5-71】 一台数控车床回参考点动作正常，但 X 轴参考点位置随机性大。

数控系统： FANUC 0TC 系统。

故障现象： 这台机床回参考点动作正常，但参考点位置随机性大，每次定位的位置都有所不同。

故障分析与检查： 分析机床工作原理，这台机床采用半闭环位置系统，使用伺服电机的编码器作为位置反馈元件。参考点位置随机性变化，大多数情况下都是由于编码器参考点脉冲不良、电机与滚珠丝杠或编码器与电机联轴器松动、滚珠丝杠间隙增大、电机转动力矩过低及伺服控制装置不良而引起跟随误差过大等原因造成的。

由于回参考点过程正常，说明系统回参考点功能正常有效。仔细检查发现，X 轴参考点位置虽然每次都有变化，但却总是在参考点减速挡块离开的位置。因此，初步判断故障的原因是由于脉冲编码器参考点脉冲不良或丝杠与电机、电机与编码器之间的连接不良引起的故障。首先脱开 X 轴伺服电机与滚珠丝杠连接的联轴节，检查发现，丝杠与联轴器的弹性胀套配合间隙过大，连接松动。

故障处理： 维修联轴器的胀套，重新安装到机床上，这时 X 轴多次返回参考点都准确无误，机床故障排除。

【案例 5-72】 一台数控车床回参考点时出现报警"424 SERVO ALARM：Z AXIS DE-TECT ERR"（伺服报警：Z 轴检测错误）。

数控系统： FANUC 0TC 系统。

故障现象： 这台机床在回参考点时，X 轴正常没有问题，Z 轴出现 424 报警。

故障分析与检查： 询问机床操作人员，操作人员告知只有在机床开机回参考点时出现此报警，正常工作时从来不出现此报警。

观察回参考点的过程，Z 轴回参考点向正方向运行，压上零点开关后减速，脱离零点开关后，停止运动，屏幕 Z 轴零点坐标显示 5.760，这个数值就是零点坐标。但过几十秒后，出现424 报警，这时 Z 轴坐标值变为 5.130。多次观察，发现出现报警时，Z 轴的坐标值都在 5.1

左右。

　　根据这些现象分析，怀疑系统接到零点脉冲后，减速过快，没有达到系统要求的定位精度。

　　首先怀疑伺服驱动模块低速驱动能力有问题，与其他机床互换伺服驱动模块，还是这台机床出现问题，说明不是伺服驱动模块的问题。

　　检查 Z 轴伺服电机和编码器，连接良好，没有发现问题。

　　因此怀疑 Z 轴滑台可能运动阻力变大，使 Z 轴低速运行时，停止过快。

　　故障处理：将回参考点慢速机床数据 PRM0534 从 300 改动为 400，就是提高回参考点慢速的速度数值，这时 Z 轴回参考点恢复正常，报警消除。

【**案例 5-73**】　一台数控加工中心出现转台分度不良的故障。

　　数控系统：FANUC 0MC 系统。

　　故障现象：这台机床一次出现故障，转台分度后落下时错动明显，声音大。

　　故障分析与检查：观察转台的分度过程，发现转台分度后落下时错动明显，说明转台分度位置与鼠齿盘定位位置相差较大，检查发现转台机械螺距有误差。

　　故障处理：检查机械装置，调整机械装置很麻烦。分析系统工作原理，转台分度是第四伺服轴控制的，转台螺距有误差可以通过机床数据 PRM0538 来补偿，调整机床数据 PRM0538 的设定数值后，机床故障消除。

【**案例 5-74**】　一台数控加工中心出现转台分度回零点时出现偏差。

　　数控系统：FANUC 0MC 系统。

　　故障现象：这台机床一次出现故障，开机转台回零点后，落下时错动明显，声音大。

　　故障分析与检查：观察转台回零点过程，发现转台找到零位后落下时错动明显，说明转台分度位置与鼠齿盘定位位置相差较大，检查发现转台的零点位置产生了偏差。

　　故障处理：检查机械装置，调整机械装置很麻烦。分析系统工作原理，转台分度是第四伺服轴控制的，转台零点有误差可以通过调节第四轴栅格偏移量（机床数据 PRM0511）来解决，调整机床数据 PRM0511 后，机床故障消除。

【**案例 5-75**】　一台数控加工中心每次回参考点时 X 轴零点位置都有误差。

　　数控系统：FANUC 0MC 系统。

　　故障现象：这台机床在开机回参考点时 X 轴零点位置误差较大。

　　故障分析与检查：这台机床采用半闭环位置控制系统，使用增量式光电编码器作为位置反馈元件。观察该机床回参考点的过程，Y 轴和 Z 轴零点正常没有问题。而 X 轴在加工时尺寸有变化，且每次不同。但在开机回参考点后，重新对刀再进行加工，这时加工工件 X 轴尺寸稳定。

　　根据故障现象和维修经验，这种故障现象不是滑台间隙过大引起的。检查刀具补偿、刀具偏置数据及加工程序都没有问题。

　　检查零点减速开关和撞块固定螺钉，固定牢固。利用系统 DGNOS PARAM 功能观察 X 轴零点减速开关的 PMC 输入信号 X16.5 的状态，随减速撞块和零点减速开关的相对位置变化正常变化。

　　为了进一步确定故障原因，检测每次 X 轴回零点的位置，发现偏差没有规律。从而排除了因回参考点零点减速开关内部弹簧或触点疲劳产生的减速信号与编码器零点脉冲相距太近，引起数控系统误判而引发的故障。

　　在检查机床数据时发现 PRM570（X 轴参考点计数器）的数据为 5232，与 Y 轴和 Z 轴的 6000 不同。询问机床操作人员，原来在伺服监控画面不用设置 PWE 为 "1"。在 MDI 方式下就可以修改伺服机床数据，是误操作引起的。

故障处理： 将 PRM570 的设定数值改为 6000 后，这时执行回参考点操作，X 轴零点位置恢复稳定，机床故障排除。为了避免此类故障再次发生，将机床数据 PRM389.0 设定为"1"，这样伺服调整画面就不会显示了，当需要显示伺服调整画面时再将 PRM389.0 设定为"0"。

【**案例 5-76**】 一台数控车床出现报警"401 SERVO ALARM：（VRDY OFF）"（伺服报警，没有 VRDY 准备好信号）。

数控系统： 发那科 0iTD 系统。

故障现象： 这台机床开机出现 401 报警，指示伺服系统有问题。

故障分析与检查： 这台机床采用 FANUC α 系列数字伺服驱动装置，出现故障时检查伺服驱动模块，发现数码显示器没有显示。检查伺服电源模块输入电源电压正常，后发现伺服驱动模块的 24V 电源插头连接不良。

故障处理： 将 24V 电源插头连接处理后，重新插接，通电开机，机床报警消除。

第**6**章

数控机床主轴故障维修案例

6.1 数控机床的主轴系统

6.1.1 数控机床主轴驱动方式

数控机床的主轴装置是数控机床的重要组成部分，通常数控机床的主轴驱动及其控制有四种方式。

（1）带有变速齿轮的主传动

通过变速齿轮的降速，增大输出扭矩，以满足主轴低速时对输出扭矩特性的要求。滑移齿轮的移动大都采用液压缸加拔叉，或直接由液压缸来实现。

（2）通过带传动的主传送

主轴电动机通过型带或同步齿带传动，不用齿轮传动，可以避免齿轮传动引起的振动和噪声。它适用于高速、低转矩等特性要求的主轴。

（3）用两个电动机分别驱动主轴

高速时通过皮带直接驱动主轴旋转；低速时，另一个电动机通过齿轮传动驱动主轴旋转，齿轮起降速和扩大变速范围的作用，这样恒功率区增大，克服了低速时扭矩不够且电动机功率不能充分利用的缺陷。

（4）电动机与主轴一体化的传动

这种主轴传动方式大大简化了主轴箱体与主轴的结构，提高了主轴部件的刚度，但主轴输出扭矩小，电动机发热对主轴影响较大。现在很多数控磨床和一些车床、铣床的主轴都是采用这种方式，数控磨床的砂轮主轴速度可以达到数万转。

6.1.2 数控机床主轴调速方式

数控机床的主轴调速是按照数控系统控制指令自动执行的，为了能同时满足对主传动的调速和输出扭矩的要求，数控机床常采用机电结合的方式，即同时采用电动机和机械齿轮变速两种方式。其中齿轮减速以增大输出扭矩，并利用齿轮换挡来扩大调速范围。

（1）电动机调速

用于主轴驱动的调速电动机主要有直流电动机和交流电动机两大类。

① 直流电动机主轴调速 由于主轴电动机要求输出较大的功率，所以主轴直流电动机在

结构上不适用永磁式，一般使用它激式。为缩小体积，改善冷却效果，以免电动机过热，常采用轴向强迫风冷或采用热管冷却技术。

直流主轴电动机一般都采用可控硅控制，转速、电流双闭环调速系统。

② 交流电动机主轴调速 近年来，交流主轴电机调速系统日益增多。主轴交流电动机多采用鼠笼式感应电动机，使用交流变频技术控制主轴转速。

（2）机械齿轮变速

采用电动机无级调速，使主轴齿轮箱的结构大大简化，但其低速段的输出扭矩常常无法满足机床强力切削的要求。因此数控机床常采用1～4挡齿轮变速与电动机无级调速相结合的方式，即所谓分段无级变速。采用机械齿轮减速，增大了输出扭矩，并利用齿轮换挡扩大了调速范围。

机械齿轮自动换挡执行机构是一种电-机转换装置，常采用如下两种方式：液压缸拨叉换挡；电磁离合器换挡。

两种方式都是通过数控机床的 PMC（PLC）控制的，自动进行换挡。

6.2 数控机床主轴控制系统维修案例

6.2.1 数控机床主轴系统故障种类

当数控机床主轴驱动系统出现故障时，通常有三种表现形式：

① 在数控系统显示器上显示报警号和报警信息；

② 在主轴驱动装置上用报警灯或数码管显示主轴驱动装置的故障；

③ 主轴工作不正常，但无任何报警。

主轴驱动系统的常见故障见表 6-1。

表 6-1 主轴驱动系统的常见故障

序号	故障现象	故障原因
1	过载	1. 切削量过大； 2. 频繁正、反转； 3. 主轴电动机故障； 4. 主轴驱动装置故障
2	主轴转速偏离指令值	1. 电动机过载； 2. 数控系统输出的主轴转速指令输出有问题； 3. 测速装置有故障或者速度反馈信号断线； 4. 主轴驱动装置故障
3	主轴不转	1. 使能信号没有满足； 2. 数控装置有问题，没有输出转速信号； 3. 主轴驱动装置故障； 4. 主轴电动机故障； 5. 如果有机械变速，机械变速有问题； 6. 皮带断
4	主轴异常噪声及振动	1. 在减速过程中发生，一般是主轴驱动装置的问题，如交流驱动中的再生回路故障； 2. 在恒转矩时发生，一般机械部分问题或者速度反馈有问题
5	主轴转速与进给不匹配	当进行螺纹切削或用每转进给指令切削时，会出现主轴仍然旋转，但进给停止，主要原因是速度检测编码器反馈回路有问题
6	主轴定位抖动	1. 主轴驱动装置减速或者增益参数设置不当； 2. 定位液压缸的限位开关失灵； 3. 电机转速磁性传感器失灵或者间隙需要调整

6.2.2 数控机床主轴系统故障维修案例

【案例6-1】 一台数控立式加工中心出现报警"409 SERVO ALARM：（SERIAL ERROR）"（伺服报警，串行主轴错误）。

数控系统：FANUC 0MC 系统。

故障现象：这台机床一次出现故障，系统显示 409 号报警，指示主轴伺服系统有问题。

故障分析与检查：这台机床的主轴驱动系统采用 FANUC α 系列交流数字伺服驱动装置，FANUC α 系列交流数字主轴驱动采用模块化结构，主轴驱动模块与伺服驱动模块共用一个电源模块。主轴驱动模块与其他模块之间、主轴驱动模块与 NC 之间通过 I/O LINK 总线和光缆进行连接。在结构上主轴模块通常安装在伺服系统电源模块的右侧，进给伺服驱动模块的左侧，如图 6-1 所示。主轴驱动模块的输出连接 FANUC α 系列主轴电动机，构成完整的主轴控

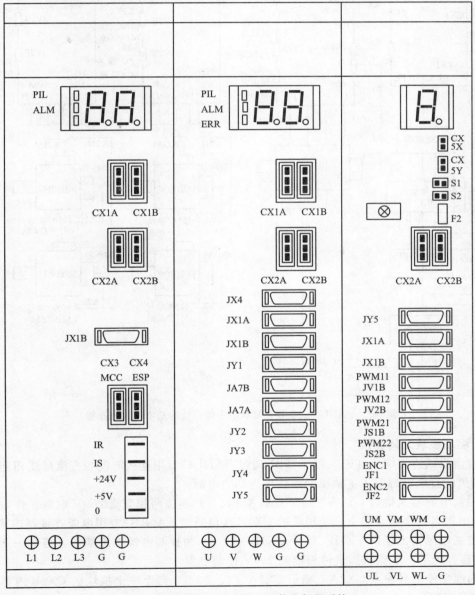

图 6-1 FANUC α 系列交流数字伺服系统

制系统。

FANUC α系列交流数字主轴驱动系统主要包括驱动模块、主轴驱动电机以及转速检测装置，驱动模块使用直流电源供电，由伺服系统的电源模块提供。其系统连接见图 6-2，下面介绍各连接接口的具体接口信号。

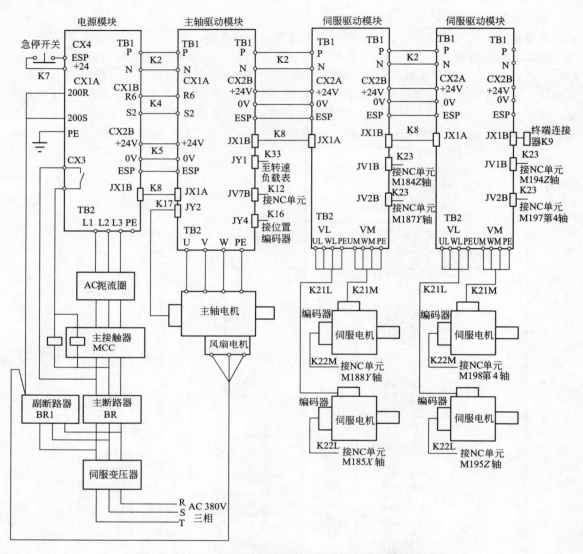

图 6-2　FANUC α系列交流数字主轴系统的基本配置和连接

(1) 驱动模块之间连接

① 直流母线连接端子 TB1　端子 TB1 通过 FANUC 专用连接电缆与直流母线相连，将电源模块提供的直流电源引入主轴驱动模块作为动力电源。

② 控制电源输入接口 CX1A　端子 CX1A（1、2）连接两相交流 200V 电源，作为主轴模块的控制电源，这个端子与上一个模块的 CX1B 接口通过 FANUC 专用电缆连接器连接。

③ 控制电源输出接口 CX1B　端子 CX1B（1、2）为控制电源输出端子，与下一个模块的 CX1A 相连，为下一个模块提供两相交流 200V 控制电源。

④ 内部急停信号输入 CX2A　端子 CX2A（1、2、3）与上一个模块的 CX2B 内部急停信号连接端子相连。

⑤ 内部急停信号输出接口 CX2B　端子 CX2B（1、2、3）输出内部急停信号到下一个模块，与下一个模块的 CX2A 端子连接。

⑥ 驱动装置内部总线输入端子 JX1A　端子 JX1A 内部总线输入接口，与上一个模块的接口 JX1B 相连。内部总线信号的连接见图 6-3。

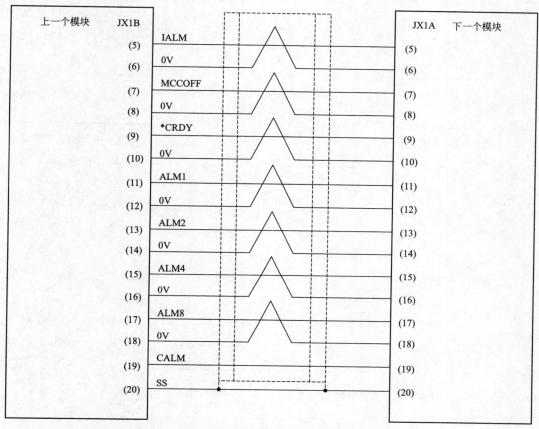

图 6-3　驱动装置内部总线信号的连接

⑦ 驱动装置内部总线输出端子 JX1B　端子 JX1B 是内部总线输出接口，连接到下一个模块，与下一个模块的接口 JX1A 连接。内部信号的连接参见图 6-3。当本模块是最右边的一个模块时，JX1B 插接 FANUC 专用终端连接器 K9，图 6-4 是插接 K9 时的连接示意图。

（2）驱动模块的外部连接

① 控制信号输入接口 JA7B　接口 JA7B 与数控系统相连接，α 系列主轴驱动模块通过该接口接收数控装置的控制信号。在 FANUC 0C 系统中，伺服控制信号是系统存储器模块 COP5 接口输出的，用光信号传输，然后通过光缆适配器连接到这个接口，其连接见图 6-5。图 6-6 是接口 JA7B 与光缆适配器接口 JD1 的信号连接图。

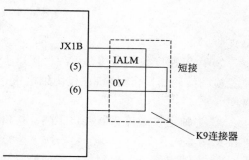

图 6-4　JX1B 的终端连接器 K9 的连接

② 主轴负载/转速表与外部倍率调节电位器的连接接口 JY1　接口 JY1 连接主轴负载/转速表与外部倍率调节电位器，其信号连接见图 6-7。连接负载表后，在主轴旋转时，可以通过观察负载表来查看负载情况，在机床主轴系统出现故障时也可以通过观察负载表进一步观察故

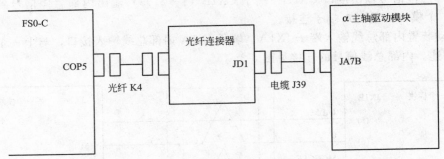

图 6-5　α 主轴驱动模块 NC 控制光缆的连接

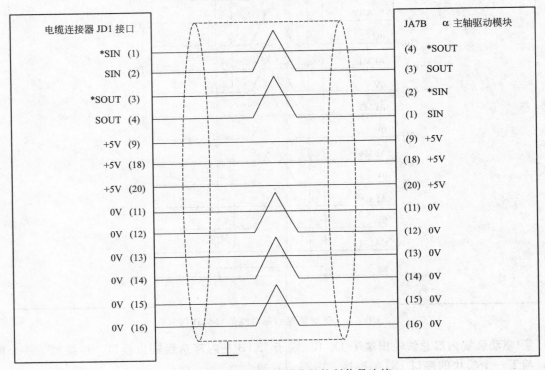

图 6-6　NC 到主轴驱动模块的控制信号连接

障现象。

　　③ 内置速度编码器接口 JY2　接口 JY2 连接主轴电机内置速度检测脉冲编码器（或内置位置检测编码器），该接口连接主轴电机，从主轴电机得到主轴转速的反馈信号，信号连接参考图 6-8。

　　④ 主轴定位磁传感器接口 JY3　接口 JY3 连接主轴定位磁传感器和主轴 1 转信号，信号连接见图 6-9。

　　⑤ 主轴定位位置检测编码器或刚性攻螺纹位置检测编码器接口 JY4　接口 JY4 连接主轴定位位置检测编码器或刚性攻螺纹位置检测编码器，连接见图 6-10。

　　⑥ 编码器信号输出接口 JX4　接口 JX4 为编码器信号输出接口，可以将编码器的信号提供给数控系统或者其他单元，信号连接见图 6-11。

　　⑦ CS 轴控制高精度位置检测磁传感器（编码器）接口 JY5　接口 JY5 是 CS 轴控制高精度位置检测磁传感器（编码器）接口，信号连接见图 6-12。

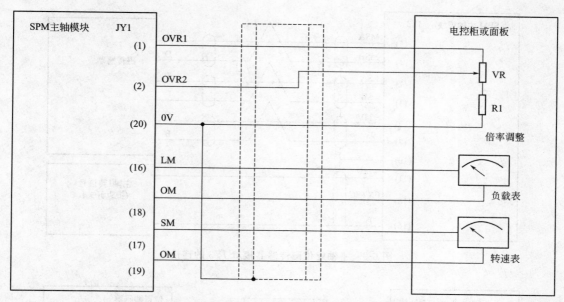

图 6-7　主轴负载/转速表与外部倍率调节电位器接口 JY1 的连接

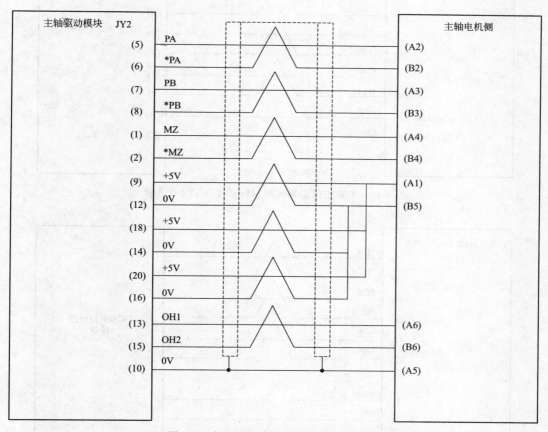

图 6-8　内置速度编码器接口 JY2 的连接

⑧ 电源输出端子 TB2　端子 TB2 是主轴电源驱动模块的驱动电源输出,其端子 U/V/W/PE 连接主轴电机的电枢。

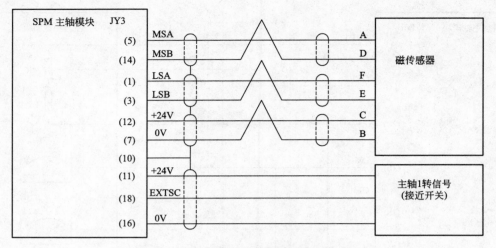

图 6-9　主轴定位磁传感器接口 JY3 的连接

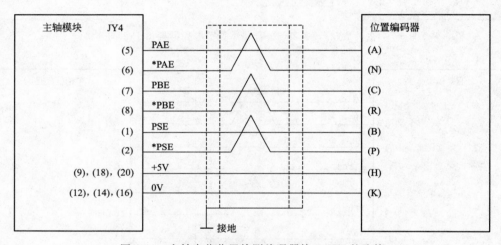

图 6-10　主轴定位位置检测编码器接口 JY4 的连接

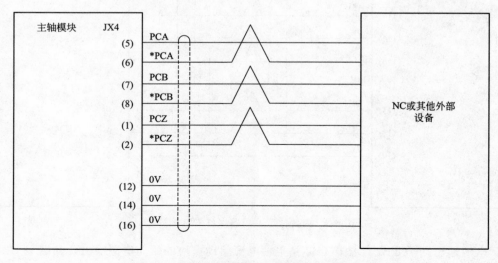

图 6-11　主轴驱动模块编码器输出信号的连接

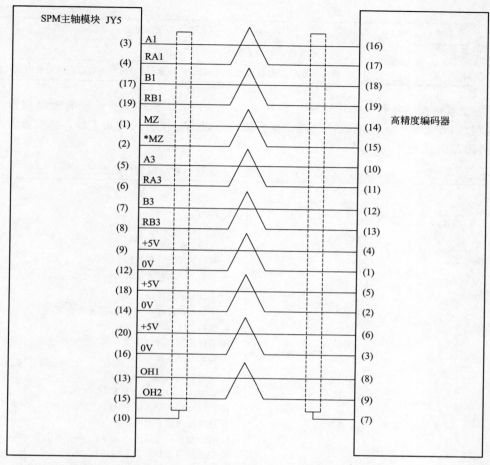

图 6-12　CS 轴磁传感器接口 JY5 的连接

（3）故障诊断

FANUC α 系列交流数字主轴驱动模块的面板上有三个状态指示灯（PIL、ALM、ERR）和两个 8 段数码管。其中 PIL（绿色）为电源指示灯，ALM 为驱动模块报警指示灯，ERR（黄色）为驱动模块参数设定错误或操作、控制错误指示灯。两只 8 段数码管用于指示报警代码和错误代码。

① 状态指示灯　主轴驱动模块上三个状态指示灯（PIL、ALM、ERR）指示主轴驱动模块的工作、错误和报警状态，其显示过程及含义见表 6-2。通过对这三个指示灯和主轴模块通电时数码管的显示过程的了解有助于故障诊断。

表 6-2　**FANUC α 系列交流数字主轴驱动模块状态指示灯含义**

状态显示	含义与显示过程
PIL、ALM、ERR 及数码管均无显示	驱动装置电源没有接入，或驱动装置 5V、24V 辅助电压没有建立
正常工作时	1. 驱动装置电源接入后，PIL 绿灯亮； 2. 大约 1s 后，两只 8 段数码管显示 ROM 系列号的后两位，如对于 ROM 系列 9D00，数码管显示"00"； 3. 在系列号显示大约 1s 后，两只 8 段数码管以数字的形式显示 ROM 版本号； 4. NC 未启动时，两只 8 段数码管闪烁显示"–"，表示驱动装置在等待串行口的连接与装载参数； 5. NC 启动参数装载完成后，两只 8 段数码管显示"–"但不闪烁，表示电机未励磁； 6. 当电机励磁后，两只 6 段数码管显示"00"

状态显示	含义与显示过程
红色 ALM 灯亮	指示有报警，8 段数码管显示报警代码
黄色 ERR 灯亮	表明驱动装置参数设定错误或操作、控制错误，两只 8 段数码管显示错误代码

② 主轴驱动模块报警 当主轴驱动模块上红色 ALM 灯亮时指示模块有故障报警，这时两只 8 段数码管会显示相应的故障代码，报警原因可以通过报警代码来了解，常见报警代码所指示的故障原因见表 6-3。

表 6-3 FANUC α 系列交流数字主轴驱动模块报警代码表

报警代码	报警含义	故障原因
A0	ROM 错误	1. ROM 安装问题； 2. ROM 版本不正确； 3. 控制板有问题； 4. 驱动装置需要初始化
A1	RAM 错误	
01	电机过热	1. 主轴电机内置风机有问题； 2. 主轴电机长时间过载； 3. 主轴电机冷却系统有问题，影响散热； 4. 电机绕组短路或者开路； 5. 温度检测装置有问题； 6. 检测系统参数不正确
02	实际转速与指令值不符	1. 电机过载； 2. 功率模块(IGBT 或 IPM)有问题； 3. CNC 设定的加/减速时间设定不合理； 4. 速度反馈信号有问题； 5. 速度检测信号设定不合理； 6. 电机绕组短路或者断路； 7. 电机与驱动模块电源线相序不对或者连接有问题
03	直流母线熔断器熔断	1. 功率模块(IGBT 或 IPM)有问题； 2. 直流母线内部短路
04	输入电源缺相	电源模块输入电源缺相
07	电机转速超过最大转速的 115%	参数设定或者调整不当
09	散热器过热	1. 驱动模块风机有问题； 2. 环境温度过高； 3. 冷却系统有问题，影响散热； 4. 驱动模块长时间过载； 5. 温度检测系统有问题
11	直流母线过电压	1. 电源输入阻抗过高； 2. 驱动装置控制板有问题； 3. 再生制动晶体管模块有问题； 4. 再生制动电阻有问题
12	直流母线过电流	1. 功率模块(IGBT 或 IPM)有问题； 2. 电机电枢线输出短路； 3. 电机绕组匝间短路或者对地短路； 4. 驱动装置控制板有问题； 5. 模块规格设定错误
13	CPU 存储器报警	1. CPU 内部数据出错； 2. 检测板有问题

报警代码	报警含义	故障原因
15	速度切换电路报警	1. 切换电路故障; 2. 转换电路连接不好; 3. PMC 控制程序不合理
16	RAM 出错	1. RAM 数据出错; 2. 控制板有问题
19	U 相电流超过设定值	1. 控制板连接有问题; 2. U 相逆变晶体管模块损坏; 3. 电机 U 相线圈匝间短路或者对地短路; 4. A/D 转换器有问题; 5. U 相电流检测器电路有问题
20	V 相电流超过设定值	参考 19 报警,只是 V 相的问题
24	串行口数据传输出错	1. 主轴驱动模块与 CNC 数据传输不正常; 2. CNC 没有接通; 3. 串行总线电缆连接有问题; 4. 串行总线接口电路有问题; 5. I/O 总线适配器有问题
25	串行口数据传输中断	1. 串行口数据传输被中断; 2. 串行总线电缆连接有问题; 3. 串行总线接口电路有问题
26	C 轴速度检测信号出错(电机侧)	1. C 轴编码器反馈电缆接触有问题; 2. C 轴编码器有问题; 3. 驱动装置控制板有问题,检测回路故障; 4. 参数设定、调整不合理; 5. 反馈信号太弱; 6. 反馈电缆屏蔽不好
27	位置编码器信号出错	1. 编码器反馈电缆接触有问题; 2. 编码器有问题; 3. 驱动装置控制板有问题,检测回路故障; 4. 参数设定、调整不合理; 5. 反馈信号太弱; 6. 反馈电缆屏蔽不好
28	C 轴速度检测信号出错(主轴侧)	参见报警 27 的原因
29	过载报警	1. 驱动装置过载; 2. 负载有问题,太重
30	大电流输入报警	1. 功率模块 IPM 有问题; 2. 电源模块输入回路有大电流流过
31	速度达不到额定转速,转速太低或不转	1. 电机负载过重(例如抱闸没有打开); 2. 电机电枢相序不正确; 3. 速度检测电缆连接有问题; 4. 编码器有问题; 5. 速度反馈信号太弱或信号不正常
32	串行口数据传送 RAM 出错	串行口数据传送电路有问题
33	直流母线电压过低	1. 输入电压低于额定值的 −15%; 2. 主轴驱动装置连接错误; 3. 驱动装置控制板有问题

报警代码	报警含义	故障原因
34	参数超出允许范围	参数设定不合理
35	传动比参数超过允许范围	参数设定不合理
36	计数器溢出	参数设定或调整不当
37	主轴不能在规定时间内制动	1. 速度检测脉冲参数设定不当； 2. 加/减速时间设定不合理
39	C 轴编码器"零脉冲"信号有问题	1. C 轴编码器"零脉冲"信号连接有问题； 2. C 轴编码器有问题； 3. C 轴编码器电缆屏蔽连接有问题； 4. 参数设定有问题
40	无 C 轴编码器"零脉冲"信号	1. C 轴编码器"零脉冲"信号连接有问题； 2. C 轴编码器有问题； 3. 零脉冲信号太弱； 4. 检测电路有问题
41	主轴位置编码器"零脉冲"信号有问题	1. 主轴位置编码器"零脉冲"信号连接有问题； 2. 主轴位置编码器有问题； 3. 主轴位置编码器电缆屏蔽连接有问题； 4. 信号太弱； 5. 参数设定有问题
42	主轴位置编码器无"零脉冲"	1. 主轴位置编码器"零脉冲"信号断线； 2. 主轴位置编码器有问题
43	"差动速度控制（differential speed mode）"方式时,位置编码器连接出错	1. 位置编码器有问题； 2. 位置编码器连接有问题； 3. 反馈信号屏蔽有问题； 4. 参数设定错误； 5. 检测电路故障
44	A/D 转换器有问题	1. A/D 转换器电压有问题； 2. 控制板有问题
46	螺纹加工时"零脉冲"信号出错	1. 主轴编码器"零脉冲"信号断线； 2. 主轴编码器有问题； 3. 参数设定、调整不当； 4. 反馈信号太弱； 5. 反馈信号屏蔽不好； 6. 检测电路有问题
47	位置编码器计数信号出错	1. 主轴位置编码器"零脉冲"信号断线； 2. 主轴位置编码器有问题； 3. 参数设定、调整不当； 4. 反馈信号太弱； 5. 反馈信号屏蔽不好； 6. 检测电路有问题
49	"差动速度控制（differential speed mode）"方式时,从动轴超过最大速度值	参数设定、调整不当（减速比设定错误）
50	主轴同步控制时,超过最大计算值	参数设定、调整不当（减速比设定错误）
51	直流母线电压过低	1. 输入电压低于额定值的—15%； 2. 主轴驱动模块连接错误； 3. 驱动装置控制板有问题

报警代码	报警含义	故障原因
52	主轴同步控制时,ITP 信号出错 I	1. CNC 设定错误; 2. 串行总线接口电路故障
53	主轴同步控制时,ITP 信号出错 II	1. CNC 设定错误; 2. 串行总线接口电路故障
54	电机长时间过载	1. 机械负载过重; 2. 加/减速过于频繁
55	转速切换控制时序出错	1. 转速切换控制电路有问题; 2. 切换电路故障; 3. 转速切换控制信号出错; 4. 参数设定有问题
56	风机报警	主轴风机有问题
57	驱动装置硬件报警	1. 驱动装置控制板有问题; 2. 驱动器连接有问题
58	电源散热器过热	1. 驱动装置风机有问题; 2. 环境温度过高; 3. 冷却系统有问题,影响散热; 4. 驱动模块长时间过载; 5. 温度检测系统有问题
59	风机报警	电源模块内置风机有问题
—	主电机未励磁	主轴驱动模块驱动条件未满足
00	主电机已励磁	

③ 主轴驱动模块错误指示　当主轴驱动模块上黄色 ERR 灯亮时,表明驱动装置参数设定错误或操作、控制错误,这时两只 8 段数码管会显示相应的错误代码。所以,在 ERR 灯亮时要注意观察数码管显示的错误代码,以便查找错误原因。错误信息代码所指示的错误原因见表 6-4。

表 6-4　FANUC α 系列交流数字主轴驱动模块错误信息代码含义表

显示代码	含　义
01	急停(* ESP)与机床准备好(MRDY)信号未输入时,输入了正反转(SFR/SRV)指令信号
02	速度检测脉冲设定错误
03	在未设置高分辨率脉冲编码器的情况下,输入了 C 轴控制指令
04	在未设置位置编码器的情况下,输入了"伺服方式"与"同步控制"指令
05	在未设置主轴定向准停的情况下,输入了主轴准停指令
06	在未设置"切换功能"的情况下,输入了切换指令
07	在未给定旋转方向(SFR/SRV)时,输入了 C 轴控制指令
08	在未给定旋转方向(SFR/SRV)时,输入了"伺服方式"指令
09	在未给定旋转方向(SFR/SRV)时,输入了"同步控制"指令
10	在 C 轴控制指令输入时,其他控制方式已被定义
11	在"伺服方式"指令输入时,其他控制方式已被定义
12	在"同步控制"指令输入时,其他控制方式已被定义
13	在主轴定向准停指令输入时,其他控制方式已被定义

显示代码	含　义
14	旋转方向 SFR/SRV 同时被指定
15	在"差动速度控制"功能有效期间,输入了 C 轴控制指令
16	在"差动速度控制"功能未被指定时,输入了"差动速度控制"指令
17	速度检测参数设定错误
18	主轴定向准停指令输入时,位置编码器设定错误
19	主轴定向准停指令输入时,其他控制方式生效
20	在"从动方式"下,使用了高分辨率位置编码器
21	在位控方式下,输入了"从动方式"指令
22	在"从动方式"下,输入了位控指令
23	在"从动方式"未指定时,输入了"从动方式"指令
24	在增量位置定位执行期间,输入了绝对位置定位指令

在这台出现故障时,对主轴驱动装置进行检查,发现其数码管上有"01"报警代码显示。查看表 6-3,"01"报警代码指示"主轴电动机过热",故障原因如下。

① 主轴电机内置风机有问题;

② 主轴电机长时间过载;

③ 主轴电机冷却系统有问题,影响散热;

④ 电机绕组短路或者开路;

⑤ 温度检测装置有问题;

⑥ 检测系统参数不正确。

但检查主轴电机并没有发现过热问题。

关机过一段时间重新开机,报警消除,但在各轴回参考点,Z 轴向下运动时,又出现 409 号报警。这时主轴并没有旋转,所以主轴电动机也不会发生过热现象。

观察机床的运动,发现主轴电动机随 Z 轴滑台上下运动。因此,怀疑 Z 轴运动时带动主轴电动机的电缆运动,导致主轴电动机电缆连接出现问题。打开主轴电动机的接线盒进行检查,果然发现接线盒内端子上的主轴电动机热敏电阻接线端子松动。

故障处理:重新连接热敏电阻连线并紧固连线端子,这时开机运行机床,机床恢复正常运行,故障消除。

【**案例 6-2**】 一台数控车床出现"408 SERVO ALARM:(SERIAL NOT RDY)"(伺服报警:串行主轴没有准备)。

数控系统:FANUC 0TC 系统。

故障现象:这台机床开机系统启动后出现 408 报警,指示串行主轴有问题。

故障分析与检查:这台机床采用 FANUC α 系列交流数字伺服驱动装置,观察故障现象,在机床通电、系统没有启动时主轴控制模块 A06B-6088-H215♯520 上就显示"19"号报警代码,系统启动后主轴控制模块报警号没有改变,系统产生 408 报警,指示串行主轴故障。查看表 6-3,"19"报警代码指示"U 相电流超过设定值",可能的原因如下。

① 控制板连接有问题;

② U 相逆变晶体管模块损坏;

③ 电机 U 相线圈匝间短路或者对地短路;

④ A/D 转换器有问题;

⑤ U 相电流检测器电路有问题。

将主轴控制模块拆开，与另一好的模块互换控制侧板 A16B-2202-0432 没有解决问题，更换光电耦合板 A20B-2902-039 也没有解决问题，说明主轴驱动模块底板损坏。

故障处理：维修主轴驱动模块底板后，机床故障排除。

【案例 6-3】 一台数控车床主轴不旋转。

数控系统：FANUC 0TC 系统。

故障现象：这台机床在启动主轴时，主轴不转，系统没有报警。

故障分析与检查：这台机床采用 FANUC α 系列交流数字伺服驱动装置，在出现故障时检查主轴驱动装置，主轴控制器的数码管上在系统启动前显示"03"号报警代码，数控系统启动后出现"11"号报警代码。首先怀疑主轴驱动模块有问题，与其他机床互换主轴驱动模块，故障转移到其他机床，说明主轴驱动模块出现故障。

故障处理：拆开主轴驱动模块进行检查，发现光电耦合板 A20B-2902-039 上有器件损坏，更换后，主轴驱动模块故障排除，机床恢复正常工作。

【案例 6-4】 一台数控车床主轴低速时摆动。

数控系统：FANUC 0TC 系统。

故障现象：这台机床在主轴低速旋转时，不按一个方向旋转，来回摆动。

故障分析与检查：观察故障现象，这台机床高速旋转（2000r/min 左右）时，没有问题，当拆卸工装卡具需要低速旋转（5r/min）时，主轴卡盘摆动，并且没有转矩。与其他机床互换主轴驱动模块，故障转移到其他机床，说明主轴驱动模块有问题。

故障处理：将主轴驱动模块拆开进行检查，发现内部侧板 A16B-2202-0432 控制板损坏，更换后，机床恢复正常工作。

【案例 6-5】 一台数控车床出现报警"409 SERVO ALARM：（SERIAL ERR）"（伺服报警，串行主轴错误）。

数控系统：FANUC 0TC 系统。

故障现象：这台机床开机系统出现 409 报警，指示串行主轴系统有问题。

故障分析与检查：这台机床采用 FANUC α 系列交流数字伺服驱动装置，在出现故障时检查主轴驱动装置，主轴控制器的数码管上显示"27"号报警代码，查看表 6-3，"27"号报警代码指示"位置编码器信号出错"，可能的原因如下。

① 编码器反馈电缆接触有问题。

② 编码器有问题。

③ 驱动装置控制板有问题，检测回路故障。

④ 参数设定、调整不合理。

⑤ 反馈信号太弱。

⑥ 反馈电缆屏蔽不好。

首先检查主轴驱动模块位置编码器接口 JY4 的连接情况，发现 JY4 插接松动，接触不良。

故障处理：重新插接 JY4 电缆插头后，机床故障报警消除。

【案例 6-6】 一台数控车床出现报警"409 SERVO ALARM：（SERIAL ERROR）"（伺服报警，串行主轴错误）。

数控系统：FANUC 0TD 系统。

故障现象：这台机床开机工作一段时间后出现 409 报警，指示主轴控制系统有问题。

故障分析与检查：这台机床的主轴系统采用 FANUC S 系列交流数字伺服驱动装置，在出现故障时，在主轴驱动模块的显示器上有 AL-09 报警，指示主轴控制模块超温。

驱动模块超温一般有两种原因，一是机械负载过重，二是模块有问题。对主轴驱动模块进行检查，发现驱动主轴的冷却风扇和散热器上有很多油污，风扇旋转速度很低，使主轴驱动装置散热条件变差，温度升高，产生报警。

故障处理： 对冷却风扇和散热器进行清洁、清洗，并对冷却风扇的轴承加一点润滑油，使其旋转轻松平稳，这时开机，机床工作正常，不再产生 409 报警。

【案例 6-7】 一台数控车床出现报警"409 SERVO ALARM：（SERIAL ERROR）"（伺服报警，串行主轴错误）。

数控系统： FANUC 0TC 系统。

故障现象： 这台机床一次出现故障，系统显示 409 号报警，主轴启动不了。

故障分析与检查： 这台机床的主轴控制装置采用 FANUC α 系列交流数字伺服驱动装置，因为报警指示主轴有问题，对主轴控制装置进行检查，发现其数码管上显示"30"报警代码，查看表 6-3，"30"号报警代码指示"大电流输入报警"，可能的原因有：

① 功率模块 IPM 有问题；

② 电源模块输入回路有大电流流过。

首先怀疑主轴驱动模块有问题，与另一台机床的主轴驱动模块互换，故障转移到另一台机床上，说明确实是主轴模块出现问题。

故障处理： 主轴控制模块维修后，机床恢复正常工作。

【案例 6-8】 一台数控车床出现报警"409 SERVO ALARM：（SERIAL ERROR）"（伺服报警，串行主轴错误）。

数控系统： FANUC 0TC 系统。

故障现象： 这台机床在开机工作一段时间后，出现 409 报警，主轴停止工作。关机一会儿再开机还可以工作一段时间。

故障分析与检查： 这台机床的主轴控制器采用 FANUC α 系列交流数字伺服主轴驱动装置。分析故障现象，因为停机一段时间之后还可以工作，说明主轴驱动模块没有功率器件方面的损坏。

检查主轴电动机、电动机的电缆连接及机械部分都没有发现问题。出现故障时对主轴驱动模块进行检查，发现主轴驱动模块上红色报警灯 ALM 亮，数码管显示"09"号报警代码。查看表 6-3，"09"报警代码指示"模块散热器过热"，原因如下。

① 驱动模块风机有问题；

② 环境温度过高；

③ 冷却系统有问题，影响散热；

④ 驱动模块长时间过载；

⑤ 温度检测系统有问题。

首先对主轴驱动模块进行检查，发现模块冷却风扇不转，进一步检查发现模块内的冷却轴流风机严重损坏，在工作时不能旋转通风散热，从而使模块超温，产生报警停机。

故障处理： 更换新的轴流风机，驱动器重新安装上后，开机试车，机床再也没有出现这个故障。

【案例 6-9】 一台数控车床出现报警"945 Serial spindle communication error"（串行主轴通信错误）。

数控系统： FANUC 0TC 系统。

故障现象： 这台机床在正常加工工件时突然出现 945 号报警，指示主轴系统通信有问题，加工过程中止。

故障分析与检查： 该机床采用 FANUC α 系列交流数字串行主轴，因为报警指示主轴系统有问题，对主轴模块进行检查，发现主轴模块红色报警灯 ALM 亮，但数码管没有任何显示。关机重开，系统出现报警 "408 SERVO ALARM：（SERIAL NOT RDY）"（伺服报警：串行主轴没有准备），也是指示主轴系统有问题。因此怀疑主轴模块有问题，将该模块更换到另外一台机床上也是出现这个报警，说明确实是主轴模块出现问题。

故障处理： 拆开主轴模块进行检查，发现内部侧板 A16B-2202-0432 控制板损坏，更换后，系统恢复正常工作。

【案例 6-10】 一台数控车床出现报警 "409 SERVO ALARM：（SERIAL ERROR）"（伺服报警，串行主轴错误）。

数控系统： FANUC 0TC 系统。

故障现象： 这台机床开机就出现 409 报警，指示串行主轴有问题。

故障分析与检查： 这台机床的主轴采用 FANUC α 系列交流数字主轴伺服控制器控制，在出现报警时检查主轴驱动装置，发现数码显示器上有 "27" 号报警。

查阅主轴控制器的说明书，"27" 号报警代码指示 "位置编码器信号出错报警"，首先检查主轴驱动模块 JY4 电缆插头上的电缆连接没有问题，更换主轴转速编码器也没有解决问题，与其他机床互换主轴控制模块，故障转移到其他机床，说明主轴控制模块出现问题。

故障处理： 将主轴控制模块拆开进行检查，发现连接插头 JY4 的电缆连接出现问题，处理后，机床恢复正常工作。

【案例 6-11】 一台数控立式加工中心出现报警 "409 SERVOALARM：（SERIAL ERR）"（伺服报警：串行主轴）。

数控系统： FANUC 0MC 系统。

故障现象： 这台机床在主轴旋转、主轴定位时均出现 409 报警，指示主轴伺服系统故障。

故障分析与检查： 出现故障时检查伺服驱动装置，发现主轴驱动器上显示 "27" 号报警代码，查阅系统报警手册，"27" 号报警代码指示外接编码器故障。该编码器用于检测主轴定位角度。检查发现编码器与主轴连接的同步皮带已松弛，调整皮带后故障仍未排除。检查编码器电缆插接口，发现密封件已脱落，怀疑切削液进入了编码器。

故障处理： 拆下编码器用压缩空气（调到低压）吹干内部的积液，然后插接电缆并采取密封措施，这时通电开机旋转主轴测试，故障消除。

【案例 6-12】 一台数控车床出现报警 "409 SERVO ALARM：（SERIAL ERROR）"（伺服报警，串行主轴错误）。

数控系统： FANUC 0TC 系统。

故障现象： 这台机床一次出现故障，系统显示 409 号报警，指示主轴系统有问题。

故障分析与检查： 这台机床的主轴控制采用 FANUC 的 S 系列交流主轴驱动装置，因为报警指示主轴控制系统有问题，首先将主轴驱动装置的控制板与其他机床对换，没有解决问题，还是这台机床报警；接着对换主轴驱动的电源底板，这时另一台机床出现这个报警，说明是电源底板出现了问题。

故障处理： 将主轴驱动装置电源底板拆下进行检查，发现 IGBT 功率模块损坏，更换新的 IGBT 模块后，机床恢复正常工作。

【案例 6-13】 一台数控车床出现报警 "409 AERVO ALARM：（SERIAL ERR）"（伺服报警，串行主轴错误）。

数控系统： FANUC 0TC 系统。

故障现象： 这台机床开机出现 409 报警，指示主轴系统有问题。

故障分析与检查： 这台机床的主轴控制装置采用 FANUC A06B-6064-C312♯550 驱动控制器，出现故障时检查主轴控制装置，发现显示器上显示"AL-12"代码，并且报警灯亮，查阅主轴系统报警手册 AL-12 报警指示"直流母线过电流"，故障原因如下。

① 功率模块（IGBT 或 IPM）有问题；

② 电机电枢线输出短路；

③ 电机绕组匝间短路或者对地短路；

④ 驱动装置控制板有问题；

⑤ 模块规格设定错误。

对主轴控制装置进行检查发现一组 IGBT 损坏。

故障处理： 更换损坏的 IGBT 后，机床故障消除。

【案例 6-14】 一台数控车床开机出现报警"409 AERVO ALARM：（SERIAL ERR）"（伺服报警，串行主轴错误）。

数控系统： FANUC 0TC 系统。

故障现象： 这台机床开机出现 409 报警，指示主轴系统有问题。

故障分析与检查： 这台机床采用 FANUC α 系列数字伺服系统，检查伺服模块，报警灯亮，数码显示器上显示"27"号报警代码。

查阅表 6-3，主轴驱动装置"27"号报警代码指示"位置编码器信号出错"，故障原因如下。

① 编码器反馈电缆接触有问题；

② 编码器有问题；

③ 驱动装置控制板有问题，检测回路故障；

④ 参数设定、调整不合理；

⑤ 反馈信号太弱；

⑥ 反馈电缆屏蔽不好。

首先对主轴转速编码器及编码器反馈电缆进行检查，发现电缆有折断现象。

故障处理： 对编码器反馈电缆折断处进行处理，这时开机运行，机床报警消除。

【案例 6-15】 一台数控车床出现报警"409 SERVO ALARM：（SERIAL ERR）"（伺服报警，串行主轴错误）。

数控系统： FANUC 0TC 系统。

故障现象： 这台机床一次出现故障，开机就出现 409 报警，指示串行主轴有问题。

故障分析与检查： 这台机床的主轴控制系统采用 FANUC α 系列交流数字串行伺服主轴控制系统，出现故障时，检查主轴伺服驱动系统发现数码管显示器上有"56"号报警代码，"56"号报警代码指示"主轴模块风机"故障，用手感觉主轴模块冷却风机的工作状况，感觉风机根本没有旋转，因此认为是主轴模块的冷却风机损坏。

故障处理： 更换新的冷却风机后，机床恢复正常运行。

【案例 6-16】 一台数控车床出现报警"945 SERIAL SPINDLE（1CH）ALARM"（串行主轴报警）。

数控系统： FANUC 0TC 系统。

故障现象： 这台机床开机时出现 945 报警指示主轴系统有问题。

故障分析与检查： 这台机床的主轴控制系统采用 FANUC S 系列交流数字伺服主轴驱动装

置，在出现故障时检查主轴驱动装置，在数码管显示器上有 AL-24 报警，指示主轴驱动装置没有准备好。对主轴系统的连接进行检查发现光缆连接不良。

故障处理： 重新插接如图 6-13 所示的光缆插头，这时通电开机系统正常运行。

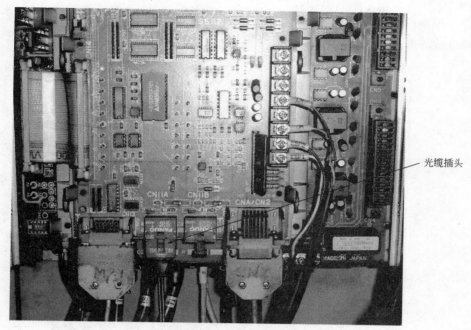

光缆插头

图 6-13　FANUC 主轴系统电缆插接图

【**案例 6-17**】　一台数控车床在自动加工时出现报警 "409 AERVO ALARM：（SERIAL ERR)"（伺服报警，串行主轴错误）。

数控系统： FANUC 0TC 系统。

故障现象： 这台机床在执行加工程序时有时出现 409 报警，如图 6-14 所示。

图 6-14　FANUC 0TC 系统 409 报警页面

故障分析与检查： 观察故障现象，出现故障后，关机一段时间后开机，机床还可以工作。故障通常出现在下午，特别是晚上出现得特别频繁。出现故障时检查主轴驱动装置，在显示器上显示 AL-09 报警，如图 6-15 所示。根据主轴伺服系统工作原理 AL-09 报警指示"模块散热器过热"，可能的原因如下。

① 驱动模块风机有问题；

② 环境温度过高；

③ 冷却系统有问题，影响散热；

④ 驱动模块长时间过载；

⑤ 温度检测系统有问题。

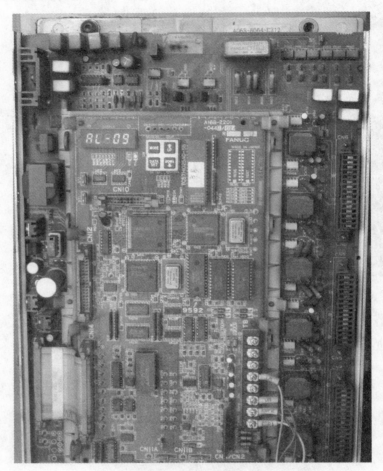

图 6-15   FANUC 主轴驱动装置 AL-09 报警图

首先将主轴驱动装置拆下进行检查，发现散热器确实很热，继续检查发现外部为散热器通风冷却的风扇损坏。

故障处理：更换冷却风扇后，开机运行，机床恢复稳定工作，409 报警再也没有产生。

【**案例 6-18**】   一台数控车床主轴停车时间变长。

数控系统：FANUC 0TC 系统。

故障现象：这台机床在主轴停车时，主轴停机时间变长，无报警显示，只是影响机床的使用效率。

故障分析与检查：首先对机床数据进行检查，没有发现问题，那么问题可能出在主轴控制器上。这台机床采用的是 FANUC S 系列交流串行伺服主轴，对主轴控制装置进行检查，拆下控制板，发现板上一只刹车电阻放电烧坏。

故障处理：更换新的电阻后，机床故障消除。

6.3 FANUC 系统主轴转速不稳故障维修案例

【案例 6-19】 一台数控车床主轴转速不稳。

数控系统：FANUC 0TC 系统。

故障现象：在机床切削加工过程中，主轴转速不稳定。

故障分析与检查：利用 MDI 方式启动主轴旋转时，发现主轴稳定旋转没有问题。而自动切削加工时，却经常出现转速不稳的问题。

在加工时仔细观察屏幕，除了主轴实际转速变化外，主轴速度的倍率数值也在变化。

利用系统诊断功能检查主轴转速倍率设定开关的状态变化没有发现问题，对该开关的电气连线进行检查，发现主轴倍率开关的电源连线开焊，在加工时由于振动导致电源线接触不良，有时能够接触上，有时接触不上，最后造成主轴转速不稳。而在 MDI 方式，没有进行加工，没有振动，所以电源线连接良好，倍率没有变化，主轴转速也就是稳定的。

故障处理：将该开关上的电源线焊接上后，主轴转速恢复稳定，故障消除。

【案例 6-20】 一台数控车床主轴速度不稳定。

数控系统：FANUC 0TC 系统。

故障现象：这台机床在主轴旋转时突然出现速度大幅度下降的现象，没有任何故障报警。

故障分析与检查：观察故障现象，主轴转速不稳定，系统显示的主轴转速与实际相符，速度下降之后一会还可能恢复。这台机床的主轴控制系统采用 FANUC α 系列交流数字伺服驱动装置，在出现故障时，对主轴驱动装置进行检查，没有报警显示。检查主轴电动机的电缆连接时，发现三相电源其中有一相的电源电缆在主轴驱动模块的连接端子上已烧成炭黑状。仔细检查发现连接螺栓松动，导致严重接触不良。

故障处理：将功率模块拆开，清除炭化部分，更换新的接线端子重新连接后，机床恢复稳定运行。

6.4 主轴电机故障维修案例

【案例 6-21】 一台数控加工中心出现报警"409 SERVO ALARM：(SERIAL ERROR)"（伺服报警，串行主轴错误）。

数控系统：FANUC 0MC 系统。

故障现象：这台机床在加工过程中，主轴运行突然停转，系统出现 409 报警指示主轴系统出现问题。

故障分析与检查：这台机床采用 S 系列主轴伺服控制装置，出现故障时检查主轴控制装置，发现其数码管上显示"AL-02"报警代码。关机再开，报警消除，机床还可以工作数小时，但长时间工作还是出现这个报警。

查看主轴系统报警手册，"AL-02"报警代码指示主轴"实际转速与指令值不符"，可能的原因如下。

① 电机过载；

② 功率模块（IGBT 或 IPM）有问题；

③ CNC 设定的加/减速时间设定不合理；

④ 速度反馈信号有问题；

⑤ 速度检测信号设定不合理；

⑥ 电机绕组短路或者断路；

⑦ 电机与驱动模块电源线相序不对或者连接有问题。

检查主轴机械机构和加工条件，没有过载现象。因为关机再开，机床还可以工作，说明主轴驱动系统损坏的可能性很小。

对主轴电机的绕组进行检查，发现 U 相绕组对地绝缘电阻较小，说明 U 相绕组存在局部对地短路现象。

拆开主轴电机发现电机内部绕组与引出线的连接处绝缘套已经老化。

故障处理： 对绝缘老化部分进行绝缘处理后，重新组装主轴电机并进行安装，这时通电开机，机床稳定运行，故障消除。

【案例 6-22】 一台数控车床开机出现报警"409 SERVO ALARM：（SERIAL ERROR）"（伺服报警，串行主轴错误）。

数控系统： FANUC 0TC 系统。

故障现象： 这台机床开机后，出现 409 报警，主轴旋转速度只有 20r/min 左右，并且有异响。

故障分析与检查： 因为报警指示主轴系统有问题，并且转速不正常，说明是主轴系统的故障。

这台机床的主轴采用 FANUC α 系列数字主轴系统，检查主轴放大器，在放大器上数码管显示有"31"号报警代码，根据报警手册，"31"号报警代码指示"速度检测信号断开"。但检查反馈信号电缆没有问题，更换主轴伺服放大器也没有解决问题。

根据主轴电机的控制原理在电机内有一个磁性测速开关作为转速反馈元件，将这个硬件拆下检查，发现由于安装距离过近，主轴电机旋转时将检测头磨坏，说明磁性测速开关损坏，该磁传感器为 FANUC 的产品，型号为 A860-0850-V320，外形如图 6-16 所示，中间圆形器件就是检测传感器。该传感器安装在主

图 6-16　FANUC 伺服数字主轴电机测速传感器

轴电机的轴端，与检测齿轮的间距应在 0.1~0.15mm 中间，在现场安装时，可调整到单张打印纸可自由通过，但打印纸对折放置于其间略紧即可。

故障处理： 更换磁性测速开关，机床恢复正常工作。

【案例 6-23】 一台数控车床开机出现报警"409 SERVO ALARM：（SERIAL ERROR）"（伺服报警，串行主轴错误）。

数控系统： FANUC 0TC 系统。

故障现象： 这台机床在开机启动主轴时，出现 409 报警，主轴旋转速度很慢。

故障分析与检查： 因为报警指示主轴系统有故障，首先检查主轴控制器，这台机床的主轴控制器采用 FANUC 的 S 系列主轴控制器，在出现故障时，主轴控制器的数码管显示器上有"31"号报警，查阅报警手册，31 号报警是速度检测信号断开。但检查控制器的连接、更换控制器都没有解决问题。

根据主轴电机的控制原理，在电机内有一个磁性测速开关作为转速反馈元件，拆开主轴电机后盖检查这个测速传感器，发现传感器与检测码盘之间的距离有些远。

故障处理： 将传感器与检测码盘之间的距离调小，但不产生接触摩擦，这时开机，机床恢

复正常工作。

【案例 6-24】 一台数控车床出现报警"409 SERVO ALARM：（SERIAL ERR）"（伺服报警，串行主轴故障）。

数控系统：FANUC 0TC 系统。

故障现象：这台机床在启动主轴时出现 409 报警，指示串行主轴有问题。

故障分析与检查：该机床采用 α 系列数字串行主轴，对主轴驱动模块进行检查，发现模块的数码管上有"29"号报警。

主轴伺服模块的"29"号报警的原因：①驱动装置过载；②负载有问题，太重。

首先检查主轴电机负载是否过重，手动转动主轴感觉很轻，说明机械方面没有问题。

复位故障，然后设定转速为 100r/min，这时启动主轴旋转，发现面板负载表已摆动到最大，屏幕上显示主轴转速数值也不稳。用卡流表监视主轴电机的电流，发现电流也有波动，并且波动范围比较大，在 5～20A 之间波动。

从转速和电流都有波动来看，似乎速度反馈有问题，FANUC α 主轴电机采用磁传感器进行速度反馈，磁传感器安装在主轴电机内靠近轴流风机一侧，拆开主轴电机进行检查，发现磁传感器与检测齿轮距离有些近，拆下磁传感器检查发现测量头已磨损。

故障处理：更换磁传感器，调整好检测距离后，机床恢复正常工作。

【案例 6-25】 一台数控车床出现报警"409 AERVO ALARM：（SERIAL ERR）"（伺服报警，串行主轴错误）。

数控系统：FANUC 0TC 系统。

故障现象：这台机床开机出现 409 报警，指示主轴系统有问题。

故障分析与检查：这台机床的主轴控制装置采用 FANUC A06B-6064-C312♯550 驱动控制器，出现故障时检查主轴控制装置，发现显示器上显示"AL-56"报警代码，并且报警灯亮，查阅主轴系统报警手册 AL-56 报警指示"主轴风机有问题"，主轴风机安装在主轴电机后面，对该风机进行检查，发现没有旋转，进一步检查确认主轴风机损坏。

故障处理：主轴风机修复后，机床故障消除。

6.5 FANUC 主轴系统其他故障维修案例

【案例 6-26】 一台数控立式加工中心在加工循环中偶尔出现报警"409 SERVO A-LARM：（SERIAL ERROR）"（伺服报警，串行主轴错误）。

数控系统：FANUC 0MC 系统。

故障现象：这台机床在自动循环加工中偶尔出现故障，系统显示 409 号报警，指示主轴伺服有问题。

故障分析与检查：这台机床的主轴控制系统采用 FANUC α 系列交流数字伺服驱动装置，在出现故障时，对主轴驱动装置进行检查，发现其数码管上显示有"41"号报警代码。"41"号报警代码指示属于主轴编码器报警，检查数控系统关于主轴方面的机床数据无误，接线准确无误，更换编码器后，故障依旧。

仔细检查发现，主轴编码器连接电缆有些紧，在 Y 轴上下移动时带动主轴编码器电缆一起移动，怀疑 Y 轴快速移动时，电缆可能出现瞬间接触不良的现象。

故障处理：将走线槽中备用线拽出一部分，保证电缆线在 Y 轴上下极限位置都有余量，这时开机测试，机床工作稳定，故障消除。

【案例 6-27】 一台数控立式铣床主轴运行时无高速。

数控系统：FANUC 0MB 系统。

故障现象：这台机床一次出现故障，主轴运行时无高速，低速时（1000r/min 以下）正常，无任何报警。

故障分析与检查：拆开主轴齿轮箱前护罩，对主轴传动进行检查，发现连接转速编码器的齿轮固定螺钉已松脱。

故障处理：紧固接转速编码器的齿轮固定螺钉后，通电开机测试有高速，故障消除。

【案例 6-28】 一台数控三轴铣床出现报警"409 SERVO ALARM：(SERIAL ERROR)"（伺服报警，串行主轴错误）。

数控系统：FANUC 0MB 系统。

故障现象：这台机床自动运行时主轴驱动频繁，409 号主轴报警。

故障分析与检查：这台机床使用的主轴驱动系统是 FANUC S 系列交流数字驱动装置，检查伺服装置发现在显示器显示"AL-02"报警代码，该报警指示"主轴电机的实际速度与指令速度的误差值超过允许值"，一般是启动时电机没有转动或速度上不去。

S 系列交流数字驱动装置"AL-02"报警的故障原因如下。

① 电机过载；

② 功率模块（IGBT 或 IPM）有问题；

③ NC 设定的加/减速时间设定不合理；

④ 速度反馈信号有问题；

⑤ 速度检测信号设定不合理；

⑥ 电机绕组短路或者断路；

⑦ 电机与驱动模块电源线相序不对或者连接有问题。

对导致该报警的相关因素进行逐个检查，如速度反馈电缆、电机相序等皆正常，更换主轴驱动板，故障现象依旧，后仔细监测电气柜内主轴高、低速挡位切换继电器动作情况，确认高速挡继电器有一触点接触不良。

故障处理：更换继电器后，通电开机测试，设备恢复正常运行。

【案例 6-29】 一台数控铣床在加工时经常出现报警"409 SERVO ALARM：(SERIAL ERROR)"（伺服报警，串行主轴错误）和"1010 SPINDLE ALRM"（主轴报警）。

数控系统：FANUC 0MC 系统。

故障现象：这台机床在加工运行时经常出现系统 409 报警和 PMC 的 1010 报警，指示主轴系统有问题。

故障分析与检查：在出现故障时检查主轴控制系统，发现在数码显示器上显示"AL-10"报警代码，按复位按钮后，报警可以消除。查阅报警手册"AL-10"报警指示"输入电压过低"。对主轴伺服系统的输入电源进行检查监控，发现电压波动较大，有时电压下降超过 15%。对电源输入系统进行检查，输入电源是由三相稳压器供电的，检查稳压器，发现稳压器工作不正常。

故障处理：维修稳压器后，机床不再产生报警。

【案例 6-30】 一台数控车床出现"408 SERVO ALARM：(SERIAL NOT RDY)"（伺服报警：串行主轴没有准备）。

数控系统：FANUC 0TC 系统。

故障现象：这台机床一次出现故障，系统显示 408 号报警，指示主轴驱动装置没有准备。

故障分析与检查：这台机床的主轴控制器采用 FANUC α 系列交流数字伺服驱动装置，检查主轴驱动装置，发现数码管显示器显示"- -"，指示控制器没有准备。所以，首先对主轴控制器上的各种电缆插头进行检查，最后发现电缆插头 JA7B 连接不良，并且有油污。

故障处理：对电缆插头 JA7B 进行清洁处理，然后重新插接，这时机床恢复正常工作。

【案例 6-31】 一台数控立式铣床主轴无高速。

数控系统：FANUC 0MB 系统。

故障现象：这台机床一次出现故障，主轴运行时无高速，低速时（1000r/min 以下）正常，无任何报警。

故障分析与检查：拆开主轴齿轮箱前护罩，对主轴传动进行检查，未发现明显异常，进一步分析电路，检查高速切换信号 Y48.2 及相应继电器动作皆正常。机床断电，在电控柜侧测量高速离合器线圈绕组，发现开路，排除外部线路问题后，进一步检查为主轴齿轮箱内高速离合器接线柱上有一根线老化折断。

故障处理：更换电磁离合器连接导线后，机床恢复正常运行。

【案例 6-32】 一台数控车床开机出现报警"408 SERVO ALARM：（SERIAL NOT RDY）"（伺服报警，串行主轴没有准备好）。

数控系统：FANUC 0TC 系统。

故障现象：这台机床开机就出现 408 报警，指示串行主轴故障。

故障分析与检查：对系统进行检查发现系统主板上 LD2 亮，伺服轴控制模块（轴卡）上 WDA 报警灯亮。FANUC α 系列数字伺服主轴驱动模块上显示"－－"，说明伺服系统没有准备好。首先检查系统的电缆连接，发现数字伺服主轴驱动模块上的连接插头 JA7B 连接不良。

故障处理：将连接插头 JA7B 重新连接后，开机，机床报警消除。

【案例 6-33】 一台数控推力面磨床出现报警"368 SERIAL DATA ERROR"（串行数据错误）。

数控系统：FANUC 210i-TA 系统。

故障现象：这台机床长时间停用，重新使用时，开机即出现报警"368 SERIAL DATA ERROR（串行数据错误）"，无法复位。

故障分析与检查：根据报警手册的说明，FANUC 210i-TA 系统的 368 号报警为主轴编码器反馈错误。这台机床的主轴为 C 轴，首先通过互换法确认 C 轴主轴电机及编码器没问题后，再检查 C 轴编码器反馈电缆，发现有老鼠咬线现象，屏蔽层及个别线受损。

故障处理：对反馈电缆进行处理后，开机试机，报警消除，机床恢复正常工作。

【案例 6-34】 一台数控车床出现报警"409 SERVO ALARM：（SERIAL ERR）"（伺服报警，串行主轴错误）。

数控系统：FANUC 0TC 系统。

故障现象：这台机床在启动主轴时，出现 409 报警，主轴启动不了。

故障分析与检查：这台机床的主轴采用 FANUC α 系列交流数字主轴伺服驱动装置控制，在出现报警时检查主轴控制装置，发现数码显示器上有"12"号报警代码显示，查阅主轴驱动装置的说明书，"12"号报警代码指示"直流母线过流报警"，检查主轴电机没有发现问题。

拆开主轴驱动装置进行检查，发现 V 相的 IGBT 损坏。

故障处理：更换 V 相 IGBT 后，机床恢复正常工作。

【案例 6-35】 一台数控车床出现报警"409 SERVO ALARM：（SERIAL ERR）"（伺服报警，串行主轴错误）。

数控系统：FANUC 0TC 系统。

故障现象：这台机床在启动主轴时出现 409 报警，主轴启动不了。

故障分析与检查： 这台机床在更换主轴模块后，启动主轴时出现此报警。这台机床的主轴采用 FANUC α 系列交流数字主轴伺服控制器控制，在出现报警时检查主轴控制装置，发现数码显示器上有"31"号报警代码显示。

查阅主轴控制器的说明书，"31"号报警原因如下。

① 速度检测有问题，因为在换主轴驱动模块之前没有此报警，并且主轴基本没有旋转，检查电缆的连接也没有问题，这种可能被排除。

② 电动机负载太重，但转动主轴，发现负载并不重。

③ 电机相序不对，对相序进行检查，发现 U、V 相搞混了，使相序连接出现问题。

故障处理： 正确连接电机电枢的相序后，机床恢复了正常工作。

【**案例 6-36**】 一台数控卧式加工中心运行中偶尔出现报警"409 SERVO ALARM：(SERIAL ERROR)"（伺服报警，串行主轴错误）。

数控系统： FANUC 0MC 系统。

故障现象： 这台机床在加工过程中有时出现 409 报警，指示主轴系统出现问题。

故障分析与检查： 这台机床主轴装置采用 FANUC S 系列数字交流主轴驱动系统，出现故障时检查主轴驱动装置，发现其显示器上显示"AL-41"报警代码，查看主轴系统报警手册，"AL-41"报警代码指示"主轴位置编码器零脉冲信号有问题"。

检查编码器的连接，更换主轴编码器都没有解决问题。观察故障现象，在 Y 轴不运动时，不会产生报警。只有 Y 轴运动时才会出现 409 报警。经过仔细观察，发现主轴编码器的反馈电缆预留长度有些短，当 Y 轴上下快速运动时，有时会拽到电缆，可能会产生瞬间断线的情况。

故障处理： 将主轴编码的反馈电缆从走线槽中拽出一部分，保证电缆在 Y 轴上下极限位置都有余量，这时运行机床，故障消除。

【**案例 6-37**】 一台数控车床出现报警"401 SERVO ALARM：(VRDY OFF)"（伺服报警，没有 VRDY 准备好信号）、"409 SERVO ALARM：(SERIAL ERROR)"（伺服报警，串行主轴错误）、"414 SERVO ALARMX AXIS DETECT ERR"（伺服报警，X 轴检测错误）、"424 SERVO ALAR：Z AXIS DETECT ERR"（伺服报警，Z 轴检测错误）。

数控系统： FANUC 0TC 系统。

故障现象： 这台机床在运行加工程序时出现 401、414、409、424 报警，关机再开还可以工作一段时间，之后还是出现报警。

故障分析与检查： 这台机床采用 FANUC α 系列交流数字伺服驱动装置，因为系统指示主轴和 X、Z 轴都报警，怀疑可能伺服系统的电源模块出现问题，出现故障时对伺服系统进行检查发现电源模块有"04"号报警代码显示，主轴驱动模块上有"51"号报警代码显示，查阅 FANUC 伺服系统的说明书，这两个报警都是指示"直流母线电压过低"。

对电源模块的输入电压进行检查，其正常没有问题，说明可能是伺服电源模块有问题，将伺服电源模块拆开进行检查，发现冷却风扇和电路板都很脏，散热不好，可能造成异常温度升高而关闭电源。

故障处理： 将冷却风扇和电路板清洗后，开机测试，机床正常运行，再也没有出现类似报警。

【**案例 6-38**】 一台数控加工中心出现报警"751 Spindle-1 alarm detect"（主轴 1 检测报警）。

数控系统： FANUC 18M 系统。

故障现象： 这台机床在启动主轴时，出现 751 报警指示主轴系统有问题。

故障分析与检查： 在出现故障报警时，检查主轴伺服驱动主轴，在显示器上有"12"号报警代码显示，指示"直流母线过电流"。

引起这个故障的原因有：主轴驱动装置、主轴电机或机械传动有问题。检查主轴电机没有发现对地短路和绕组局部短路问题。

断开主轴驱动装置和主轴电机的动力电缆连接，开机使主轴零速启动，即 MDI 方式下运行指令 M03 S0，发现仍然有报警，说明主轴驱动装置有问题。检查数控系统关于主轴方面的机床数据设置没有问题，检测主轴驱动的 IGBT 没有损坏，故确认可能主轴驱动装置的控制板有问题。

故障处理：更换主轴驱动装置的控制板后，开机运行主轴，报警消除。

【**案例 6-39**】 一台数控内圆磨床在加工过程中，电主轴突然反转。

数控系统：FANUC 0iTC 系统。

故障现象：这台机床在工作过程中，突然听到异响，电主轴反转，砂轮撞到工件。手动控制电主轴正反转正常。

故障分析与检查：根据机床工作原理分析，电主轴异常反转可能的原因如下。

① 控制电主轴的变频器故障导致相序改变。

② 砂轮主轴电机瞬间缺相。

③ 砂轮主轴电机动力电缆接触不良。

为此，首先检查电主轴的电缆，没有发现明显接触不良现象。检查主轴电机，也没有发现问题。利用交换法，与其他机床的变频器互换，证明变频器也没有问题。重新分析感觉可能是电主轴的电缆接线瞬间接触不良引起了此故障，取下工件使机床空运转，发现工作台移动时出现电主轴反转现象，为此认为可能是工作台运动时拉动电主轴电缆，造成了接触不良。

故障处理：更换新的电主轴的航空插头和动力电缆，这时开机运行，故障消除。

【**案例 6-40**】 一台加工中心开机，显示器不显示。

数控系统：FANUC 11MC 系统。

故障现象：这台机床开机后，系统显示器没有显示。

故障分析与检查：首先打开控制柜，对系统进行检查，发现系统电源模块的 PIL 灯、ALM 灯都亮（PIL 灯亮表示 AC 200V 电源已接入，ALM 灯亮表示过流或者过压或直流输出电压过低），说明电源模块报警。根据系统工作原理，显示器是电源模块提供 DC 24V 电源的，电源插头为 CP5，测量 CP5 没有 DC 24V 电压，显示器没有电源所以不显示。检查电源模块熔断器 F3，没有熔断。

为了判断电源模块是否有问题，关闭机床电源，拆下电源模块的 CP2、CP3 和 CP5 电缆插头，仅留下 CP1（AC 200V 电源输入）和 CP4（操作面板 POWER ON 和 POWER OFF 按钮，控制电源模块上电与否），将电源模块从底版上拆下，这时接通机床电源，按下操作面板上的 POWER ON 按钮，这时电源模块 ALM 灯不亮，说明电源模块本身没有问题。断电恢复电源模块（该过程要在 20min 内完成，否则容易丢失存储板上的内容）。

另一种可能为 CPU 模块上外部部件损坏或者电缆短路造成电源保护，如手轮等。拔下 CPU 模块前面板上的 MPG（手轮）电缆，故障依旧。

电源模块的 5V/15V 电压通过背板供给 CPU 模块和 I/O 模块等，所以也可能是这些负载有问题。在机床断电的情况下，首先拔下 CPU 模块，这时系统上电，ALM 灯不亮，因此故障集中在 CPU 模块上。

CPU 模块上插接很多电路板，如 NC 系统的 RAM 板，扩展 SRAM 板，伺服系统及图形系统用 SRAM 板等，断电情况下依次拔下这些电路板，然后系统通电。当拔下主轴控制板，系统通电时，电源模块 ALM 灯不亮了，说明主轴控制板损坏。

故障处理：更换主轴控制板后，机床故障排除。

【案例 6-41】 一台数控加工中心出现报警"7131 MOTOR LOCK OR V-SIG LOS"（电机锁定或速度信号丢失）。

数控系统： FANUC 18i-MA 系统。

故障现象： 这台机床启动主轴时，出现 7131 报警，指示主轴控制信号有问题。

故障分析与检查： 观察故障现象，在启动主轴时，主轴负载表针从 0％瞬间跳到 150％，然后出现 7131 报警。关机重开，观察到 Y 轴距离附件头库较近，考虑到安全，手动方式下让 Y 轴向龙门中部移动 0.5m，这时启动主轴，主轴旋转，观察负载表显示在 2％左右，用主轴速度倍率开关调整主轴转速，负载表未明显上升，基本稳定在 5％以下。为了确认是否与 Y 轴位置有关，以较慢的手动速度让 Y 向附件头库方向移动，当接近附件头库时，又出现 7131 号报警，观察主轴驱动模块，显示 ALM31 号报警。

查阅系统报警手册，ALM31 号报警含义为"主轴不能按照指令旋转，主轴停止转动或转速较低"。查看机床电气图纸，主轴系统连接见图 6-17。根据系统工作原理，主轴转速是通过主轴电机内置的 M 传感器检测的，通过反馈电缆连接到主轴驱动装置的 JY2 接口。根据故障现象分析，故障似乎与 Y 轴位置有关。检查主轴电机转速的反馈电缆，这根 12 芯的屏蔽电缆和主轴动力电缆一起穿进同一根金属软管，通过机床拖链连入主轴驱动模块的 JY2 接口，由于拖链由 Y 轴滑台带动，因此故障原因可能为主轴转速反馈电缆的导线有折断连接不好的地方。

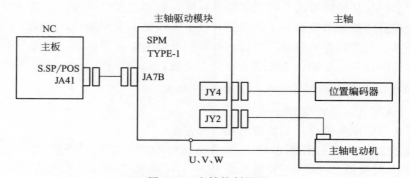

图 6-17　主轴控制原理

检查主轴电机转速传感器的连接线路（图 6-18），其中 PA、＊RA、PB、＊RB 是传感器

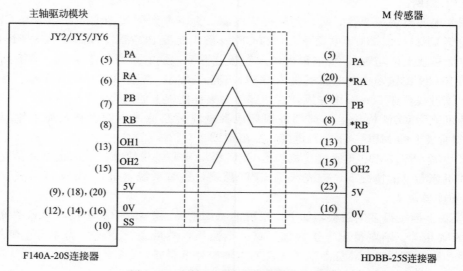

图 6-18　主轴电机转速传感器信号连接

A/B 相脉冲信号输出线，5V 和 0V 是传感器电压，OH1 和 OH2 为电机热保护接线，SS 为屏蔽线。选择 Y 轴两个特殊位置检查反馈电缆是否有断点，一个是 Y 轴移动到龙门中部，另一个位置将 Y 轴移动到头库附近。发现在头库附近个别导线电阻已达到 10Ω，而正常时只有 2Ω 左右，说明有些导线也折断，产生接触电阻，影响信号的传输。

故障处理：更换拖链内部部分的反馈电缆，并且全部新接点全部锡焊以进一步降低导线电阻。更换连接后进行检测，所以导线电阻均小于 2Ω，这时开机运行，机床故障消除。

【案例 6-42】 一台数控加工中心在车削工件外圆时加工表面粗糙。

数控系统：FANUC 0iMC 系统。

故障现象：这台机床在车削工件外圆时加工表面粗糙，进给运动存在爬行现象。

故障分析与检查：在手动操作方式下任意速度移动坐标轴，进给平稳，没有爬行现象，因此排除数控系统和伺服驱动系统的故障。检查数控系统的设定，发现默认的是主轴每转进给方式，加工程序中采用的是 G96（每转进给）编程。因此，如果主轴转速信号有问题，容易出现进给爬行的问题。检查主轴转速编码器，发现确实有问题。

故障处理：更换主轴编码器，这时机床恢复了正常工作。

【案例 6-43】 一台数控立式加工中心出现报警"409 SERVO ALARM：（SERIAL ERROR）"（伺服报警，串行主轴错误）。

数控系统：FANUC 0MDⅡ系统。

故障现象：这台机床在加工过程中出现 409 报警，指示主轴伺服系统出现问题。

故障分析与检查：出现故障关机重新开机后报警消除，工作两三个小时后，又出现这个报警。出现报警时检查主轴驱动装置，发现数码显示器上显示"73"报警代码，查看主轴系统报警手册"73"报警代码指示"主轴电动机传感器断线"。对主轴电机连接电缆进行检查没有发现问题，检查主轴电机上电缆插头发现有很多油和切削液。

故障处理：将该电缆插头进行清洗烘干，插接紧固后，通电开机运行机床，机床故障消除。

FANUC 第7章

数控机床机械装置故障维修案例

7.1 数控机床进给传动部件故障维修案例

数控机床的加工传动部件是数控机床的重要组成部分，通常是由伺服电机带动滚珠丝杠旋转，滑台与滚珠丝杠的丝母连接，将滚珠丝杠的转动变为了滑台的直线运动。数控机床进给传动部件的故障也是数控机床的常见故障，其故障现象和排除方法见表 7-1。

表 7-1   数控机床进给传动部件常见故障与排除方法

序号	故障现象	故障原因	排除方法
1	工件加工粗糙度不好	1. 导轨的润滑油不足,导致溜板爬行; 2. 滚珠丝杠有局部拉毛或磨损; 3. 滚珠丝杠损坏,运行不平稳; 4. 伺服系统没有调整好,增益过大	1. 检修润滑系统; 2. 检修或更换滚珠丝杠; 3. 更换滚珠丝杠; 4. 调整电气伺服控制系统参数
2	反向间隙大,加工精度不稳定	1. 滚珠丝杠联轴器松动; 2. 滚珠丝杠轴滑板配合压板过紧或过松; 3. 滚珠丝杠轴滑板配合楔铁过紧或过松; 4. 滚珠丝杠螺母端面与结合面不垂直,结合过松; 5. 滚珠丝杠预紧力过紧或过松; 6. 滚珠丝杠支座轴承预紧力过紧或过松; 7. 滚珠丝杠制造误差大或轴向窜动; 8. 润滑油不足或没有; 9. 其他机械干涉	1. 重新紧固并用重新用百分表检测校对; 2. 重新调整或修磨,用 0.04mm 塞尺塞不入为合格; 3. 重新调整或修磨,使接触率 70% 以上,用 0.03mm 塞尺塞不入为合格; 4. 调整或加垫; 5. 调整预紧力,检查轴向窜动值,使其误差不大于 0.115mm; 6. 检查、调整; 7. 用数控系统补偿功能进行补偿,监测并调整滚珠丝杠的窜动; 8. 检查、调整润滑系统使导轨面均有润滑油; 9. 排除机械干涉问题
3	滚珠丝杠在运转中转矩过大	1. 二滑板配合压板过紧或磨损; 2. 滚珠丝杠螺母反向器损坏,滚珠丝杠卡死或轴端面螺母预紧力过大; 3. 滚珠丝杠磨损过大; 4. 润滑不良; 5 超程开关失灵造成机械故障; 6. 伺服电机与滚珠丝杠连接不同轴; 7. 伺服电机过热报警	1. 重新调整修研压板,使压板 0.04mm 塞尺塞不入为合格; 2. 检修或更换滚珠丝杠并进行调整; 3. 更换滚珠丝杠; 4. 检查、调整润滑系统; 5. 检查、更换失灵的开关; 6. 调整同轴度并紧固连接座; 7. 检修伺服控制系统及机械传动部分

序号	故障现象	故障原因	排除方法
4	滚珠丝杠副螺母润滑不良	1. 分油器有问题； 2. 油管堵塞	1. 检修定量分油器； 2. 排除污物使油管通畅
5	滚珠丝杠噪声	1. 伺服电机与滚珠丝杠联轴器松动； 2. 滚珠丝杠支承轴承的压盖压合不好； 3. 滚珠丝杠支承轴承损坏； 4. 滚珠丝杠润滑不良； 5. 滚珠丝杠螺母副滚珠有损坏	1. 紧固联轴器锁紧螺钉； 2. 调整轴承压盖，使其压紧轴承端面； 3. 更换轴承； 4. 检修润滑系统，使润滑油量充分； 5. 更换滚珠
6	滚珠丝杠不灵活	1. 轴向预加载负荷太大； 2. 滚珠丝杠与导轨不平行； 3. 螺母轴线与导轨不平行； 4. 滚珠丝杠弯曲变形	1. 调整轴向间隙和预加负载； 2. 调整滚珠丝杠支座位置，使滚珠丝杠与导轨平行； 3. 调整螺母座的位置； 4. 校直或更换滚珠丝杠
7	导轨研伤	1. 机床经长期使用，地基与床身水平有变化，使导轨局部单位面积负荷过大； 2. 长期加工短工件或承受过分集中的负荷，使导轨局部磨损严重； 3. 导轨润滑不良； 4. 导轨材质不佳； 5. 刮研质量不符合要求； 6. 机床维护不良，导轨里落入脏物	1. 定期进行床身导轨的水平调整，或修复导轨精度； 2. 注意合理分布短工件的安装位置避免负荷过分集中； 3. 调整导轨润滑油量，保证润滑有压力； 4. 采用电镀加热自冷淬火对导轨进行处理，导轨上增加锌铝合金板，以改善摩擦状况； 5. 提高刮研修复的质量； 6. 加强机床保养，保护好导轨防护装置
8	导轨上移动部件运动不良或不移动	1. 导轨面研伤； 2. 导轨压板研伤； 3. 导轨镶条与导轨间隙大小调得太紧	1. 用 180♯ 砂布修磨机床导轨面上的研伤； 2. 卸下压板调整压板与导轨间隙； 3. 松开镶条止退螺钉，调整镶条螺栓，使运动部件运动灵活，保证 0.03mm 塞尺不能塞入，然后锁紧止退螺钉
9	加工面在接刀处不平	1. 导轨直线度超差； 2. 工作台塞铁松动或塞铁弯度太大； 3. 机床水平度差，使导轨发生弯曲	1. 调整或修刮导轨，允许误差 0.015/500mm； 2. 调整塞铁间隙，塞铁弯度在自然状态下小于 0.05mm 全长； 3. 调整机床安装水平，保证平行度，垂直度在 0.02/1000mm 之内

下面一些数控机床进给传动部件的故障维修实际案例。

【案例 7-1】 一台数控车床出现报警"401 SERVO ALARM：（VRDY OFF)"（伺服报警，没有 VRDY 准备好信号）和"414 SERVO ALARM：X AXIS DETECT ERR"（伺服报警：X 轴检测错误）。

数控系统： FANUC 0TC 系统。

故障现象： 这台机床在自动加工过程中，X 轴伺服电机发出吱吱的声音，并相继出现 401 和 414 号报警，指示 X 轴伺服系统有问题。

故障分析与检查： 出现故障后关机重开，报警消失，正常加工进行几分钟后又出现相同报警。为此怀疑可能机械部分有问题。找到系统伺服显示画面，发现 X 轴负载率为 80%～90%，负载过重。首先排除了 X 轴伺服电机抱死的问题。怀疑机械方面可能有问题，拆开 X 轴滑台护板，仔细检查滚珠丝杠和导轨，没有发现异常。拆下 X 轴伺服电机，用手盘滚珠丝杠发现阻力很大，但拆下轴承，检查滚珠丝杠和轴承都正常没有问题。检查导轨表面光滑，润滑充分，也没有问题。最后认定 X 轴嵌铁太紧。

故障处理：在保证精度的情况下，稍松 X 轴嵌铁，这时开机测试，机床恢复正常工作。

【**案例 7-2**】　一台数控车床在移动 X 轴时，工作台出现明显的机械抖动，系统没有报警。

数控系统：FANUC 0TC 系统。

故障现象：这台机床在移动 X 轴时，工作台出现明显的机械抖动，系统没有报警。

故障分析与检查：通过交换法互换数控系统伺服轴控制模块和伺服驱动模块，确定故障原因应该是机械问题。为进一步确定故障点，将 X 轴伺服电动机与滚珠丝杠之间的弹性联轴器拆开，单独试验伺服电动机。这时移动 X 轴，即只旋转 X 轴伺服电动机，没有振动现象，显然故障部位在机械传动部分。

脱开弹性联轴器，用手转动滚珠丝杠进行手感检查，感觉有抖动，而且滚珠丝杠的全行程范围均有这种异常现象，拆下滚珠丝杠检查，发现滚珠丝杠螺母在丝杠副上转动不畅，时有卡滞现象，故而引起丝杠转动过程中出现抖动现象。拆下滚珠丝杠螺母，发现螺母内的反向器内有脏物和细铁屑，因此滚珠流动不畅，时有卡滞现象。

故障处理：对滚珠丝杠的反向器进行清理和清洗，重新安装，通电运行机床，故障消除。

【**案例 7-3**】　一台数控车床出现报警 "421 SEVO ALARM：Z AXIS EXCESS ERROR"（伺服报警，Z 轴超差）。

数控系统：FANUC 0TC 系统。

故障现象：这台机床在自动运行时出现 421 报警，指示 Z 轴运动时位置偏差超差。

故障分析与检查：分析该机床的工作原理，该机床采用半闭环位置控制系统，位置反馈采用编码器。

检查数控系统机床数据设置没有发现问题，对伺服电动机和滚珠丝杠的连接等部位进行检查也没有发现问题。观察故障现象，在产生 421 报警后，用手触摸 Z 轴伺服电动机，明显感到伺服电机过热。检查 Z 轴导轨上的压板，发现压板与导轨间隙不到 0.01mm。可以断定是由于压板压得太紧而导致摩擦力太大，使得 Z 轴移动受阻，导致伺服电动机电流过大而发热，快速移动时产生误差造成了 421 报警。

故障处理：松开压板，使得压板与导轨间得间隙在 0.02～0.04mm 之间，锁定锁紧螺母，重新运行，机床不再产生报警。

【**案例 7-4**】　一台数控车床加工的工件光洁度不好。

数控系统：FANUC 0TD 系统。

故障现象：这台机床在加工工件时，光洁度愈来愈差。

故障分析与检查：观察机床的加工过程，发现 X 轴运动有异响。因此，怀疑 X 轴进给传动部件有问题，拆开 X 轴防护罩，拆下伺服电动机，检查滚珠丝杠和支承轴承，发现轴承有问题。

故障处理：更换滚珠丝杠的支承轴承，重新安装调整，开机手动移动 X 轴，异响消除，试加工工件，工件光洁度满足要求。至此，机床故障被排除。

【**案例 7-5**】　一台数控车床 X 轴滑台反向间隙过大。

数控系统：FANUC 0TC 系统。

故障现象：这台机床在检测精度时发现 X 轴间隙为 0.2mm，有些过大。

故障分析与检查：根据机床工作原理分析，X 轴滑台间隙由联轴器间隙、轴承间隙、丝杠间隙、机械弹性间隙等组成。拆开 X 轴滑台护板，在机床断电的情况下，用手来转动丝杠，感觉自由转角较大，有较大间隙。拧紧调整螺母调整 X 轴丝杠轴承间隙后问题没有改善，故怀疑丝杠螺母副有问题。将工作台与丝杠脱开，没有发现丝杠有间隙。打开轴承座法兰，检测丝杠轴承，发现两角接触轴承（背靠背）内圈已调至紧贴在一起（正常情况下应该有间隙），说明轴承间隙已无调整余地。

故障处理： 按照轴承外径尺寸在两轴承之间外圈端部加一厚 1mm 的圆环垫，减去原来的间隙，这样轴承内圈就有 0.8mm 左右的间隙调整余量。全部安装好后，将轴承背紧螺母适当调紧，用百分表测量 X 轴间隙为 0.01mm，满足机床要求，X 轴间隙消除，机床精度恢复正常。

【案例 7-6】 一台数控车床有时出现报警"411 SEVO ALARM：X AXIS EXCESS ERROR"（伺服报警，X 轴超差）。

数控系统： FANUC 0TC 系统。

故障现象： 这台机床在加工时偶尔出现 411 报警，指示 X 轴超差。

故障分析与检查： FANUC 0TC 系统的 411 报警是 X 轴停止时位置超差报警，检查屏幕 X 轴坐标值，发现程序设定数值确实与显示的数值有 0.04mm 的差距。对机床进行检查发现 X 轴运动时振动比较大，伺服电机很热。检查、修改数控系统的伺服机床数据没有解决问题，检查伺服驱动模块和 X 轴伺服电机都没有发现问题。因此，怀疑 X 轴滚珠丝杠或者导轨有问题，首先将 X 轴滚珠丝杠拆下检查，滚珠丝杠没有问题，但丝杠支承轴承损坏严重。

故障处理： 更换 X 轴滚珠丝杠的支承轴承后机床恢复正常使用。

【案例 7-7】 一台数控加工中心出现报警"404 SERVO ALARM：Z AXIS VDRY OFF"（伺服报警：Z 轴没有准备好信号）。

数控系统： FANUC 0MC 系统。

故障现象： 这台机床在加工中经常出现 404 号 Z 轴伺服报警。

故障分析与检查： 对 Z 轴伺服电机进行检查，发现 Z 轴伺服电动机电流过大，伺服电动机发热，停机 1h 左右开机报警消失，接着还可以工作一段时间，之后又出现相同报警。

检查电气伺服系统没有发现问题，估计是负载过重带不动造成的。

为了区分是电气故障还是机械故障，将 Z 轴伺服电动机拆下与机械脱开，再运行时该故障不再出现。由此确认为机械滚珠丝杠或运动部位过紧造成。调整 Z 轴滚珠丝杠防松螺母后，效果不明显，后来发现 Z 轴导轨镶条偏紧。

故障处理： 调整 Z 轴导轨镶条，机床负载明显减轻，该故障报警消除。

【案例 7-8】 一台数控车床在加工过程中 Z 轴运行时出现报警"404 SERVO ALARM：Z AXIS VDRY ON"（伺服报警：Z 轴没有准备好信号）。

数控系统： FANUC 0iTC 系统。

故障现象： 这台机床在执行加工程序进行加工时，出现 404 号报警，指示 Z 轴伺服故障。

故障分析与检查： 出现故障时检查 Z 轴诊断参数 DGN200，发现 DGN200.5（OVC）的诊断信号由"0"变为了"1"，指示 Z 轴过载。引起过载的因素很多，为尽快诊断故障，弄清是电气故障还是机械故障，把 Z 轴伺服电机与丝杠脱开，这时机床通电移动 Z 轴，Z 轴伺服电机运行正常，拆下 Z 轴滑台的护罩，用手转动丝杠，发现滚珠丝杠丝母中的滚珠脱落造成丝杠卡死。

故障处理： 拆下滚珠丝杠维修后重新安装试车，机床运行恢复正常。

【案例 7-9】 一台数控车床加工光洁度不好。

数控系统： FANUC 0TC 系统。

故障现象： 这台机床在加工工件时发现光洁度不好，而且 X 轴有异响。

故障分析与检查：根据故障现象，怀疑 X 轴机械传动部分有问题，拆下 X 轴滑台的护板、X 轴伺服电机，对滚珠丝杠进行检查，发现滚珠丝杠的支承轴承损坏。

故障处理：更换滚珠丝杠支承轴承后，通电开机，移动 X 轴异响消除，试加工工件，光洁度达到要求，机床故障排除。

【案例 7-10】 一台数控加工中心出现报警"434 SERVO ALARM：Z AXIS DETECT ERROR"（伺服报警：Z 轴检测错误）。

数控系统：FANUC 0MC 系统。

故障现象：这台机床在加工中经常出现 434 号 Z 轴伺服报警。

故障分析与检查：根据报警信息首先对 Z 轴伺服电机进行检查，发现 Z 轴电动机电流过大，电动机发热。出现故障后，停机 1h 左右报警消失，接着还可以工作一段时间，接着又出现相同报警。

检查电气伺服驱动系统无故障，估计是负载过重 Z 轴伺服电机带不动造成的。

为了区分是电气故障还是机械故障，将 Z 轴伺服电动机拆下与机械脱开，这时运行机床，该故障不再出现。由此确认为机械丝杠或运动部位过紧造成。调整 Z 轴丝杠防松螺母后，效果不明显，后来检查发现 Z 轴导轨镶条偏紧。

故障处理：调整 Z 轴导轨镶条，机床负载明显减轻，该故障报警再也没有出现。

【案例 7-11】 一台数控卧式加工中心在加工过程中出现报警"436 B AXIS：SOFT THERMAL（OVC）"（B 轴软件检测过热）。

数控系统：FANUC 18i 系统。

故障现象：这台机床在加工过程中出现 436 报警，指示 B 轴超温。

故障分析与检查：因为报警显示 B 轴过热，首先检查 B 轴伺服电机，发现也确实是温度过高。通过系统伺服监控画面监控，在 B 轴不运动时，电机电流不断增大，用手触摸蜗杆可以感觉到有振动现象。为了进一步判断故障，将 B 轴改为半闭环控制，并将柔性系统齿轮比改为 1/100（此数值是随机的，主要目的是使圆盘在半闭环方式下能够快速运动）。但还是出现 436 报警，排除了光栅尺的故障。

将 B 轴伺服电机与机械传动脱开，只是运行 B 轴（因为改半闭环控制，系统可以单独控制 B 轴运动），这时电机电流正常，不再产生报警，说明故障原因是机械负载过重。用扳手转动 B 轴蜗杆，发现确实比较沉。

故障处理：拆开 B 轴圆盘工作台，发现 B 轴个别锁紧块不能正常工作，将出现问题的锁紧块拆下研磨，对其他机械装置进行检修，确认润滑油路正常，之后重新组装 B 轴圆盘，安装完毕后，开机运行，机床故障消除。

【案例 7-12】 一台数控镗铣床 X 轴爬行。

数控系统：FANUC 21i-MB 系统。

故障现象：这台机床一次出现故障，在自动加工时 X 轴突然出现爬行故障，机床没有报警。

故障分析与检查：通过故障现象和维修经验进行分析，引起数控机床进行爬行的原因有数控系统伺服参数设置不当、伺服放大器或伺服电机及编码器故障、机械传动部分安装调整不良、外部干扰、接地、屏蔽不良等。为此，首先检查与伺服相关的数控系统机床数据是否发生变化或被人改动，核对机床数据没有发现异常。采用互换法排除了伺服驱动模块、伺服电机和编码器的原因。然后对机械系统进行检查，发现 X 轴滚珠丝杠与工作台连接的螺母副的四只内六角螺钉已全部松动。

故障处理：锁紧这些螺钉后，通电开机。机床恢复正常运行，故障被排除。

【案例 7-13】 一台数控车床出现报警"366 Z Axis Pulse Miss（INT）"（Z 轴内置编码器出现脉冲丢失）和"367 Z Axis Count Miss（INT）"（Z 轴内置编码器出现计数错误）。

数控系统： FANUC 0iTC 系统。

故障现象： 这台机床在开机加工经过 2～3h 后，出现 366 和 367 号报警，指示 Z 轴编码器故障。

故障分析与检查： 根据报警信息分析，认为故障原因可能为 Z 轴伺服电机的编码器、编码器电缆或伺服控制装置等出现问题。为此，更换了伺服驱动模块、伺服电机及编码器反馈电缆，但还是出现报警。对机床的工作过程进行检查，报警时 Z 轴负载率为 15%、快移时负载率为 20%，正常；进一步检查机械装置发现 Z 轴伺服电机侧的滚珠丝杠固定端轴承损坏，有可能为滚珠丝杠转动时因为轴承损坏导致伺服电机跟随振动，造成伺服电机编码器出现计数错误。

故障处理： 更换损坏的轴承后，机床故障消除。

【案例 7-14】 一台数控车床 X 轴间隙太大。

数控系统： FANUC OMC 系统。

故障现象： 这台机床出现 X 轴间隙太大的故障。

故障分析与检查： 根据机床构成原理，X 轴滑台间隙由联轴器间隙、轴承间隙、滚珠丝杠间隙、机械弹性间隙等组成。拆下 X 轴护板，停电关机，用手握住丝杠，来回转动，感觉自由转角较大，有较大间隙；调整 X 轴丝杠轴承间隙，拧紧螺母将其调紧也没有改善，故怀疑丝杠螺母有问题。将丝杠螺母与工作台松脱，检查，并未发现间隙；再打开轴承座法兰，检查丝杠轴承，发现两角接触轴承（背靠背）内圈已调紧到一起，正常情况下应有间隙，说明此对轴承间隙已无调整余地。

故障处理： 按此轴承外径，车一厚 1mm 的小圆环垫在此对轴承外径中间，减去原间隙，这样此对轴承内圈就有 0.8mm 左右的间隙调整裕量。安装后将轴承背紧螺母适当调紧，将机床数据 PRM0535 设置为"0"，用百分表测 X 轴间隙为 0.02mm，再将机床数据 PRM0535 设为"15"，此时测 X 轴间隙为 0.01mm，X 轴间隙得以消除。

【案例 7-15】 一台数控加工中心 Z 轴出现爬行故障。

数控系统： FANUC 18i 系统。

故障现象： 这台机床在投入使用一年左右 Z 轴出现爬行现象，系统没有报警。

故障分析与检查： 这台机床采用半闭环位置控制系统，使用伺服电机内置编码器作为位置反馈元件。根据故障现象和机床工作原理分析，Z 轴爬行，但不报警，说明 Z 轴伺服电机旋转正常，没有正常带动 Z 轴滑台运动。首先检查 Z 轴丝杠反向间隙补偿机床数据 PRM1851，正常没有被改变，调整这个数据的设定也没有排除故障。检查 Z 轴滚珠丝杠的连接，发现滚珠丝杠与立柱联结处螺母副的四个螺栓已全部松动。

故障处理： 将这四个螺栓锁紧后，爬行现象消除。

【案例 7-16】 一台数控车床 X 轴移动时出现报警"414 SERVO ALARM：X AXIS DETECT ERR"（伺服报警：X 轴检测错误）。

数控系统： FANUC 0iTC 系统。

故障现象： 这台机床在移动 X 轴时出现 414 报警，指示 X 轴伺服报警。

故障分析与检查： 根据故障现象，X 轴移动时出现报警，首先检测伺服系统是否有故障。打开系统伺服监控页面，用手轮方式匀速移动 X 轴，同时观察伺服监控页面的电流（%）项，即显示实际电流与额定电流的百分比，刚开始数值是 8%～12%，X 轴移动滑台中间时数值突然增大到 80%～100%，继续移动瞬间增大到 150%，然后系统产生 414 号报警停机。通过伺服电机的额定电流百分比的突然增大这一现象发现，说明机械负载变大，导致过电流报警。

故障处理： 拆开 X 轴滑台的镶条，拆下刀塔和护板，发现 X 轴燕尾形导轨有很多铁屑，清除铁屑，重新安装充分润滑后，这时运行机床，机床故障消除。

【案例 7-17】 一台数控车床 Z 轴重复定位精度不好。

数控系统： FANUC 0TD 系统。

故障现象： 这台机床在使用一段时间后出现 Z 轴重复定位精度总是有一累加 0.06mm 的定值。

故障分析与检查： 首先怀疑机床数据设置出现问题，调出机床数据进行仔细检查，没有发现问题。因此怀疑机械进给系统有问题，对 Z 轴滚珠丝杠的连接进行检查，发现支承轴承内一个珠子碎了。

故障处理： 更换支承轴承后，重新装配，然后开机测试，累积误差消除。

【案例 7-18】 一台数控车床加工工件有横纹。

数控系统： FANUC 0TC 系统。

故障现象： 这台车床在车中心孔处出现有规律的横纹。

故障分析与检查： 对机床工作原理和故障现象进行分析，认为应该是 Z 轴伺服系统出现问题。检查相关的机床数据、伺服驱动装置、伺服电机和编码器都没有发现问题。在手动操作方式下，快速移动 Z 轴，发现 Z 轴滑台有抖动并伴有吱吱的尖叫声。拆开机床护罩，对 Z 轴滑台和滚珠丝杠进行检查，发现丝杠支承轴承损坏，丝杠后端支承轴承座也产生磨损。

故障处理： 更换支承轴承和轴承座后，机床故障消除。

【案例 7-19】 一台数控车床在车削工件时出现报警 "436 Z AXIS：SOFT THERMAIL (OVC)"（Z 轴软件检测过热）。

数控系统： FANUC 0i Mate-TC 系统。

故障现象： 这台机床在自动加工时出现 436 报警，指示 Z 轴过热。

故障分析与检查： 出现报警后机床不能继续工作，关机再开。机床还可以工作，但时不时还会出现这个报警。观察故障现象，故障总是在 Z 轴负方向运动时出现报警。

因为故障时而发生，说明没有元件彻底损坏的问题。检查伺服放大器，在出现报警时 LED 报警灯亮，冷却风扇工作正常，拆开放大器检查没有发现灰尘和油泥。过热问题还有一种可能是负载问题，拆开机床防护罩，按下急停按钮（使伺服电机断电），用手转动 Z 轴滚珠丝杠使机床滑台向负方向移动，转动过程中感觉到受力不均匀，特别是靠近卡盘处更加明显，拆开滚珠丝杠两侧支承轴承，发现负方向外侧 51207 推力球轴承保持架损坏。

故障处理： 更换支承轴承后，机床稳定运行，不再产生 436 报警。

【案例 7-20】 一台数控车床在加工工件时尺寸不稳。

数控系统： FANUC 0TC 系统。

故障现象： 这台机床在批量加工工件时，被加工工件的尺寸在 Z 轴方向逐渐变小，而每次的变化量与机床的切削力有关，当切削力增加时，变化量也会随之变大。

故障分析与检查： 根据故障现象分析，故障原因可能是机械系统的问题。分析机床工作原理，这台机床采用半闭环控制系统，使用伺服电机的编码器作为位置反馈元件；伺服电机与滚珠丝杠的连接采用联轴器直接连接的结构形式。因此，如果伺服电机与滚珠丝杠之间的弹性联轴器没有锁紧时滚珠丝杠与伺服电机之间就会产生相对滑动，这样就可以造成进给尺寸不稳的问题。检查 Z 轴滚珠丝杠与伺服电机的联轴器，发现确实有些松动，联轴器有些锁不紧，锁紧螺钉已不能解决问题。

故障处理：为了增加联轴器的锥形弹性套的收缩量，将每组锥形弹性套中的其中一个开一条 0.5mm 左右的缝，使用联轴器螺钉锁紧后，解决了联轴器锁不紧的问题，机床加工工件尺寸恢复稳定，机床故障排除。

7.2 数控机床主轴传动部件故障维修案例

数控机床的主轴传动系统是由主轴电机带动机械传动装置运行的，数控机床主轴传动部件的常见故障与排除方法见表 7-2。

表 7-2 主轴传动部件的常见故障与排除方法

序号	故障现象	故障原因	排除方法
1	切削振动大	1. 主轴箱和床身连接螺钉松动； 2. 轴承预紧力不够，游隙大； 3. 轴承预紧螺母松动，使主轴窜动； 4. 轴承拉毛或损坏； 5. 主轴与箱体超差； 6. 其他因素； 7. 如果是车床，则可能是刀架运动部位松动或压力不够未锁紧	1. 恢复精度后紧固连接螺钉； 2. 重新调整轴承游隙。但预紧力不宜过大，以免损坏轴承； 3. 紧固螺母，确保主轴精度合格； 4. 更换轴承； 5. 检修主轴或箱体，使配合精度、位置精度达到要求； 6. 检查刀具或切削工艺； 7. 调整检修
2	主轴旋转有噪声	1. 主轴传动部件动平衡不好； 2. 齿轮啮合间隙不均匀或严重损伤； 3. 轴承损坏或传动轴弯曲； 4. 传动带长度不一或过松； 5. 齿轮精度差； 6. 润滑不良	1. 做动平衡； 2. 调整间隙或更换齿轮； 3. 修复或更换轴承，校直传动轴； 4. 调整或更换传送带，注意不要新旧混用； 5. 更换齿轮； 6. 调整润滑油量，并保持主轴箱的清洁度
3	主轴发热	1. 主轴前后轴承损伤或轴承不清洁； 2. 主轴前端盖与主轴箱体压盖研伤； 3. 轴承润滑油脂耗尽或润滑脂涂抹过多	1. 更换损坏的轴承，清除脏物； 2. 修磨主轴前端盖使其压紧主轴前轴承，轴承与后盖有 0.02~0.05mm 的间隙； 3. 涂抹润滑油脂，每个轴承润滑脂的填充量约为轴承空间的 1/3 左右
4	齿轮和轴承损坏	1. 变挡压力过大，齿轮受冲击产生破损； 2. 变挡机构损坏或固定销脱落； 3. 轴承预紧力过大或无润滑	1. 调整液压到适当的压力和流量； 2. 修复或更换零件； 3. 重新调整预紧力，并使润滑充分
5	主轴在强力切削时停转	1. 电动机与主轴连接的带过松； 2. 带表面有油； 3. 带使用过久而失效； 4. 摩擦离合器调整过松或磨损	1. 移动电动机机座，张紧带，然后锁紧电动机机座； 2. 用汽油清洗晾干，或更换新带； 3. 更换新带； 4. 调整摩擦离合器，修磨或更换摩擦片
6	主轴没有润滑油循环或润滑不足	1. 润滑油泵转向不正确或间隙太大； 2. 吸油管没有插入油箱的油面以下； 3. 油管或过滤器堵塞； 4. 润滑油压力不足	1. 改变油泵转向或修理油泵； 2. 吸油管插入油面以下 2/3 处； 3. 消除堵塞物； 4. 调整供油量
7	润滑油泄漏	1. 润滑油量过多； 2. 检查各处密封件是否损坏； 3. 管件损坏	1. 调整供油量； 2. 更换密封件； 3. 更换管件

序号	故障现象	故障原因	排除方法
8	刀具或工件不能夹紧	1. 碟形弹簧位移量较小； 2. 检查刀具或者工件松夹弹簧上的螺母是否松动	1. 调整碟形弹簧行程长度； 2. 顺时针旋转松夹弹簧上的螺母，使其最大工作载荷为 13kN
9	刀具或者工件卡紧后不能松开	1. 松卡弹簧压合过紧； 2. 液压缸压力和行程不够	1. 逆时针旋转松夹弹簧上的螺母，使其最大工作载荷为 13kN； 2. 调整液压力和活塞行程开关位置

下面列举一些主轴故障的实际维修案例。

【案例 7-21】 一台数控车床主轴噪声过大。

数控系统： FANUC 0TC 系统。

故障现象： 这台机床在主轴旋转时噪声很大。

故障分析与检查： 这台机床的主轴采用齿轮变速，根据工作原理分析，主轴产生噪声的原因可能有：齿轮在啮合时的冲击和摩擦产生的噪声；主轴润滑油箱的油位过低产生噪声；主轴轴承不良也会产生噪声。

将主轴箱上盖的固定螺钉松开，卸下上盖，发现油箱的油在正常水平。检查齿轮和变速用的拨叉正常没有毛刺及啮合硬点，拨叉上的铜块没有摩擦痕迹，且移动灵活。排除以上原因后，拆下皮带轮及卡盘，松开前后锁紧螺母，卸下主轴，检查主轴轴承，发现轴承的外环滚道表面上有一个细小的凹坑碰伤，说明主轴轴承有问题。

故障处理： 更换主轴轴承，重新安装恢复主轴，这时开机旋转主轴，噪声降到了合理范围。

【案例 7-22】 一台数控车床加工工件粗糙度不合格。

数控系统： FANUC 0TD 系统。

故障现象： 这台车床在车削外圆时精车后粗糙度达不到要求。

故障分析与检查： 首先检查了刀具、主轴转速、工件材质、加工进给量、吃刀情况，都没有发现问题。将主轴挡位挂到空挡，用手转动主轴，感觉主轴较轻，预紧力有些偏低。

故障处理： 打开主轴防护罩，松开主轴止退螺钉，主轴锁紧螺母调紧一些，手动转动主轴感觉松紧合适时，锁紧主轴止退螺钉，这时加工工件，粗糙度满足要求，机床故障被排除。

【案例 7-23】 一台数控卧式加工中心在自动加工时主轴突然停止转动。

数控系统： FANUC 31i 系统。

故障现象： 这台机床一次在自动加工时，主轴突然停止转动，系统没有报警。

故障分析与检查： 在 MDI 操作方式下输入 "S400 M03；" 指令，之后按循环启动按钮，主轴旋转正常。再输入 "S600；" 时，主轴变速油缸动作，但主轴停止旋转。利用系统 PMC 状态显示功能检查高速确认信号 X10.5 为 "1"，说明油缸已确认到位，由此确认应该是变速离合器出现问题。拆解主轴传动装置，发现离合器内的一个销钉脱落，导致不能实现变速。

故障处理： 制作、更换新稍大的销钉后，机床故障消除。

【案例 7-24】 一台数控立式加工中心出现报警 "430 SERVO ALARM：Z AXIS EXCESS ERROR"（伺服报警，Z 轴超出错误）。

数控系统： FANUC 0MC 系统。

故障现象： 这台机床在自动加工过程中经常出现 430 报警，指示 Z 轴超差。

故障分析与检查： 出现报警后报警消除不了，只有关机再开报警才能消除。观察故障发生的过程，有时在加工时出现报警，有时Z轴不动时也出现报警，而且一旦出现报警，Z轴有明显下移的现象。查看系统报警手册，430报警指示"Z轴停止时位置偏差大于机床数据PRM595设定的数值"，检查机床数据PRM595的设置在合理范围，适当增加其数值，仍产生报警。因此推断故障是Z轴伺服系统或者位置反馈编码器有问题，但检查更换相关元件都没有解决问题。

根据故障现象仔细分析该报警应该是由于Z轴明显下移引起的，Z轴是垂直轴，原因是否与Z轴携带的主轴箱的重力有关？分析机床工作原理，为了平衡主轴箱的重力作用，在主轴后面采用平衡锤作为配重。询问机床操作人员，机床曾经出现过一次异响，此后就经常出现该报警了。将主轴后面的护罩打开，发现连接平衡锤的链条断裂，致使平衡锤脱落。因为没有配重，Z轴有时承受不住主轴箱的重力，自行滑落，出现430报警，此时Z轴伺服电机的抱闸起作用，停止Z轴下滑。

故障处理： 更换链条安装上平衡锤后，机床故障消除。

7.3 数控车床刀架故障维修案例

刀架（也称刀塔）是数控车床的重要配置，一般数控车床都有4~12把刀的刀架，在加工过程中自动寻找刀号，以提高加工效率。

数控车床的刀架分为转塔式和排刀式两大类。转塔式刀架也称刀塔，是普遍采用的刀架形式，它通过刀塔头的浮起、旋转、定位来实现机床的自动换刀动作。

两坐标连续控制的数控车床，一般都采用6~12工位转塔式刀架。排刀式刀架主要用于小型数控车床，适用于短轴或套类零件加工，但使用范围非常小。

数控车床刀架控制方式有多种，通常是液压马达驱动刀架旋转的，是PLC（PMC）通过电磁阀控制的；另一种由普通电机驱动刀具旋转的，是PLC（PMC）通过接触器控制的；还有一种是伺服电机带动的刀架旋转，是通过专门的控制器与伺服装置控制的。

（1）刀架工作原理

下面介绍通常情况下的刀架工作原理，刀架换刀动作根据数控指令进行，由液压系统通过电磁换向阀配合电气进行控制，其动作过程可分为如下几步。

① 刀架浮起 当数控系统发出换刀指令后，首先由PLC（PMC）发出刀架浮起指令，使浮起液压电磁阀得电，刀架浮起，旋转齿轮啮合，准备转位。

② 刀架旋转 刀架浮起到位后，刀架开始旋转。

通常刀架由液压马达、普通电机或伺服电机等驱动旋转。

液压马达驱动的刀架是PLC（PMC）通过电磁阀控制的；普通电机是PLC（PMC）通过接触器控制的；伺服电机带动的刀架是通过专门的控制器与伺服装置控制的。

③ 刀架刀号检测 刀架在旋转的过程中进行刀号确认。刀架刀号的检测分为编码器检测和检测开关检测两种。可以通过PLC（PMC）控制或者专用控制器控制。

④ 刀架定位、锁紧 到达指定的刀号位置时，PLC（PMC）控制液压系统使刀架定位，之后刀架落下锁紧。

寻找刀号的过程通常通过PLC（PMC）或者专门刀架控制器控制。

下面以CK300数控车床为例介绍数控车床的刀塔工作原理，CK300数控车床采用FANUC 0TC数控系统，刀塔刀号采用刀塔编码器计数。

图7-1为该机床刀塔的输入信号连接图，其中X6.5的信号为刀塔旋转的过度（TP）信号，是刀塔预定位信号。

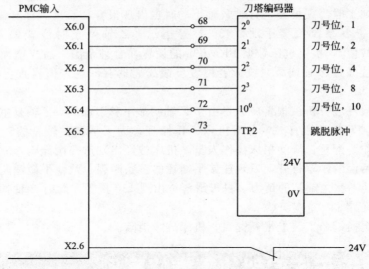

图 7-1　CK300 车床 PMC 刀塔输入信号

这台机床的刀塔使用液压马达驱动旋转，刀塔采用液压缸锁紧。图 7-2 是数控系统刀塔控制输出信号连接图。

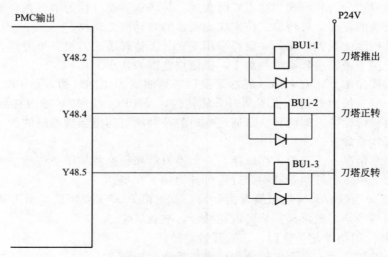

图 7-2　CK300 车床 PMC 刀塔控制输出信号

在发出刀塔旋转指令时，首先将刀塔推出（即浮起），脱离锁定齿条，刀塔浮起后，按照指令要求启动液压马达顺时针（正转）或者逆时针（反转），当编码器输出的刀号与指令刀号相符，并收到刀塔预定位信号（TP）时，刀塔推出的 PMC 输出信号变为"0"，刀塔在旋转的同时，靠弹簧力落回，当齿轮齿条啮合时，刀塔落到位，PMC 取消旋转输出信号。

（2）刀架常见故障

数控车床刀架常见故障种类如下。

① 刀架不浮起　给出刀架旋转的命令后刀架不浮起，通常故障原因为控制刀架浮起的继电器、刀架浮起电磁阀、液压系统或者机械系统有问题。

② 刀架不旋转　刀架浮起后，刀架不旋转，通常的故障原因为刀架浮起到位检测开关、驱动刀架旋转的继电器、电磁阀（或者驱动器）、液压马达（或者刀架）、液压系统或机械系统

有问题。

③ 刀架不归位　刀架旋转后不归位的故障原因有控制刀架落下的继电器、刀号检测元件、刀架检测没到位、刀架落下电磁阀、液压系统或机械系统等有问题。

图 7-3 是刀架故障检修流程。

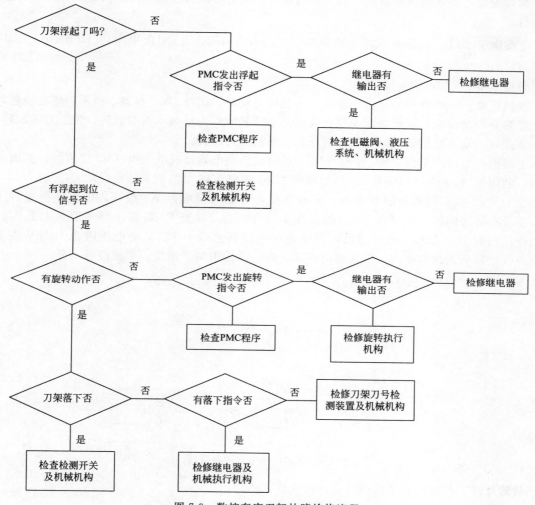

图 7-3　数控车床刀架故障检修流程

下面是刀塔故障维修实际案例。

【案例 7-25】　一台数控车床出现报警"2048 TURRET ENCODER ERROR"（刀塔编码器错误）。

数控系统： FANUC 0TC 系统。

故障现象： 一次机床出现故障，旋转刀塔后，出现 2048 报警，指示刀塔编码器有问题。

故障分析与检查： 根据机床工作原理，利用系统 DGNOS PARAM 功能检查 PMC 输入 X6.5 的状态，发现变化正常，刀号也正常变化没有问题，调整编码器位置后，手动转动刀塔没有问题，但自动测试时，还是出现 2048 报警。重新调整编码器，自动时还是出现 2048 报警。

对手动操作方式下转动刀塔和自动操作方式下转动刀塔的情况进行对比分析，手动操作方式下转动刀塔时，刀塔只能顺时针一个方向旋转，而自动操作方式下转动刀塔两个方向都转动。观察故障现象，故障往往是在刀塔逆时针旋转时出现的，因此，首先怀疑编码器反向有间隙。

将编码器拆下进行检查，发现连接编码器的齿轮顶丝松动，造成了逆时针旋转时的编码器位置偏差。

故障处理：将连接编码器的传动齿轮的顶丝锁紧后，调整好编码器的位置后，机床恢复正常运行。

【案例 7-26】 一台数控车床出现报警"2007 TURRET INDEXING TIME UP"（刀塔分度超时）。

数控系统：FANUC 0TC 系统。

故障现象：一次这台机床出现故障，在旋转刀塔时，出现 2007 报警，指示刀塔旋转超时。

故障分析与检查：观察故障现象在启动刀塔旋转时，刀塔根本没有旋转。根据刀塔旋转的工作原理，启动刀塔旋转时，首先刀塔浮起，然后进行旋转。

刀塔推出电磁阀是由 PMC 输出 Y48.2 通过直流继电器控制电磁阀 YV7 完成的，如图 7-4 所示，利用系统 DGNOS PARAM 功能观察 PMC 输出 Y48.2 的状态，在启动刀塔旋转时，其状态变为"1"没有问题，但电磁阀上没有电压，可能是继电器 K7 损坏，但更换继电器 K7 后，并没有解决问题，而检查 K7 的触点确实没有吸合，检查 PMC 输出继电器板上 K7 线圈上的电压只有 16V 左右，电压过低，而检查继电器板上端子 P24V 的电压时也为 16V 左右。为此查找电源低的故障原因，发现整流电源上的电源输出端子虚接，造成接触不良。

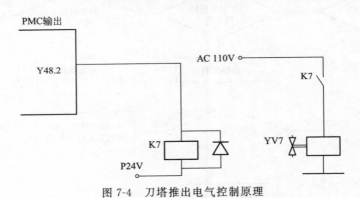

图 7-4　刀塔推出电气控制原理

故障处理：将电源端子紧固好后，机床故障消除。

【案例 7-27】 一台数控车床出现报警"2048 TURRET ENCODER ERROR"（刀塔编码器错误）。

数控系统：FANUC 0TC 系统。

故障现象：一次机床出现故障，旋转刀塔后，出现 2048 报警，指示刀塔编码器有问题。

故障分析与检查：根据机床工作原理，这台机床使用编码器检查刀塔的刀号，编码器采用 8421 码对刀号进行编码，刀号的 8421 码接入 PMC 的 X6.0、X6.1、X6.2、X6.3、X6.4，刀塔转换信号接入 PMC 的 X6.5，首先利用数控系统 DGNOS PARAM 功能检查 X6.5 的状态，发现变化异常，这种现象表明可能编码器位置有问题，需要调整。将刀塔拆开，对编码器进行调整，发现刀号变化和 X6.5 的变化都不正常，说明编码器有问题。因为没有备件，将编码器拆开进行检查，发现内部有很多液体，将码盘部分遮盖了，所以编码器工作不正常。

故障处理：用清洗剂对编码器进行清洗，重新安装，通电开机，调整好编码器的位置并锁紧，这时对刀塔进行顺时针和逆时针旋转操作，不再产生报警，故障消除。

【案例 7-28】　一台数控车床出现报警"2031 TURRET NOT CLAMP"（刀塔没有卡紧）。

数控系统：FANUC 0TC 系统。

故障现象：这台机床一次出现故障，刀塔旋转后出现 2031 报警，指示刀塔没有卡紧，不能进行自动加工。

故障分析与检查：因为报警指示刀塔没有卡紧，所以首先对刀塔进行检查，发现已经卡紧没有问题。根据机床工作原理，如图 7-5 所示，刀塔卡紧是通过位置开关 PRS13 检测的，接入 PMC 输入 X2.6，利用系统 DGNOS PARRAM 功能检查 PMC 输入 X2.6 的状态，发现为"0"，PMC 没有接收到卡紧信号。因此，怀疑检测开关有问题，将刀塔后盖打开，检查刀塔卡紧检测开关确实损坏。

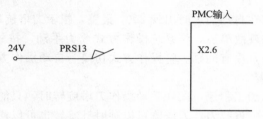

图 7-5　PMC 输入 X2.6 的连接

故障处理：更换刀塔卡紧检测开关后，机床恢复正常工作。

【案例 7-29】　一台数控车床出现报警"2007 TURRET INDEXING TIME UP"（刀塔分度超时）。

数控系统：FANUC 0TC 系统。

故障现象：一次这台机床出现故障，在旋转刀塔时，出现 2007 报警，指示刀塔旋转超时。

故障分析与检查：观察故障现象，发现刀塔根本没有回落的动作，根据刀塔的工作原理和电气原理图，PMC 输出 Y48.2 通过一个直流继电器控制刀塔推出电磁阀，如图 7-6 所示。所以首先怀疑数控系统没有发出刀塔回落命令，但利用 DGNOS PARAM 功能观察 PMC 输出 Y48.2，在刀塔旋转找到第一把刀后，Y48.2 的状态变成"0"，说明刀塔回落的命令已发出，检查刀塔推出的电磁阀的电源也已断开，但刀塔并没有回落，说明电磁阀有问题。

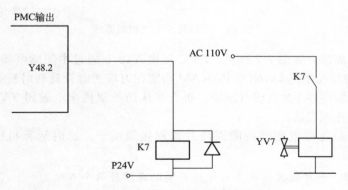

图 7-6　刀塔推出电气控制原理

故障处理：更换新的电磁阀故障消除。

【案例 7-30】　一台数控车床在自动加工时出现报警"1008 TURRET NOT CLAMP"（刀

塔没有卡紧）。

数控系统： FANUC 0iTC 系统。

故障现象： 这台机床在自动加工换刀时出现 1008 报警，指示刀塔没有锁紧。

故障分析与检查： 对刀塔进行检查发现刀塔已锁紧没有问题，根据机床工作原理刀塔锁紧是通过检测开关 SQF 来检测的，SQF 接入 PMC 输入 X7.2，利用数控系统 DGNOS PARAM 功能检查 X7.2 的状态为 "0"，确实指示刀塔没有卡紧，检查卡紧检测开关 SQF 发现该开关损坏。

故障处理： 更换刀塔卡紧开关 SQF 后，机床恢复正常运行。

【案例 7-31】 一台数控车床在自动加工时出现报警 "2007 TURRET INDEXING TIME UP"（刀塔分度超时）。

数控系统： FANUC 0TC 系统。

故障现象： 这台机床在自动加工时出现 2007 报警，指示刀塔旋转超时。

故障分析与检查： 出现故障后，将系统操作方式改为手动，按故障复位按钮，报警消除。这时用手动方式旋转刀塔，没有问题。将操作方式切换为自动操作方式，执行加工程序，当换刀时，还是出现 2007 报警。

分析机床工作原理和加工程序，发现手动操作刀塔旋转时，只能顺时针旋转不能逆时针旋转，而执行加工程序时是就近找刀，刀塔既可以顺时针旋转也可以逆时针旋转。

观察发生故障的过程，恰恰是逆时针旋转找刀出现报警。为此，使用 MDI 方式编辑逆时针换刀程序，这时测试，发现执行换刀指令时，刀塔浮起，但不旋转，但过一会儿就出现 2007 报警，而执行顺时针旋转找刀程序没有问题。

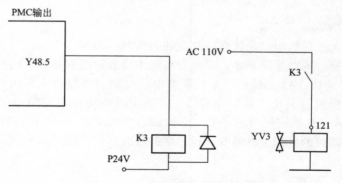

图 7-7　刀塔推出电气控制原理

根据机床工作原理，如图 7-7 所示。PMC 输出 Y48.5 通过中间继电器 K3 控制刀塔反转电磁阀 YV3，利用数控系统 DGNOS PARAM 功能在刀塔逆时针旋转时检查 Y48.5 的状态变为 "1"，检查中间继电器 K3 也没有问题。拆开机床防护罩机床电磁阀 YV3 时，发现电磁阀线圈端子上 121 的连线脱落。

故障处理： 重新连接电磁阀线圈连线并紧固接线端子，这时运行机床加工程序，故障消除。

【案例 7-32】 一台数控车床手动旋转刀塔时连续转两个刀位。

数控系统： FANUC 0TC 系统。

故障现象： 这台机床在手动操作方式下，旋转刀塔，一次转两个刀位。

故障分析与检查： 据机床操作人员反映，这台机床在自动操作方式下执行加工程序没有问题，但手动操作方式下旋转刀塔，经常一次转两个刀位。正常情况下，应该按一次刀塔分度按钮，刀塔就旋转一个刀位。现场观察刀塔的旋转过程，发现刀塔旋转速度很快，怀疑系统还没有反应过来，已经过了第一个刀位，停止时已到达第二刀位。分析机床工作原理，这台机床的刀塔旋转是由液压马达驱动的，因此，怀疑旋转液压马达的压力过高。

故障处理：将控制刀塔旋转的液压压力调低后，刀塔在手动操作方式下进行旋转，恢复了一次转一个刀位，故障消除。

参考文献

[1] 姚敏强. 数控机床故障诊断技术 [M]. 北京：电子工业出版社，2007.

[2] 胡育辉. 数控铣床加工中心 [M]. 沈阳：辽宁科技技术出版社，2005.

[3] 杜增辉，刘利剑，苏卫东. 数控机床故障维修技术与实例 [M]. 北京：机械工业出版社，2009.

[4] 刘瑞已. 数控机床故障诊断与维修 [M]. 北京：化学工业出版社，2007.

[5] 刘蔡保. 数控机床故障诊断与维修 [M]. 北京：化学工业出版社，2012.

[6] 龚仲华. 数控机床维修技术与典型实例-FANUC6/0系统 [M]. 北京：人民邮电出版社，2005.

[7] 牛志斌. 牛工教你学数控机床维修（FANUC系统）[M]. 北京：化学工业出版社，2012.

[8] 龚仲华. 数控机床故障诊断与维修500例 [M]. 北京：机械工业出版社，2005.

[9] 白斌. 数控系统参数应用技巧 [M]. 北京：化学工业出版社，2009.

[10] 牛志斌. FANUC 0T系统维修实例 [M]. 制造技术与机床，2004，（3）：41-43.